Thomas Käppner

Entwicklung verteilter Multimedia-Applikationen

Multimedia Engineering

hrsg. von Wolfgang Effelsberg und Ralf Steinmetz

Die multimediale Revolution ist in vollem Gange. Neuere Arbeitsplatzrechner und viele PCs, die am Markt erscheinen, haben heute schon Audio-Komponenten eingebaut, und in zunehmendem Maße findet man auch Hardware- und Softwareunterstützung für die Darstellung von Bewegtbildsequenzen. Die multimediale Art der Interaktion mit dem Computer ist viel effizienter und benutzerfreundlicher als die Interaktion über die Ein- und Ausgabe von Texten und hat deshalb ein hohes Zukunftspotential. Zugleich eröffnen die Techniken der computergestützten Kooperation neue Möglichkeiten zur Teamarbeit in vernetzten Unternehmen.

Ziel der Reihe ist es, den Leser über Grundlagen und Anwendungen der Multimedia-Technik und der Telekooperation zu informieren. Die Reihe umfaßt Lehrbücher, einführende und umfassende Standardwerke sowie speziellere Monographien zu den Themen Multimedia, Hypermedia und computergestützte Kooperation. Es geht dabei beispielsweise um Fragen aus den Bereichen Betriebssysteme, Rechnernetze, Kompressionsverfahren und grafische Oberflächen. In der Art der Darstellung wendet sie sich an Informatiker und Ingenieure, an Wissenschaftler, Studenten und Praktiker, die sich über dieses faszinierende und interdisziplinäre Thema informieren wollen.

Bisher erschienen:

Synchronisation in kooperativen Systemen
von Erwin Mayer

Multimediale Kiosksysteme
von Wieland Holfelder

Bildkompression mit Fraktalen
von Michael F. Barnsley und Lyman P. Hurd

Multimedia, Hypertext und Internet
von Jakob Nielsen

Entwicklung verteilter Multimedia-Applikationen
von Thomas Käppner

Vieweg

Thomas Käppner

Entwicklung verteilter Multimedia-Applikationen

Strategie und Realisierung
einer geeigneten Systemunterstützung

Softcover reprint of the hardcover 1st edition 1997

Der Verlag Vieweg ist ein Unternehmen der Bertelsmann Fachinformation GmbH.

Gedruckt auf säurefreiem Papier

ISBN-13: 978-3-322-86543-4 e-ISBN-13: 978-3-322-86542-7
DOI: 10.1007/978-3-322-86542-7

Vorwort

Der Begriff Multimedia hat sich seit seiner Prägung in den Labors amerikanischer Computerwissenschaftler zu einem Schlagwort entwickelt: im letzten Jahr wurde er zum "Wort des Jahres" gekürt. Trotz des Interesses, das der Multimedia-Forschung von Seiten der Öffentlichkeit entgegengebracht wird, läßt sich feststellen, daß nur wenige der ursprünglich publizierten Visionen Wirklichkeit geworden oder auch nur ein gutes Stück auf dem Weg zur Realität vorangekommen sind. Insbesondere verteilte multimediale Anwendungen, die mit ihren schier grenzenlosen Möglichkeiten der Kommunikation und Unterhaltung die vielversprechendsten zu sein schienen, sind im heutigen Berufs- und Privatleben noch nicht anzutreffen.

Die Gründe für diese Diskrepanz liegen sicherlich in der Art und Komplexität der Aufgabe: multimediale Anwendungen integrieren die Verarbeitung von bisher bekannten Datentypen und zeitabhängigen Daten z. B. Bewegtbild und Ton; verteilte multimediale Anwendungen bilden eine noch größere Herausforderung, da Zeitabhängigkeiten zwischen den Komponenten zu beachten sind, die über Rechnernetze miteinander kooperieren. Dies hat dazu geführt, daß die Programmierung und Verbreitung verteilter multimedialer Anwendungen sich in der Vergangenheit nur zögerlich entwickelte und auf proprietäre Lösungen beschränkt blieb.

Dieses Buch stellt die Systemunterstützung "Distributed Multimedia Object Services" (DMOS) vor, mit der sich die Komplexität multimedialer Anwendungen reduzieren läßt. DMOS bildet eine Plattform, die multimediale Anwendungen zur Entwicklungs- und Laufzeit unterstützt. Die Entwicklung der Anwendungen wird durch Abstraktionen erleichtert, mit denen sich zeitabhängige Medien mit ähnlichen Programmiermethoden wie diskrete Medien integrieren lassen. Zur Laufzeit werden Anwendungen durch eine Echtzeitumgebung unterstützt, die die Zeitabhängigkeiten der Daten berücksichtigt. Die Systemunterstützung selbst wurde mit Hilfe von Werkzeugen entwickelt, die dem CORBA-Standard der Open Management Group entsprechen. DMOS ist daher als eine offene objektorientierte Lösung für verteilte multimediale Anwendungen zu verstehen.

Auslöser für dieses Buch ist meine Forschungstätigkeit im Bereich Multimedia-Systeme, die angeregt wurde durch einen Aufenthalt im Multimedia Labor der University of California at San Diego. Dort gilt mein besonderer Dank Prof. Venkat Rangan und seinen Mitarbeitern Dr. Srinivas Ramanathan und Dr. Harrick M. Vin, die in mir das Interesse an den Problemstellungen zeitabhängiger Daten und ihrer Verteilung über Rechnernetze geweckt haben.

Inspiriert durch meine Arbeit in San Diego begann ich meine Tätigkeit am European Networking Center der IBM in Heidelberg. Ohne die Möglichkeit in dieser Einrichtung der Industrie Forschung zu betreiben, wäre dieses Buches so nicht zustande gekommen. In Heidelberg waren es vor allem Dr. Herrtwich und Dr. Steinmetz, die mich durch ständige fachliche und emotionale Unterstützung anspornten und mir auch während das Manuskript entstand, mit unzähligen hilfreichen Kommentaren und Anregungen zur Seite standen.

Bei der Entwicklung des Systems waren viele Kollegen und Studenten beteiligt. Besonderen Dank schulde ich den von mir betreuten Diplomanden, die sich in ihren Arbeiten intensiv mit der Problematik einer übergreifenden Systemunterstützung für multimediale Anwendungen auseinandersetzten und wesentliche Entwicklungsarbeit an DMOS leisteten. Ich stehe in der Schuld von Andreas Schröer und Falk Henkel, die viele der hier dargelegten Konzepte mitentwickelten und an ihrer Umsetzung maßgeblich beteiligt waren. Auch Michael Müller, Andreas Gerckens und Oliver Bausch brachten wertvolle Anregungen ein und erweiterten DMOS in vielen Teilgebieten.

Ich bedanke mich bei allen Kolleginnen und Kollegen am ENC, die durch konstruktive Kritik und wertvolle Hinweise meine Arbeit unterstützten. Dr. Dietmar Hehmann war immer eine Quelle ungetrübten Optimismus; Dr. Lars Wolf hatte stets Zeit, wenn ich bei der Fehlersuche mal nicht weiter kam und wurde nicht müde, meine Fragen nach den Interna des AIX-Betriebssystems zu beantworten. Hartmut Wittig stellte mich regelmäßig vor neue Herausforderungen, indem er visionäre multimediale Anwendungen erdachte, deren Anforderungen DMOS nur schwer gerecht werden konnte.

Dank gilt meinem Doktorvater Prof. Dr. Kalfa für seine hilfreichen Anregungen, die meine Arbeit um viele zusätzliche Aspekte bereicherten. Prof. Dr. Hübner danke ich für seine Bereitschaft die Zweitbetreuung zu übernehmen und viele Fehler einer früheren Version dieses Manuskripts zu korrigieren.

Meinen Eltern schulde ich mehr als irgend jemandem sonst. Sie waren Stützen, auf die ich mich immer verlassen konnte. Sie haben mich geführt, inspiriert, ermutigt und unterstützt. Am stärksten betroffen von meiner Arbeit in den letzten Jahren war jedoch Kathrin Werner. Ihre Fähigkeit, Zuversicht in mir zu wecken, hat mir geholfen, auch schwierige Phasen zu überstehen. Als meine schärfste Kritikerin hat sie unzählige Fehler in früheren Versionen des Manuskriptes korrigiert und war ständig bemüht, sowohl die Qualität der Inhalte, als auch die meines Schreibstils positiv zu beeinflussen. Ihr ist dieses Buch gewidmet.

Essen, Oktober 1996 Thomas Käppner

Inhaltsverzeichnis

Verzeichnis der Abbildungen

Verzeichnis der Tabellen

TEIL I
Anforderungen

1 Einführung

Die Entwicklung von Rechenanlagen in den letzten Jahrzehnten ist charakterisiert durch die Integration immer neuer Datentypen, die sich in digitaler Form verarbeiten lassen. Nach der Entwicklung von grafischen Systemen in den 80er Jahren vollzieht sich seit Beginn der 90er die Integration multimedialer Daten mit zweierlei Wirkung:

- Die Entwicklung von Anwendungen, die sich die Vorteile der neuen Datentypen Ton und Bewegtbild zunutze machen.
- Die Erweiterung der Mensch-Maschine Schnittstelle um die Dimensionen Audio und Video.

Einerseits wird dies neue Anwendungsbereiche erschließen, da in vielen Bereichen Rechner erst dadurch einsetzbar werden, daß sie Ton und Bewegtbild erzeugen, verarbeiten, speichern und "verstehen" können, z. B. als Navigationshilfe in einem PKW. Andererseits werden multimediale Anwendungen Aufgaben übernehmen, die bisher Spezialgeräten wie Anrufbeantwortern, Diktiergeräten und dedizierten Videoschnittplätzen vorbehalten waren; durch die weitgehende Verwendung von Software werden dabei kostengünstigere Lösungen ermöglicht. Voraussetzung für diese Szenarien ist die Integration multimedialer Daten in Rechensysteme, deren Resultat als *integriertes verteiltes Multimedia-System* [Steinmetz 91] bezeichnet wird:

> *"Ein Multimedia-System ist durch die rechnergesteuerte, integrierte Erzeugung, Manipulation, Darstellung, Speicherung und Kommunikation von unabhängigen Informationen gekennzeichnet, die in mindestens einem diskreten (zeitunabhängigen) und einem kontinuierlichen (zeitabhängigen) Medium digital kodiert sind." [Steinmetz 90]*

Kontinuierliche Medien werden durch ihre Zeitabhängigkeit charakterisiert: Anders als bei Text, Grafik und Zahlen muß die Darstellung von Bewegtbild, Animation und Ton bestimmten Zeitbedingungen genügen, um für den Benutzer inhaltlich verständlich zu sein. Die Qualität der Datenströme läßt sich jedoch innerhalb bestimmter Grenzen variieren, ohne die übertragenen Inhalte zu verfälschen. Ein weiteres Merkmal ist der große Speicherbedarf kontinuierlicher Medien: Während eine herkömmliche Textseite 1,8 KB und ein Bild ca. 50-500 KB Speicher belegen, werden zur Darstellung einer

Minute Ton in Telefonqualität und Bewegtbild in komprimierter Form etwa 480 KB bzw. 11500 KB benötigt.

Für die praktischen Entwicklungen im Rahmen dieser Arbeit werden Ton und Bewegtbild als Repräsentanten kontinuierlicher Medien ausgewählt, da durch sie die wesentlichen Aspekte Zeit, Qualität und Speicherbedarf voll erfaßt werden können. Ergebnisse für andere Medien und Bereiche, wie Animation bzw. Virtuelle Realität, sollten sich daher aus den erarbeiteten Resultaten ableiten lassen.

1.1 Multimediale Anwendungen

Aufgrund der genannten Merkmale kontinuierlicher Medien müssen multimediale Anwendungen im Vergleich zu herkömmlichen Anwendungen zusätzliche Leistungen erbringen: Da Ton und Bewegtbild, beispielsweise eines Videofilms, dem Benutzer kontinuierlich zu präsentieren sind, müssen für die Dauer der Darstellung ständig Daten bearbeitet werden. Handelt es sich um eine interaktive Anwendung, in der der Benutzer Einfluß auf die Präsentation nehmen kann, so muß gleichzeitig eine Benutzeroberfläche bearbeitet werden, d. h., eine Anwendung hat i. allg. mehrere unabhängige Bearbeitungsabläufe gleichzeitig zu gewährleisten.

Die Zeitabhängigkeit von Bewegtbild und Ton fordert von den Anwendungen ein Verständnis für Zeit: Daten müssen rechtzeitig von einem Festspeicher gelesen werden, um zeitgerecht dargestellt zu werden. Zeitbedingungen von Daten sind zu evaluieren. Zeitquellen dienen zur Bestimmung der Zeit und ermöglichen zeitgesteuerte Unterbrechungen. Synchronisation ist sowohl für die korrekte Darstellung eines einzelnen Stroms multimedialer Daten als auch für die gemeinsame Darstellung kontinuierlicher und diskreter Informationstypen notwendig.

Der Speicherbedarf kontinuierlicher Medien wird durch spezielle Kodierungs- und Kompressionsverfahren verringert. Kompression und Dekompression sind aufwendige Verarbeitungsvorgänge, die eine Anwendung steuern muß, die sie aber nicht in jedem Fall selbst erbringt. Die vielfältigen Formate der digitalisierten Daten sind i. allg. durch internationale Standards festgelegt. Anwendungen benötigen ein Grundverständnis dieser Formate, um die Daten verarbeiten zu können.

Bewegtbilder werden durch Zusatzgeräte digitalisiert. A/D-Wandler erlauben die Aufnahme von analogen Tonsignalen durch Umwandlung in digitale Informationseinheiten und dienen auf umgekehrtem Weg zur Wiedergabe. Derartige Zusatzgeräte sind i. allg. spezifisch für eine Rechenanlage ausgelegt; Anwendungen werden daher auf eine bestimmte Rechnerumgebung zugeschnitten und sind nur mit Schwierigkeiten zu portieren.

Verteilung ist ein wichtiger Aspekt zukünftiger multimedialer Anwendungen:

- Für Kommunikations- und Kooperationsanwendungen ist die Datenübertragung Zweck der Anwendung: Telekonferenzanwendungen digitalisieren, transportieren und präsentieren kontinuierliche Medien auf bzw. zwischen lokalen und entfernten Rechnern.
- Ohne Verteilung müssen alle benötigten Betriebsmittel lokal vorhanden sein. In verteilten Systemen dagegen lassen sich Zusatzgeräte wie hochwertige Kompressionshardware und spezielle Dienstleistungen wie Spracherkennung und Sprachsynthese von vielen Anwendungen gemeinsam benutzen und müssen nicht für jeden Rechner zur Verfügung stehen.
- Die großen Datenmengen kontinuierlicher Medien werden in spezialisierten Dateisystemen abgelegt. Lokale Speicherung ist in der Regel wegen der begrenzten Kapazität herkömmlicher Festplatten unmöglich. Durch den Zugriff über ein Kommunikationsnetz haben viele Anwendungen gleichzeitigen Zugriff auf benötigte Daten, wodurch die Aktualität der Daten sichergestellt und ihre Replikation vermieden wird.

Auf der anderen Seite wird durch die Verteilung die Komplexität der Anwendungen deutlich erhöht:

- Der Zugang zum Netz muß von Anwendungen explizit programmiert werden, da keine abstrakteren Verteilungsmechanismen existieren, die dem Paradigma einer kontinuierlichen Verarbeitung der Daten entsprächen.
- Aufgrund der unterschiedlichen Anforderungen an die Kommunikation werden bestehende Übertragungssysteme durch spezielle Multimedia-Transportsysteme ergänzt; eine Multimedia-Anwendung benötigt i. allg. beide Ausprägungen, um kontinuierliche als auch diskrete Informationstypen zu übertragen.
- Verteilte Systeme können generell nicht als homogen vorausgesetzt werden. In heterogenen Umgebungen ablauffähig zu sein, erfordert einen erheblichen Zusatzaufwand bei der Entwicklung von Anwendungen, da unterschiedliche Dienstschnittstellen für Betriebssysteme, Geräte und Kommunikationsnetze zu berücksichtigen sind.

1.2 Zielsetzung der Arbeit

Die beschriebenen Charakteristika von Multimedia-Anwendungen zeigen, daß sie im Vergleich zu herkömmlichen Anwendungen deutlich komplexer und daher schwieriger herzustellen sind. Bisher hat das die Entwicklung und Verbreitung vor allem verteilter multimedialer Anwendungen stark verzögert. Entwickler von Multimedia-Anwendungen werden mit den beschriebenen Problemen konfrontiert und entwerfen Speziallösungen, die bereits die Koexistenz verschiedener Anwendungen auf einem Rechner verhindern können.

Um diese Situation zu überwinden, wird eine Systemerweiterung benötigt, die multimediale Anwendungen durch generische Lösungen unterstützt. Betriebssystemerweiterungen für Multimedia sind mittlerweile zwar bereits als Produkte verfügbar [Microsoft 91, Hoffert 92, Miller 92], können jedoch verteilte Systeme nicht unterstützen. Lokale Betriebssystemerweiterungen erlauben in der Regel nicht einmal die gleichzeitige Benutzung lokaler Betriebsmittel durch mehrere Anwendungen, wie der Zusatzgeräte für die Wiedergabe von Ton.

Erweitert wurden solche lokalen Multimedia-Systeme um Verteilungsmechanismen für Daten allein, beispielsweise um für die Anwendungen unsichtbaren Mechanismen des Network File System und Andrew File System. Diese Ansätze scheitern an der Unzulänglichkeit ihrer Verteilungsmethoden für kontinuierliche Medien. Die für Bewegtbild und Ton benötigten Dienstgüten für die Datenübertragung stehen nicht zur Verfügung, da Zeitschranken der Daten bei der Übertragung unberücksichtigt bleiben und die Betriebsmittel nicht durch eine Zugangskontrolle geschützt werden. Über lokale Netze hinaus können mit diesen Mechanismen kontinuierliche Medien nicht zufriedenstellend übertragen werden. Zudem löst die Verteilung der Daten nur einen Teil der Problematik multimedialer Anwendungen (s. o.).

Zwischen den existierenden Betriebsystemen und den integrierten verteilten Multimedia-Systemen im Sinne obiger Definition besteht also nach wie vor eine große Lücke. Daher wird in dieser Arbeit eine Systemerweiterung vorgestellt, die Anwendungen die erforderliche Systemunterstützung zur Entwicklungs- und zur Laufzeit zur Verfügung stellt. Sie vereinfacht die Entwicklung insbesondere verteilter multimedialer Anwendungen und bettet sie zur Laufzeit in eine Umgebung ein, die die besonderen Charakteristika kontinuierlicher Medien berücksichtigt.

Um die Erstellung multimedialer Anwendungen zu vereinfachen, wird eine Dienstschnittstelle entwickelt, durch die Anwendungen im verteilten System auf Daten und Verarbeitungskomponenten für multimediale Daten zugreifen können. Aspekte der Behandlung kontinuierlicher Medien werden in der Dienstschnittstelle von unwesentlichen Details getrennt und in Form von Abstraktionen zur Verfügung gestellt:

- Die Güte der zu verarbeitenden Ströme kann durch die Anwendungen ausgewählt werden. Gütekriterien umfassen die Art der Darstellung, Beziehungen logischer und zeitlicher Art zwischen Strömen und die Behandlung der Ströme im Fall von Überlastsituationen.
- Daten werden einheitlich durch Formate beschrieben. Anwendungen können Formate auf verschiedenen Abstraktionsniveaus ansprechen und modifizieren.
- Der Begriff von Zeit wird durch Zeitsysteme und Uhren erfaßt. Anwendungen können Zeitsysteme definieren und damit ihren Anforderungen anpassen.
- Verarbeitungskomponenten repräsentieren funktionale Blöcke, die Anwendungsprogrammierer bei der Erstellung einer Anwendung verwenden können. Kompression und Dekompression sind beispielsweise Verarbeitungsschritte, die von der Dienstschnittstelle zur Verfügung gestellt werden.

Der Zugang zur Dienstschnittstelle wird über den Industriestandard CORBA (Common Object Request Broker Architecture) eröffnet, wodurch auch in einer heterogenen Rechnerumgebung die Verwendbarkeit in Anwendungen sichergestellt ist. Die Dienste werden in einer Laufzeitumgebung realisiert, die die besonderen Anforderungen kontinuierlicher Medien berücksichtigt:

- Die Vergabe der Betriebsmittel ist darauf ausgelegt, Fristen multimedialer Daten nicht zu verletzen.
- Die Reservierung der Betriebsmittel erlaubt es, die durch die Anwendung angeforderten Dienstgüten zu garantieren.
- In Umgebungen, die eine Reservierung der Betriebsmittel nicht zulassen, kann die Kontinuität von Strömen durch adaptive Verfahren der Betriebsmittelvergabe sichergestellt werden.
- Synchronisationsbeziehungen innerhalb und zwischen Strömen werden durch Algorithmen gewährleistet, die sich dynamisch an veränderte Lastsituationen im Kommunikationsnetz und Endsystem anpassen.
- Spezielle Zusatzgeräte für kontinuierliche Medien können von mehreren Anwendungen gleichzeitig genutzt werden. Die Verteilung von Daten

ermöglicht die einfache Integration spezieller Datenbanken für Bewegtbild und Ton.

1.3 Vorgehensweise

Teil 1: Anforderungen

Im nächsten Kapitel werden die an eine Systemerweiterung für multimediale Anwendungen zu stellenden Anforderungen vorgestellt. Sie werden unterschieden nach Anforderungen an die Schnittstelle und an die Laufzeitumgebung zur Umsetzung der Dienste sowie nach Anforderungen in bezug auf die Gesamtwirkung einer solchen Plattform.

Im dritten Kapitel wird der Stand der Technik im Fachgebiet Multimedia-Systeme für diese Arbeit aufgearbeitet. Dazu werden existierende Plattformen für multimediale Anwendungen untersucht. Es wird gezeigt, inwieweit bekannte Systeme die in Kapitel 2 erarbeiteten Anforderungen berücksichtigt haben, und in welchen Bereichen die vorliegende Arbeit wichtige Beiträge leisten kann.

Teil 2: Abstraktion und Architektur

Im vierten Kapitel wird der Grundstein für die entwickelte Systemerweiterung DMO-Services (Distributed Multimedia Object Services, DMOS) gelegt. Es werden Abstraktionen identifiziert, mit denen Anwendungen ihre Bedürfnisse an die Verarbeitung multimedialer Daten beschreiben können. Die Strukturierung dieser Abstraktionen entlang verschiedener Dimensionen des Abstraktionsraumes erlaubt es, vereinfachte Teilmodelle abzuleiten, die zu verschiedenen Zeiten für die Anwendung und/oder die Systemerweiterung relevant sind. Die Abstraktionen werden formal als Objekte beschrieben, die einen Teil der Dienstschnittstelle der DMO-Services bilden.

Die Architektur der Systemerweiterung steht im Mittelpunkt des fünften Kapitels. Eine Anwendung kann gleichzeitig die Dienste mehrerer sogenannter DMO-Server benutzen. Jeder DMO-Server besteht aus mehreren Schichten, um die eingeführten Abstraktionen auf die Echtzeitanforderungen multimedialer Daten abzubilden und diese zur Laufzeit zu erfüllen. Der DMO-Server untersteht einer Steuerung, die als Bibliothek den Anwendungen zugefügt wird und zur Verwaltung der multimedialen Objekte dient.

Da der Begriff der Dienstgüte eine zentrale Rolle für multimediale Anwendungen spielt, werden im Kapitel 6 die Funktionen von DMOS in bezug auf Dienstgüteanforderungen zusammenhängend dargestellt. Durch ein Schichtenmodell wird die Repräsentation der Dienstgüte auf verschiedenen Abstraktionsebenen und damit ihre Bedeutung für verschiedene Klassen von Anwendungen und Komponenten von DMOS erläutert. DMOS ermöglicht die Transformation zwischen verschiedenen Repräsentationen für Dienstgüte und sorgt für die Einhaltung der Anforderungen durch entsprechende Mechanismen der Laufzeitumgebung auf Endsystemen und in Kommunikationsnetzen. Damit bildet Kapitel 6 die Überleitung von Abstraktionen und Gesamtarchitektur der DMO-Services, die den zweiten Teil der Arbeit beherrschen, zu den im Mittelpunkt des dritten Teils der Arbeit stehenden Mechanismen, die zur Laufzeit die Bearbeitung zeitgebundener Daten ermöglichen.

Teil 3: Mechanismen

Datenkommunikation findet sowohl innerhalb der Datenschicht eines DMO-Servers als auch zwischen DMO-Servern statt. Im Kapitel 7 wird daher ein Audio-Video Protokoll vorgestellt, durch das Daten zwischen den Verarbeitungskomponenten von DMO-Servern übertragen werden. Das Protokoll stellt Dienste zur Verfügung, um innerhalb einer Komponente der Datenschicht sowohl auf die Daten selbst, als auch auf für die Verarbeitung benötigte Beschreibungsinformation zuzugreifen. So dient zum Beispiel die enthaltene Zeitinformation der synchronisierten Darstellung multimedialer Daten.

Die Synchronisation multimedialer Daten durch die DMO-Services wird im achten Kapitel vorgestellt. Ausgehend von unterschiedlichen Arten der Synchronisation und Anwendungsanforderungen, wird eine Klasse von adaptiven Algorithmen entworfen, die sich durch Flexibilität in bezug auf verschiedene Systemumgebungen und Arten von Anwendungen auszeichnet. Die Implementierung dieser Algorithmen innerhalb der DMOS Datenschicht wird dargestellt.

Die Skalierung multimedialer Daten ist eine Technik, bei der die von Datenströmen ausgehende Last an die aktuell verfügbaren Ressourcen angepaßt wird. Kapitel 9 zeigt, daß die bisher nur zur Vermeidung von Überlastsituationen in Netzwerken verwendete Technologie auch für den Einsatz auf Endsystemen geeignet ist. Die vorgestellte Einbettung der Skalierung in die DMO-Services bietet gegenüber einer Realisierung in der Anwendung den Vorteil, daß die Skalierung von Datenströmen koordiniert wird und damit für alle beteiligten Anwendungen gleichermaßen erfolgen kann.

Teil 4: Auswertung und Ausblick

Kapitel 10 behandelt in einer Fallstudie den im Rahmen eines BERKOM-Projektes entwickelten Teledienst "Multimediale Telekooperation". Dazu wird zunächst beschrieben, wie DMOS im Rahmen der IBM-Implementierung aktuell benutzt wird, um die Audio- und Videodatenströme zu verarbeiten. In einem zweiten Teil wird gezeigt, wie sich die Architektur des Teledienstes durch einen konsequenten Einsatz der Funktionalität der DMO-Services vereinfachen läßt.

Kapitel 11 faßt die wichtigsten erarbeiteten Ergebnisse zusammen und schließt mit einem Ausblick auf aktuelle Arbeiten.

1.4 Anmerkung

Die Begriffswelt der Informatik ist stark vom englischen Sprachraum geprägt. Während jedoch die ausschließliche Verwendung der englischen Originalbegriffe die Lesbarkeit eines Textes beeinträchtigt, kann die konsequente Übersetzung aller englischen Begriffe zu Mißverständnissen führen. In dieser Arbeit wird daher ein Mittelweg beschritten: Soweit möglich werden alle englischen Fachtermini ins Deutsche übersetzt. Handelt es sich bei den Übersetzungen um ungewohnte deutsche Begriffe, so wird in Klammern oder als Fußnote der englische Fachbegriff angegeben, beispielsweise Prozeßeinplanung (scheduling). Läßt sich jedoch keine oder nur eine sinnentstellende Übersetzung finden, so wird der englische Begriff verwendet. Zum Beispiel erscheint dem Autor der Begriff Bediener als Übersetzung für Server unangebracht.

2 Anforderungen an multimediale Systemerweiterungen

Im folgenden werden die Anforderungen an eine multimediale Systemerweiterung in verschiedene Bereiche gegliedert: Unter dem Gesichtspunkt von Anwendungen werden Forderungen an die Schnittstelle einer Systemerweiterung gestellt. Die Charakteristika kontinuierlicher Medien erfordern besondere Mechanismen während ihrer Verarbeitung. Schließlich werden Forderungen zusammengefaßt, die die Verbreitung und Anwendbarkeit einer Systemerweiterung sicherstellen sollen und somit ihre Gesamtwirkung betreffen.

Diese Darstellung von Anforderungen liefert die Kriterien zur Bewertung existierender Ansätze im Anschluß an dieses Kapitel. Die Terminologie wird hier bewußt allgemein gehalten, um die Vergleichbarkeit dieser Ansätze nicht zu beeinträchtigen. Darüber hinaus bereitet dieses Kapitel den Entwurf der Distributed Multimedia Object Services vor, indem es die dabei getroffenen Entscheidungen direkt an den hier aufgestellten Anforderungen meßbar macht.

Jede Anforderung wird nach dem Grad ihres Erfordernisses klassifiziert:

- Eine Anforderung, die erfüllt werden *muß* bzw. eine Einschränkung, die *nicht* gemacht werden *darf*, drückt eine Notwendigkeit aus und ist für die Funktionalität einer Multimedia-Systemerweiterung zwingend erforderlich.
- Ein Anforderung, die erfüllt werden *soll*, drückt eine Empfehlung aus und ist für Anwendungen, die die Systemerweiterung verwenden, wünschenswert.
- Eine Anforderung, die erfüllt werden *kann*, drückt eine Möglichkeit aus und ist für Multimediaanwendungen nützlich.

Auf die im folgenden aufgestellten Anforderungen wird in den weiteren Kapiteln der Arbeit verwiesen. Um die Eindeutigkeit zu gewährleisten, werden daher alle Anforderungen indiziert, z. B. (AA1).

2.1 Aspekte der Anwendungsprogrammierung

2.1.1 Allgemeines

AA1: *Eine Systemerweiterung muß die Herstellung verschiedener Arten von multimedialen Anwendungen unterstützen.*

Anwendungen lassen sich in Klassen unterschiedlicher Anforderungen einteilen, wie Telekonferenzen, Editoren, Sprachsynthese und -Erkennung, Animation. Editoren benötigen eine feinere Granularität der Datenabstraktion als Telekonferenzen. Eine Systemerweiterung sollte als generische Plattform für viele (möglichst alle) Anwendungsbereiche dienen können.

AA2: *Der Abstraktionsgrad der Programmierung soll sich den Anforderungen der Anwendungen anpassen lassen [Käppner 92].*

Auch Anwendungen einer Klasse, wie Editoren, können sehr unterschiedlich mit multimedialen Daten umgehen. Ein einfacher Editor für Multimedia-Mail dient nur dazu, Bewegtbild und/oder Ton in einem nicht weiter spezifizierten Format abzuspeichern. Ein Schnittplatz für die Erstellung von Werbespots dagegen stellt eine Vielzahl von Spezialeffekten zur Manipulation der Daten zur Verfügung. Damit einfache Anwendungen sich auch einfach erstellen lassen, sollte die Dienstschnittstelle eine Hierarchie von Abstraktionen anbieten, so daß die Entwicklung von Anwendungen auf einem Niveau ermöglicht wird, auf dem von unwichtigen Details abstrahiert wird, ohne die benötigten Einflußmöglichkeiten zu verstecken.

AA3: *Multimediale Anwendungen müssen im verteilten System unterstützt werden.*

Die Systemerweiterung muß Anwendungen den Zugriff auf Betriebsmittel und Daten im verteilten System erlauben (siehe Abschnitt 1.1). Die Benutzung entfernter Komponenten soll dabei nicht schwieriger sein als die lokaler. Während ein verteiltes Fenstersystem das Kommunikationsnetz vor den meisten Anwendungen völlig verstecken kann, benötigen multimediale Anwendungen zumindestens die Möglichkeit, entfernte Komponenten gezielt zu adressieren. Da viele Anwendungen keinen Einfluß auf die Datenübertragung zwischen verteilten Komponenten nehmen müssen, sollte die Möglichkeit bestehen, die Kommunikationsverbindungen durch die Multimedia-Systemerweiterung, für Anwendungen unsichtbar, zu verwalten.

AA4: ***Die Architekur multimedialer Anwendungen darf durch die Systemerweiterung nicht vorgeschrieben sein.***

In Bild 2.1 sind zwei Architekturalternativen für eine einfache Telekonferenzanwendung dargestellt. Im ersten Fall (Teilbild a) ist die Anwendung nach dem Client/Server Modell aufgebaut. Der Server ist für die Verwaltung der Konferenz zuständig und kommuniziert mit den Multimedia-Systemen der verschiedenen Teilnehmer, um die Kommunikationsverbindungen für Ton und Bewegtbild aufzubauen. Im zweiten Fall ist die Konferenzverwaltung verteilt. Die Parameter der Datenverbindungen werden durch das Anwendungsprotokoll verhandelt. Jede der verteilten Anwendungskomponenten kommuniziert ausschließlich mit einer lokalen Systemerweiterung, die für den Datentransport verantwortlich ist. Transportzugangspunkte und Parameter des Datenprotokolls müssen daher in der Dienstschnittstelle sichtbar und einstellbar sein, wenn eine Anwendung selbst verteilt ist und die Betriebsmittel jeweils lokal gesteuert werden sollen.

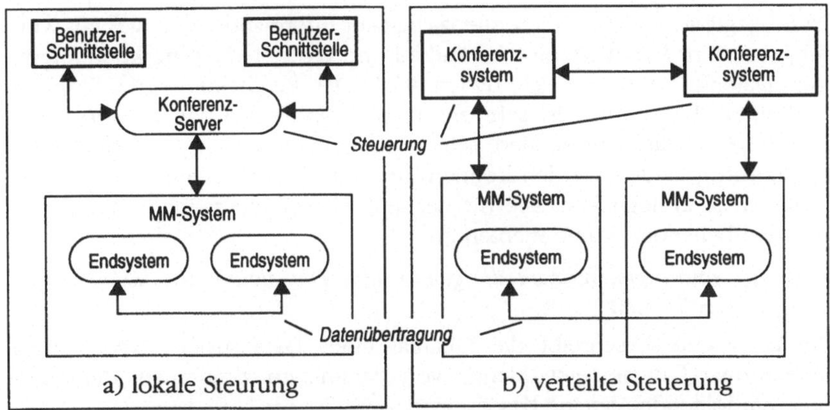

Bild 2.1: Einsatzarten eines Multimediasystems in verschiedenen Anwendungsarchitekturen

AA5: ***Zeitliche Bezüge müssen in der Dienstschnittstelle explizit gemacht werden.***

Viele multimediale Anwendungen benötigen ein Verständnis von Zeit, da sie beispielsweise Operationen abhängig vom Fortschreiten eines Datenstroms ausführen oder die Präsentation von kontinuierlichen und diskreten Medien kombinieren.

AA6: *Die Entwicklung von Multimediaanwendungen sollte sich an existierende Programmierparadigmen anlehnen.*

Eine Multimedia-Systemerweiterung, die einen völlig neuen Programmierstil vorschreibt, wird die Erweiterung existierender Programme um Multimedia-Funktionen verhindern und die Neuentwicklung erschweren.

2.1.2 Datenzugriff

AD1: *Anwendungen müssen mit einer Multimedia-Systemerweiterung Ströme kontinuierlicher Medien aufbauen und steuern können.*

Da Bewegtbild und Ton als Sequenz digitaler Informationen dargestellt werden, setzt ihre Verarbeitung den Aufbau und die Unterhaltung kontinuierlicher Datenflüsse voraus [Herrtwich 92a]. Die Bearbeitung von Strömen kontinuierlicher Medien ist sehr anschaulich und sollte daher auch in der Dienstschnittstelle repräsentiert sein [Steinmetz 92a]. Der Datenfluß muß dynamisch gesteuert werden können, um interaktive Steuerung durch den Benutzer zu ermöglichen. Die Art der verfügbaren Operationen hängt von den verarbeitenden Komponenten ab.

AD2: *Anwendungen müssen die gewünschte Dienstgüte eines Datenstroms spezifizieren können.*

Die Dienstgüte beschreibt die Qualität eines Datenstroms. Neben dem Datenformat faßt sie eine Menge von Parametern zusammen, die unter anderem folgende Aspekte beschreiben:

- Wichtigkeit für die Anwendung,
- Unterbrechbarkeit,
- Behandlung des Stroms, falls eine Überlastsituation eintritt,
- Verzögerung zwischen Quelle und Senke,
- Fehlercharakteristika,
- Vorreservierung von Betriebsmitteln und
- Kosten.

Die Dienstgüte bestimmt, wie einzelne Ströme behandelt und eingeplant werden und welche Mechanismen zur Laufzeit zu benutzen sind. Nur durch die Unterscheidung von Dienstgüten, lassen sich die eingesetzten Mittel dem Bedarf der Anwendungen anpassen. Darüber hinaus macht die Heterogenität der zu integrierenden Plattformen die Unterscheidung zwischen unterstützbaren Dienstgüten erforderlich. Eine Systemerweiterung sollte daher eine möglichst breite Menge verschiedener Dienstgüteklassen zur Verfügung stellen.

AD3: *Anwendungen müssen Beziehungen zwischen Datenströmen spezifizieren können.*

Beziehungen zeitlicher und logischer Natur existieren beispielsweise zwischen der Ton- und der Bildsequenz eines Kinofilms. Zeitliche Beziehungen, sogenannte Synchronisationsbeziehungen, müssen von der Anwendung spezifiziert und während der Darstellung von der Systemerweiterung eingehalten werden, um die Inhalte dem Zuschauer unverfälscht zu übermitteln. Logische Beziehungen können von der Anwendung benutzt werden, um die Ströme als Einheit zu definieren, und sie derart gemeinsam auf- und abzubauen und zu steuern.

AD4: *Eine Systemerweiterung darf die Topologie der Datenströme nicht einschränken.*

Datenströme fließen zwischen einzelnen Komponenten im verteilten System. Die Verteilung dieser Komponenten muß jedoch von der Anwendung gesteuert werden können, d. h., Komponenten können lokal zur Anwendung oder auf einem oder mehreren entfernten Rechnern benutzt werden. Es müssen daher Datenströme von und zum lokalen Rechner und auch zwischen mehreren entfernten Rechnern unterstützt werden.

AD5: *Multimediaanwendungen sollten entwickelt werden können, ohne das Format der Daten exakt zu spezifizieren.*

Für die Kompression und Kodierung kontinuierlicher Medien lassen sich vielfältige Verfahren einsetzen, die teilweise normiert sind, als Industriestandard veröffentlicht sind oder sich noch in der Entwicklung befinden. Die Festlegung eines bestimmten Verfahrens und seiner Parameter verringert die Kompatibilität der Anwendungen untereinander und schließt die zukünftige Benutzung neuer Verfahren aus.

AD6: *Datenströme sollten von einer Quelle zu mehreren Senken fließen können.*

Die Übertragung von einer Quelle zu mehreren Senken (multicast) wird beispielsweise in Anwendungen zur Telekooperation benötigt, um Daten an alle Teilnehmer einer Konferenz zu verteilen. Nur wenn eine Systemerweiterung eine solche Abstraktion anbietet, kann eine eventuell vorhandene Multicast-Fähigkeit unterliegender Kommunikationsprotokolle ausgenutzt werden.

2.1.3 Operationen

AO1: *Der Zugriff auf Verarbeitungskomponenten muß möglichst unabhängig von der benutzten Hardware sein.*

Verschiedene Bearbeitungsschritte, wie die Digitalisierung und Kompression/Dekompression kontinuierlicher Medien, erfordern Zusatzgeräte, die in der Regel mittels rechner- und gerätespezifischer Steuerungen angesprochen werden. Die direkte Benutzung derartiger Steuerungen bei der Erstellung von Anwendungen führt dazu, daß bereits für den Ersatz eines Zusatzgerätes durch ein funktional gleichwertiges Gerät eines anderen Herstellers ein beträchtlicher Teil der Anwendung zu reimplementieren ist [Käppner 92]. Werden Verarbeitungskomponenten in einer hardwareunabhängigen Form verfügbar gemacht, sind sowohl verschiedene Adapterkarten eines Rechners als auch die verschiedenen Rechnerplattformen austauschbar, ohne Portierungsaufwand für die Anwendung zu verursachen. Eine solche generische Verarbeitungskomponente wird in der Literatur als Gerät (device) bezeichnet [Anderson 91b, Arons 89a, Angebranndt 91], auch wenn die erbrachte Funktionalität keine Hardwareunterstützung voraussetzt. Diese Begriffsbildung wird im folgenden übernommen, d. h., ein (virtuelles) Gerät bezeichnet eine in Soft- oder Hardware implementierte Verarbeitungkomponente.

AO2: *Eine Multimedia-Systemerweiterung sollte einen Mechanismus besitzen, durch den eine Anwendung Informationen über die auf verschiedenen Rechnern verfügbaren Geräte erhalten kann.*

Da die Fähigkeiten der verwendeten Rechnerplattformen sehr unterschiedlich sein können, sollte die Anwendung feststellen können, ob auf einem bestimmten Rechner ein gewünschter Bearbeitungsvorgang ausführbar ist und welches Gerät diese Bearbeitung unterstützt.

AO3: *Informationen über die Charakteristika eines Gerätes müssen zur Verfügung gestellt werden.*

Obwohl es wünschenswert ist, Anwendungen unabhängig von der unterliegenden Hardware zu entwickeln (AO1), werden in der Praxis Informationen über die Eigenschaften der einzusetzenden Geräte benötigt, um z. B. aus mehreren Geräten eines auszuwählen oder spezielle Fähigkeiten der vorhandenen Hardware auszunutzen. Daher ist es notwendig, daß ein Gerät eine Schnittstelle anbietet, durch die seine Charakteristika erfragt werden können:

- Anzahl, Typ und Format der Datenströme, die verarbeitet werden können,
- Art der Ereignisse, die generiert werden,

- Spezielle Operationen oder darstellungsspezifische Attribute, die unterstützt werden, wie die Einstellung von Helligkeit oder Kontrast bei einem Video-Wiedergabegerät.

AO4: *Anwendungen müssen Operationen auf den kontinuierlichen Daten direkt ausführen können.*

Durch die Steuerung von Strömen (AD1) und Geräten (AO1) wird die Verarbeitung der Daten nur indirekt beeinflußt, was für die Mehrzahl existierender Anwendungen ausreichend ist. In Zukunft werden jedoch multimediale Anwendungen zunehmend darin bestehen, die Daten selbst zu analysieren, um Inhalte zu extrahieren, zu konvertieren und zu präsentieren. In dem Maß, in dem Anwendungen nicht auf Standardgeräte zurückgreifen können, um diese Bearbeitungen durchzuführen, benötigen sie die Möglichkeit, direkt auf den Daten zu operieren.

AO5: *Eine Multimedia-Systemerweiterung sollte Geräte zur Übertragung von einem Datenstrom über ein Kommunikationsnetz anbieten.*

Die besonderen Anforderungen an die Übertragung multimedialer Daten werden von neuen Protokollen [Delgrossi 92, Boecking 95, Ferrari 92, Schulzrinne 95] befriedigt, die sich derzeit in der Entwicklung befinden, jedoch bislang nicht weit verbreitet sind. Die resultierende Heterogenität der Kommunikationsnetze sollte durch ein Gerät gekapselt werden, das von den Besonderheiten der verwendeten Transport- und Netzwerkprotokolle abstrahiert.

AO6: *Es sollten Verarbeitungskomponenten zum Schreiben und Lesen eines kontinuierlichen Datenstroms in eine bzw. aus einer Datei angeboten werden.*

Für Multimedia-Daten existiert eine Vielzahl verschiedener Dateiformate. Der Zugriff auf diese Dateien kann durch eine Schnittstelle zu einem Gerät vereinheitlicht werden. Darüberhinaus läßt sich derart von speziellen Dateisystemen für kontinuierliche Medien abstrahieren.

AO7: *Es sollten Mechanismen zur Registrierung, Deregistrierung und Verarbeitung asynchroner Ereignisse zur Verfügung stehen.*

Durch die Auswahl von Ereignissen kann eine Anwendung die Menge der sie interessierenden Systemparameter aus der Gesamtheit der verfügbaren Informationen herausfiltern und damit unnötigen Bearbeitungsaufwand vermeiden. Gegenüber einer regelmäßigen oder ständigen synchronen Abfrage ist die unverzögerte Auslieferung genauer und effizienter.

AO8: *Eine Systemerweiterung sollte Mechanismen zur Unterstützung von Anwendungen bei der Verhandlung von Formaten anbieten.*

Bevor ein Datenstrom zwischen verschiedenen Geräten eines Multimedia-Systems aufgebaut wird, muß sein Format so festgelegt werden, daß alle Geräte den Strom verarbeiten können. Unter Umständen muß das Format zwischen Komponenten konvertiert werden, wenn die Mengen der unterstützten Formate disjunkt sind.

2.1.4 Betriebsmittel

AB1: *Die vorhandenen Betriebsmittel müssen verwaltet und zwischen multimedialen Anwendungen aufgeteilt werden.*

Eine ideale Betriebsmittelverwaltung erscheint der Anwendung gegenüber wie ein exklusiv genutztes System, erlaubt jedoch den gleichzeitigen Ablauf vieler Anwendungen. Modell und Schnittstelle der Betriebsmittelvergabe müssen definiert und bekannt sein.

AB2: *Eine Systemerweiterung muß die benötigten Betriebsmittel aus der Spezifikation von Datenströmen und ihren Dienstgüten bestimmen.*

Da die Betriebsmittelverwaltung die physikalischen Ressourcen vor der Anwendung abschirmt, kann eine Anwendung die für Datenströme im verteilten System exakt benötigten Betriebsmittel nicht bestimmen. Dienstgüteanforderungen werden für einzelne Betriebsmittel, z. B. Prozessor und Kommunikationsnetz, unterschiedlich repräsentiert. Die Dienstgüte und das Datenformat eines Datenstroms sind daher innerhalb der Systemerweiterung auf die zu belegenden physikalischen Betriebsmittel abzubilden.

AB3: *Betriebsmittel sollten explizit belegt und freigegeben werden.*

Nur wenn Belegung und Freigabe eigenständige Operationen sind, können sie von einer Anwendung unabhängig durchgeführt werden. Beispielsweise sollen beim Anhalten eines Datenstroms nicht unbedingt sofort die belegten Ressourcen freigegeben werden, da andernfalls beim erneuten Start ein Mangel an Ressourcen die Operation fehlschlagen lassen könnte. Die explizite Betriebsmittelbelegung erlaubt es weiterhin, aufwendige Operationen vorzubereiten und damit die für den Benutzer sichtbare Ausführungszeit zu verkürzen.

AB4: *Eine Multimedia-Systemerweiterung sollte zwischen Strategien und Mechanismen der Betriebsmittelverwaltung trennen. [Arons 89a]*

Eine Trennung von Mechanismen und Strategien erlaubt es, ein Multimedia-System flexibel an verschiedene Voraussetzungen anzupassen. In einem

Mehr-Benutzer-System (multi-user system) werden beispielsweise andere Strategien zur Betriebsmittelaufteilung verwendet als in einem Ein-Benutzer-System (single-user system). Die Implementierung der Strategien in einer separaten Komponente, analog zum X-Windows System, erleichtert die ggf. notwendige Konfigurierung oder Ersetzung.

AB5: *Eine Anwendung sollte auf Ressourcen auch exklusiv zugreifen können.*

Die gemeinsame Benutzung von Betriebsmitteln ist wichtig, um mehrere Anwendungen gleichzeitig beispielsweise mit einem Audioadapter arbeiten zu lassen. Allerdings kann den einzelnen Anwendungen dadurch nur eine eingeschränkte Kontrolle über das Betriebsmittel gewährt werden. Benötigt eine Anwendung eine weitgehende und alleinige Kontrolle, beispielsweise für die Steuerung einer Kamera zur Fernüberwachung, so sollte sie die Möglichkeit haben, ein exklusives Zugriffsrecht zu beanspruchen.

2.2 Anforderungen an Mechanismen

2.2.1 Allgemeines

MA1: *Alle Mechanismen einer Multimedia-Systemerweiterung sollten auch in einem verteilten System wirksam sein.*

Diese Grundforderung bezieht sich auf alle im weiteren geforderten Mechanismen und soll sicherstellen, daß sie nicht nur innerhalb eines einzelnen Rechnerknotens wirken, sondern auch über ein Kommunikationsnetz von möglicherweise unterschiedlichen Rechnern hinweg anwendbar sind. Um die Kontinuität multimedialer Daten sicherzustellen, müssen die Mechanismen von der Quelle bis zur Senke eines Datenstroms alle Komponenten umfassen.

MA2: *Benutzer und Anwendung, die eine Operation ausführen, sollten eindeutig identifiziert werden können.*

Authentifizerung und Autorisation sind notwendige Voraussetzungen, um unberechtigten Zugriff auf Betriebsmittel zu unterbinden und erlauben darüber hinaus eine Vielfalt von Strategien für die Betriebsmittelaufteilung. Ein exklusiver Zugriff auf Betriebsmittel (siehe (AB5)), setzt die Identifikation von Anwendungen voraus.

MA3: *Die Zeitbedingungen kontinuierlicher Medien sind bei ihrer Verarbeitung zu berücksichtigen.*

Der Datenstrom eines kontinuierlichen Mediums besteht aus einer Sequenz von Informationseinheiten wie Einzelbildern oder kodierten Abtastwerten. Den einzelnen Informationseinheiten sind Fristen zugeordnet, die bei der Aufnahme, Verarbeitung und Wiedergabe der kontinuierlichen Medien zu berücksichtigen sind. Werden Daten nicht fristgerecht verarbeitet, so kann dies zu wahrnehmbaren Verzögerungen oder Unterbrechungen der Darstellung führen.

MA4: *Eine Multimedia-Systemerweiterung sollte zwischen Steuer- und Datenpfaden trennen.*

Bei der Benutzung separater Datenpfade können die unterschiedlichen Anforderungen kontinuierlicher und diskreter Medien berücksichtigt werden; die Verwendung optimierter Übertragungswege für kontinuierliche Medien steigert die Effizienz des Gesamtsystems [Pasquale 92b]. Separate Datenpfade erleichtern darüber hinaus den Test auf Einplanbarkeit beim Aufbau neuer Ströme, da Einflüsse von Steuernachrichten ausgeschlossen werden können.

2.2.2 Dienstgütemechanismen

MD1: *Die für einen Datenstrom ausgehandelte Dienstgüte sollte eingehalten werden.*

Bei Kommunikationsprotokollen wird die Dienstgüte als Vertrag zwischen Dienstbenutzer und Diensterbringer begriffen [Ferrari 90]. Dieses Konzept ist auf die Ströme innerhalb eines verteilten Multimedia-Systems übertragbar, d. h. eine Multimedia-Systemerweiterung sollte die ausgehandelte Dienstgüte durch Mechanismen der Betriebsmittelverwaltung einhalten. Jedoch wird nicht jede unterliegende Plattform alle Arten von Dienstgüten anbieten können.

MD2: *Der ungestörte Fluß eines Datenstroms sollte garantiert werden können.*

Eine entsprechende Klasse von Dienstgüten wird benötigt, um einen Datenstrom vor Unterbrechungen, beispielsweise in Überlastsituationen, zu schützen. Die Einhaltung einer solchen Garantie erfordert die Reservierung aller für einen Datenstrom benötigten Betriebsmittel.

MD3: *Der gestörte Fluß eines Datenstroms sollte der Anwendung signalisiert werden können.*

Anwendungen sollten informiert werden können, wenn der Datenstrom im Rahmen der ausgehandelten Dienstgüte nicht ungestört fließen kann. Anwendungen erhalten dadurch die Möglichkeit, Dienstgüten zu modifizieren. Diese Forderung impliziert einen Mechanismus zur Überwachung der Qualität von Strömen innerhalb der Systemerweiterung.

MD4: *Eine Multimedia-Systemerweiterung sollte die von Datenströmen ausgehende Last selbständig an die verfügbaren Betriebsmittel anpassen können.*

Diese aus Kommunikationssystemen als Skalierung bekannte Technik ermöglicht es, Überlastsituationen zu vermeiden und läßt sich auf die Datenströme eines Multimedia-Systems und damit auf alle verwendeten Betriebsmittel übertragen. Die Qualität der durch die Anwendung entsprechend zu kennzeichnenden Ströme wird im Falle drohender Überlast seitens der Systemerweiterung verändert (vgl. (MD3)).

MD5: *Die Skalierung sollte die Last möglichst exakt an die verfügbaren Betriebsmittel anpassen.*

Eine feingranulare Anpassung der Last führt zu einer höheren Ausnutzung des Gesamtsystems und bietet dem Benutzer die aufgrund der Betriebsmittelsituation bestmögliche Qualität.

MD6: *Bei der Skalierung sollten Prinzipien der Fairneß berücksichtigt werden.*

Dies erfordert es, die Skalierung von Datenströmen zu koordinieren, um ihre Qualität möglichst gleichmäßig zu vermindern und zu verbessern.

2.2.3 Synchronisationsmechanismen

MS1: *Eine Multimedia-Systemerweiterung muß Mechanismen zur Wiedergabesynchronisation und zur Synchronisation zwischen Strömen enthalten.*

Beide Verfahren der Synchronisations, die Intrasynchronisation zur Gewährleistung der Kontinuität eines Datenstroms und die Intersynchronisation zur Erhaltung der zeitlichen Beziehungen zwischen Strömen, sind zur Verfügung zu stellen.

MS2: *Synchronisationsmechanismen sollten die unterschiedlichen Anforderungen von Abfrage- (Retrieval) und Konversationsanwendungen berücksichtigen.*

Siehe (AA1).

MS3: *Synchronisationsmechanismen sollten sich adaptiv an die Lastsituation der verschiedenen Betriebsmittel anpassen können.*

Eine einmalige Festlegung von Parametern wie beispielsweise die Soll-Gesamtverzögerung eines Strom ist nicht zweckmäßig, da eine veränderte Last im Kommunikationsnetz und Endsystem die Einhaltung unmöglich machen oder andererseits Optimierungen zulassen kann.

MS4: *Mechanismen zur Synchronisation sollten mit unterschiedlichen Kommunikationssystemen einsetzbar sein.*

Stellen die Synchronisationsmechanismen zu spezielle Anforderungen an das unterliegende Kommunikationssystem, wie beispielsweise eine maximale Gesamtverzögerung, so schließt das ihren Einsatz in der Praxis in vielen Situationen aus.

2.2.4 Transportmechanismen

MT1: *Die Informationseinheiten eines kontinuierlichen Datenstroms müssen zwischen den Geräten im verteilten System übertragen werden.*

Digitalisierte kontinuierliche Medien werden im allgemeinen blockweise zu sogenannten Datenpaketen zusammengefaßt. Die Datenpakete müssen zwischen den Geräten sowohl lokal, auf einem Rechnerknoten, als auch über Kommunikationsnetze übertragen werden. Ein Anwendungsprotokoll für diese Dienste, im folgenden als AV-Protokoll bezeichnet, muß daher auch mittels existierender Kommunikationssysteme arbeiten können. Im folgenden sind besondere Anforderungen an ein AV-Protokoll aufgeführt.

MT2: *Ein AV-Protokoll darf nicht zu spezielle Anforderungen an den verwendeten Kommunikationsdienst stellen.*

Kommunikation in bestehenden verteilten Systemen wird auf unterschiedliche Weise realisiert. Standards für die Kommunikation kontinuierlicher Medien sind noch in der Entwicklung begriffen. Daher koexistieren im Bereich der Transportprotokolle speziell für Multimedia-Kommunikation entworfene Protokolle, wie beispielsweise HeiTP [Delgrossi 92], XTPLite [Boecking 95] und CMS [Moran 92b] mit traditionellen, weit verbreiteten Protokollen wie TCP, UDP und TP0. Die verschiedenen Verbindungsarten können benutzt werden, um die spezifizierte Dienstgüte der Datenströme zu unterstützen. Die Grundanforderungen des AV-Protokolls an den Transportdienst sollten jedoch von möglichst vielen Protokollen erfüllt werden können, um die Vielfalt existierender Kommunikationssituationen unterstützen zu können.

MT3: *Die Segmentierung und Reassemblierung von Informationseinheiten eines Datenstroms muß durch das AV-Protokoll ermöglicht werden.*

Die maximale Größe einer TSDU (Transport Service Data Unit) ist bei vielen Transportprotokollen begrenzt, und die Größe der Datenpakete eines Datenstroms hängt vom jeweiligen Kodierungsformat und beispielsweise der Kompressionsrate ab. Daher kann die Aufteilung eines Datenpaketes auf mehrere Pakete des Transportprotokolls nötig sein.

MT4: *Ein AV-Protokoll muß es ermöglichen, verlorene und vertauschte Pakete zu erkennen.*

Hinsichtlich der Zuverlässigkeit der einzelnen Transportdienste bestehen erhebliche Abweichungen. So gibt es Transportdienste (z. B. HeiTP), die durch die Angabe einer Dienstgütespezifikation eine der Anwendungssituation angepaßte Zuverlässigkeit garantieren. Andere Transportdienste (z. B. UDP) können verlorene oder vertauschte Pakete nicht erkennen. Stehen nur letztere zur Verfügung, so muß das AV-Protokoll entsprechende Mechanismen anbieten, um die Auswirkungen verlorener und vertauschter Pakete zu verringern.

MT5: *Das AV-Protokoll muß Protokollelemente zur Verfügung stellen, die eine genaue Identifikation eines Datenstroms und dessen Quelle ermöglichen.*

Dies ermöglicht das Demultiplexen mehrerer über einen Dienstzugangspunkt des Transportdienstes (TSAP) empfangenen Datenströme. Die Quellenidentifikation ermöglicht es, z. B. bei Telekonferenzen, eindeutig den aktiven Sprecher zu erkennen.

MT6: *Das Protokoll sollte möglichst bandbreiteneffizient sein, d. h., der zusätzliche Aufwand für die Übertragung der Protokollinformationen sollte gering sein.*

Diese Forderung ist besonders für die Übertragung von digitalisierter Sprache wichtig, weil dabei das Verhältnis zwischen Protokollinformation und Nutzdaten durch einen großen Protokollkopf (protocol header) sehr ungünstig werden kann.

MT7: *Das Protokoll sollte möglichst verarbeitungseffizient sein, d. h., der Zugriff auf die Protokollelemente sollte schnell erfolgen.*

Der schnelle Zugriff auf die Protokollelemente ist wichtig, da gegebenenfalls mehrere Verarbeitungskomponenten unabhängig und nacheinander auf die Protokollelemente zugreifen.

MT8: *Das AV-Protokoll muß die Informationen übertragen, die für die Synchronisationsverfahren benötigt werden.*

Synchronisationsverfahren leiten aus Generierungszeitpunkten der Quelle eines Datenstroms Wiedergabezeitpunkte für die Senken ab. Zeitinformationen müssen daher durch das AV-Protokoll übermittelt werden.

MT9: *Das AV-Protokoll muß Elemente zur Unterstützung der Skalierung von Datenströmen enthalten.*

Die Angabe von Prioritäten innerhalb der Pakete des AV-Protokolls ermöglicht es, einzelne Pakete im Falle einer Überlast nicht weiter zu übertragen. Eine Beteiligung der Datenstromquelle kann eine feinere Granularität der Skalierung gewährleisten, macht jedoch einen Rückkopplungskanal zur Quelle erforderlich. Wird im Verlauf der Skalierung das Datenformat eines Stroms geändert, so müssen Formatbeschreibungen in das Protokoll aufgenommen werden, damit die Daten jederzeit korrekt interpretiert werden können.

2.3 Gesamtwirkung

Die potentielle Breitenwirkung einer Multimedia-Systemerweiterung wird bereits durch Entwurfsentscheidungen mitgeprägt. Daher werden im folgenden Anforderungen an eine Systemerweiterung unter dem Gesichtspunkt der Anwendbarkeit und Einsetzbarkeit in einer Vielzahl von praktischen Situationen zusammengefaßt.

GW1: *Die Funktionalität einer Systemerweiterung sollte leicht erweiterbar sein.*

Da ständig neue Multimedia-Hardware zur Unterstützung bestimmter Verarbeitungsschritte entwickelt wird, ist die Erweiterbarkeit für eine Multimedia-Systemerweiterung besonders wichtig. Anwendungsprogrammierer sollten die Möglichkeit haben, speziell benötigte Verarbeitungsfunktionen in Geräte zu integrieren und sie derart allen Anwendungen verfügbar zu machen (vgl. (AO4)). Diese Möglichkeit, einerseits auf Standardgeräte zuzugreifen und andererseits die Menge dieser Standardgeräte ohne Effizienzverlust zu erweitern, machen eine Multimedia-Systemerweiterung für alle Anwendungen benutzbar.

GW2: *Eine Systemerweiterung muß portabel sein.*

Es ist ein Vorteil der abstrakten Dienstschnittstelle einer Multimedia-Systemerweiterung, daß Anwendungen unabhängig von der benutzten Rechnerplattform, d. h. Hardwarearchitektur und Betriebssystem, entwickelt werden können. Nur wenn eine Multimedia-Systemerweiterung selbst auf verschiedenen Plattformen verfügbar ist, wird dieser Vorteil jedoch umgesetzt. Durch die Portabilität der Systemerweiterung wird sichergestellt, daß Multimedia-Anwendungen auf einer Vielzahl von existierenden Plattformen und damit in heterogenen verteilten Systemen einsetzbar sind.

GW3: *Eine Systemerweiterung muß eine Vielzahl von Kommunikationssystemen nutzen können.*

Siehe (MT2).

GW4: *Eine Systemerweiterung sollte effizient sein.*

Für viele Computeranwendungen ist Effizienz in Zeiten ständig steigender Leistungsfähigkeit der Hardware kein entscheidender Gesichtspunkt bei ihrer Entwicklung. Die Verarbeitung von Multimedia-Daten ist jedoch eine Aufgabe, die voraussichtlich auch in Zukunft ein hohes Maß an Ressourcen erfordert [Moran 92a]. Die Effizienz des Systems wird immer die Anzahl und Qualität der gleichzeitig verarbeitbaren Ströme beeinflussen und ist daher ein wichtiger Aspekt bei Entwurf und Realisierung einer Systemerweiterung, insbesondere den Mechanismen der Datenbehandlung.

GW5: *Eine Systemerweiterung sollte offen sein.*

Die Schnittstellen einer Multimedia-Systemerweiterung sollten bekannt und zugänglich sein, um die Kooperation mit Systemen zu ermöglichen, die kontinuierliche Medien auf andere Art unterstützen. Protokolle und Dienstzugangspunkte der Verarbeitungskomponenten sollten daher beeinflußbar sein (vgl. (AA4)).

GW6: *Eine Systemerweiterung sollte von verschiedenen Programmiersprachen aus anwendbar sein.*

Anwendungen werden in verschiedensten Programmiersprachen mit Hilfe von Betriebssystem, Fenstersystemen und weiteren Diensten verteilter Systeme wie DCE (Distributed Computing Environment) und CORBA realisiert. Die Akzeptanz und Verbreitung einer Multimedia-Systemerweiterung hängt wesentlich von ihrer Integrationsfähigkeit in eine solche Umgebung ab. Der Einsatz einer Multimedia-Systemerweiterung darf nicht im Widerspruch zur Benutzung der existierenden Programmiersprachen und Systemdienste stehen.

2.4 Zusammenfassung

Die Anforderungen an eine Systemerweiterung wurden gegliedert nach Gesichtspunkten ihrer Schnittstelle, der Mechanismen ihrer Laufzeitumgebung und ihrer Gesamtwirkung. Als Ziel wurde dabei nicht die Orthogonalität der einzelnen Anforderungen, sondern vielmehr ihre Vollständigkeit angestrebt. Dazu wurden die Gesichtspunkte der Schnittstelle und der Mechanismen weiter verfeinert, so daß alle wesentlichen Aspekte abgedeckt und gleichzeitig in strukturierter Form dargestellt werden konnten.

In vielen Punkten werden Optionen gefordert, die einer Anwendung zur Verfügung zu stellen sind. Diese Optionen sind nicht wechselwirkungsfrei, ihre gleichzeitige Verwendung durch eine Anwendung kann sich sogar widersprechen. Die Forderung, alle diese Optionen der Anwendung anzubieten, bildet jedoch keinen Widerspruch, sondern ist Ausdruck der gewünschten Flexibilität und Konfigurierbarkeit einer Systemerweiterung.

Der vorliegende Katalog von Forderungen dient zur Überprüfung der Entwurfsentscheidungen bei der Entwicklung einer Systemerweiterung im zweiten und dritten Teil der Arbeit. Im folgenden Kapitel wird er verwendet, um existierende Systemerweiterungen zu untersuchen und zu bewerten.

3 Stand der Forschung

In diesem Kapitel werden existierende Systemerweiterungen für Multimedia-Systeme untersucht und mit der vorliegenden Arbeit in Beziehung gesetzt. Im ersten Teil werden dazu Anwendungsplattformen analysiert und an den in Kapitel 2 aufgestellten Anforderungen gemessen. Eine Vielfalt von Arbeiten beschäftigt sich mit Teilaspekten eines Multimedia- Systems, ohne den Anspruch zu besitzen, eine vollständige Systemerweiterung bereitzustellen. Der zweite Teil des Kapitels dient dazu, diese Ansätze aufzugreifen und zu der vorliegenden Arbeit in Bezug zu setzen. Eine Untersuchung von Integrationsmöglichkeiten für Systemerweiterungen mündet schließlich in der Auswahl einer Technik für die praktischen Entwicklungen im Rahmen dieser Arbeit.

3.1 Plattformen für multimediale Anwendungen

Die Ergebnisse einer Analyse, bei der existierende Multimedia-Systeme anhand der im letzten Kapitel aufgestellten Anforderungen bewertet wurden, sind in Tabelle 3.1 zusammengefaßt. Aus Gründen der Darstellbarkeit werden nur Anforderungen des höchsten Erfordernisgrades, d. h. *muß erfüllt sein*, aufgeführt. Da die ausgewerteten Systeme keinerlei spezifischen Transportmechanismen für multimediale Daten berücksichtigen, werden die entsprechenden Anforderungen aus Abschnitt 2.2.4 und Abschnitt 2.3 ebenfalls nicht aufgenommen. Ausführlichere Erläuterungen zu den analysierten Plattformen sind in [Käppner 95] und Anhang A zu finden.

Um Abstufungen für den Grad der Erfüllung einer Anforderung auszudrükken, werden bis maximal drei Punkte für eine voll berücksichtigte Anforderung vergeben. Ein Minuszeichen oder ein leerer Eintrag bedeuten *im System nicht berücksichtigt* bzw. *ungeklärt.*

VOX, XMedia, ACME, AudioFile und NCDaudio sind Client/Server-Systeme, die in enger Verwandtschaft zu verteilten Fenstersystemen stehen. Entweder ist ihr Entwurf an das X Windows System angelehnt, oder die Entwicklung wurde auf seiner Codebasis in einigen Fällen als reine Erweiterung betrieben. Mit Ausnahme von ACME werden ausschließlich Audiodaten betrachtet.

StarWorks und Fluency sind Systeme, durch die Filme in einer Büroumgebung von einem Server abgerufen und an einem Arbeitsplatzrechner angezeigt werden können. QuickTime und MMPM/2 sind Betriebssystemerweiterungen, die kontinuierliche Medien ohne Verteilung unterstützen. Das Touring System ist auf die Unterstützung von Gruppenanwendungen zur Telekooperation und informelle Treffen spezialisiert. In Lancaster wurde auf Basis einer ODP-Implementierung eine Menge von Multimedia-Diensten entwickelt, auf die eine Anwendung mittels eines Maklers (Trader) zugreift (siehe Anhang A.8).

	AA				**AD**			**AO**			**AB**		**MA**	**MS**	**GW**
	1	**3**	**4**	**5**	**2**	**3**	**4**	**1**	**3**	**4**	**1**	**2**	**3**	**1**	**2**
VOX	—	1	—	—	—	—	—	1	—	—	—	—	—	—	
XMedia	—	1	—	2	—	1	1	2	—	2	—	—	—	1	
ACME	2	3	—	3	—	3	3	2		3	2	—	1	2	
AudioFile	—	1	—	1	—	—	—	1	1	3	2	—	—	—	3
NCDaudio	—	1	—	1	—	—	—	2	1	3	2	—	—	—	
Fluency	—	1	—	—	—	—	—	1	—	—	—	—	2	1	
StarWorks	—	1	—	—	—	—	—	1	—	—	1	2	2		
QuickTime	—	—	—	3	—	2	—	3	2	2	1	—	1	2	1
MMPM/2	—	—	—	2	—	2	—	3	1	2	1	—	1	2	1
Touring	—	—	—	—	—	—	—	1	—	—		—	—	—	
Lancaster	2	3	—	1	2	2	2	3	3	2	—	1	1	1	1

Tabelle 3.1: Bewertung von Multimedia-Systemen nach Anforderungen aus Kapitel 2

Die Unterstützung unterschiedlicher Arten von Anwendungen (AA1) wird in den meisten Systemen nicht berücksichtigt. Gründe dafür sind die Einschränkung auf Audiodaten (VOX, XMedia, AudioFile, NCDaudio), die Spezialisierung des Systems (Fluency, StarWorks, Touring) oder die Beschränkung auf lokale Anwendungen (QuickTime, MMPM/2). ACME und Lancaster haben keine derartigen Einschränkungen, passen ihre Dienste jedoch nicht an spezifische Anwendungsanforderungen an.

Alle auf einem Client/Server Modell aufgebauten Systeme unterstützen Anwendungen auch in verteilten Systemen (AA3). Bis auf ACME und Lancaster sind jedoch die Zugriffsmöglichkeiten stark eingeschränkt. Im Touring System ist ebenfalls kein Zugriff auf entfernte Geräte möglich, obwohl Verteilung durch die Kooperation mit anderen Anwendungskomponenten unterstützt wird. Dies schränkt die Architektur von Anwendungen auf verteilte Steuerungen ein (siehe Bild 2.1b, (AA4)). In allen anderen Systemen sind nur lokale Steuerungen (Bild 2.1a) möglich, da die Datenkommunikation nicht über offene Schnittstellen realisiert wird und nicht durch die Anwendung gesteuert werden kann.

Eine gute Repräsentation von Zeitinformationen in der Anwendungsschnittstelle findet sich in ACME und QuickTime (AA5). Bei anderen Systemen sind Zeitinformationen teilweise berücksichtigt (XMedia, AudioFile, NCDaudio, MMPM/2, Lancaster), während die Schnittstellen von VOX, Fluency, StarWorks und Touring auf einem Abstraktionsniveau angesiedelt sind, auf dem einzelne Informationseinheiten und deren Fristen nicht berücksichtigt werden. In diesen Systemen wird daher auch der direkte Zugriff auf Daten verwehrt (AO4).

Das System aus Lancaster bietet als einziges die Möglichkeit, über das bloße Format hinausgehende Dienstgütekriterien für einen Strom zu spezifizieren (AD2), woraus Betriebsmittelanforderungen abgeleitet werden können (AB2). Bei StarWorks als einzigem System werden Betriebsmittelanforderungen ohne weitere Dienstgütespezifikation aus dem Datenformat abgeleitet (AB2). Zwischen Strömen lassen sich bei einigen Systemen Synchronisationsbeziehungen ausdrücken (AD3), die bei der Darstellung eingehalten werden (MS1). In Fluency werden Bewegtbild und Ton zur Übertragung getrennt und vor der Präsentation aufgrund dieser impliziten Beziehungen synchronisiert.

Die Systeme unterstützen sehr unterschiedliche Topologien von Datenströmen (AD4): Während in VOX die Daten nicht für die Anwendung zugänglich sind, können in AudioFile und NCDaudio Daten ausschließlich von und zur Anwendung transportiert werden. Zusätzlich sind in XMedia auch Ströme möglich, die innerhalb eines Servers ablaufen. Im Lancaster System können bis zu zwei Server miteinander kommunizieren, während in ACME der Austausch von Daten zwischen Anwendungen und Servern frei kombinierbar ist.

Alle Systeme bieten einen Zugriff auf Verarbeitungskomponenten der von der verwendeten Hardware abstrahiert (AO1). Am weitesten entwickelt sind hierbei die lokalen Systemerweiterungen QuickTime und MMPM/2, deren Dienstschnittstellen auf mehreren Abstraktionsniveaus zugänglich sind. Gleichzeitig können Anwendungen sich bei diesen Systemen an unterschiedliche Konfigurationen anpassen, ein Vorteil, der im Lancaster System durch den Einsatz eines Traders erreicht wird (AO3).

In ACME, AudioFile und NCDaudio können mehrere Anwendungen gleichzeitig Audiodaten darstellen (AB1). StarWorks, QuickTime und MMPM/2 enthalten zumindestens Basismechanismen zur Aufteilung der Betriebsmittel für die Verarbeitung kontinuierlicher Medien.

Für ACME wurden Überlegungen angestellt, wie die Echtzeitanforderungen kontinuierlicher Medien durch Reservierung von Betriebsmitteln befriedigt werden können (MA3). Entsprechende Arbeiten wurden jedoch nicht integriert. Fluency und QuickTime verwenden Skalierungsmechanismen während StarWorks eine Zugangskontrolle beim Aufbau neuer Ströme durchführt, um die Qualität der bereits aufgebauten Ströme nicht zu beeinträchtigen.

Die Portabilität war bei keinem der Systeme ein Kriterium des Entwurfs (GW2). AudioFile ist jedoch auf mehreren UNIX Plattformen verfügbar, was sich auf die gemeinsame Codebasis mit dem X Windows Server zurückführen läßt. Für QuickTime und MMPM/2 wurden Portierungen auf Microsoft Windows und die PowerPC Plattform angekündigt.

3.2 Einzelaspekte von Multimedia-Systemen

3.2.1 Objektmodelle

Ein seit kurzem vieldiskutierter Ansatz zur plattformübergreifenden Entwicklung von Anwendungen besteht in der Sprache Java und ihrer Laufzeitumgebung. Java ist eine einfache objektorientierte Sprache, bei der die wenigen Basistypen strikt definiert werden, um unterschiedliche Auslegungen auf verschiedenen Rechnerarchitekturen zu vermeiden. Den Schlüssel für die Plattformunabhängigkeit bildet jedoch die Definition der Java Virtual Machine (AO1), einer abstrakten Maschine, die in Form eines Interpreters für jede Zielplattform bereitzustellen ist. Java-Übersetzer generieren einen speziellen Bytecode für die Java Virtual Machine, so daß Java Applikationen auf allen Plattformen, für die ein Interpreter existiert, ablaufen können (GW2).

Java-Programme werden erst zur Laufzeit gebunden und können noch während ihrer Ausführung zusätzlichen Code referenzieren, der lokal oder auf entfernten Servern residiert. Die Laufzeitumgebung von Java enthält die erforderlichen Mechanismen derartigen Code zu laden und einer Sicherheitsprüfung zu unterziehen. Aufgrund dieser Eigenschaften, die Erweiterbarkeit (GW1) und die Integration von verteiltem Code, ist Java besonders für die Entwicklung von Anwendungen für WWW-Benutzerschnittstellen (engl. www-browser applets) geeignet. Da die Verteilung von Daten und ausführbarem Code jedoch auf Basis existierender Dienste, mittels FTP und HTTP, geschieht, ist sie für kontinuierliche Medien nur eingeschränkt verwendbar. Zudem enthält die Java Virtual Machine bisher keine Unterstützung für die Verarbeitung kontinuierlicher Medien, d. h., die Kapsel um Plattformabhängigkeiten ist nicht vollständig. Schließlich sind durch die Interpretation des Bytecodes auf der Zielplattform Leistungseinbußen zu erwarten (GW4), die Java als Basis für eine multimediale Systemerweiterung nicht geeignet erscheinen lassen.

An der Universität Genf wurden Möglichkeiten untersucht, multimediale Anwendungen als Gruppen von Verarbeitungskomponenten zu konstruieren [Gibbs 91a, Gibbs 91b, Gibbs 92]. Verarbeitungskomponenten werden dabei als aktive Objekte bezeichnet, die multimediale Daten produzieren und konsumieren.

Daten werden als endliche Sequenz von Multimediawerten (multimedia values) definiert, die mit einer definierten Rate produziert und konsumiert werden müssen. Datentypen sind in einer Objekthierarchie strukturiert, die zeitabhängige und zeitgebunde Daten integriert. Die Aufteilung folgt teils semantischen Gesichtspunkten (Audio, Music, Video, Scene) teils der Syntax der Datentypen (NTSC, PAL).

Aktive Objekte können Quelle, Senke und Filter von Multimediawerten sein und sind derart in eine Objekthierarchie eingeordnet (AO1). Sie können sowohl analoge Geräte als auch Softwareprozesse repräsentieren. Gemeinsam sind ihnen Basismethoden zum Starten und Anhalten aktiver Objekte und damit der durch sie verarbeiteten Datenströme. Es werden zwei Zeitachsen für interne und externe Zeit eines Objektes unterschieden. Durch Methoden lassen sich Zeiten ineinander umrechnen und zueinander in Beziehung setzen (AD3). Dadurch kann die Synchronisation von Startzeitpunkten mehrerer Objekte ausgedrückt werden. Komponenten werden mit speziellen Verbindungsobjekten zu zusammengesetzten Objekten (Composite Objects) konfiguriert. Zusammengesetzte Objekte werden als Einheit betrachtet und durch die gleichen Methoden gesteuert wie einfache Objekte.

Bezüglich seiner Ausdrucksstärke und Zielrichtung ist das Modell vergleichbar mit den Abstraktionen in VOX und XMedia. Zusätzliche Beiträge liefert es durch die Modellierung von einfachen Synchronisationsbeziehungen und durch das Konzept von wiederbenutzbaren Komponenten und ihrer Repräsentation in Objekthierarchien (GW1).

In engem Bezug dazu ist auch das System CINEMA (Configurable INtEgrated Multimedia Architecture) [Rothermel 94, Barth 95] zu sehen. Als zentrale Abstraktion werden Komponenten definiert, die als funktionale Bausteine einer komplexen Topologie dienen können. Abhängigkeiten zur Steuerung der Komponenten und zur Synchronisation der verarbeiteten Medien werden mittels sogenannter Medien-Uhren definiert. Medien-Uhren bilden eine Hierarchie, mit der sich Synchronisationsbeziehungen nicht nur für Startzeitpunkte definieren lassen, sondern die die Beziehungen zwischen Medien über die gesamte Laufzeit eines Stroms sicherstellt [Rothermel 95].

In [Fritzsche 92] wird ein Daten- und Objektmodell eingeführt, mit dem Anwendungen unabhängig von der zu benutzenden Hardware beschrieben werden können (AO1). Das Objektmodell ist auf der obersten Ebene nach vier Grundfunktionen gegliedert: Perzeption, Schreiben auf Festspeicher, Lesen von Festspeicher und Präsentation. Durch einfache Vererbung der Grundfunktionen lassen sich Geräte, wie Mikrofon und Lautsprecher, ableiten. Komplexere Funktionen können durch Mehrfachvererbung [Booch 91] modelliert werden. Das Datenmodell unterscheidet Ton und Bewegtbild und offeriert der Anwendung verschiedene Zugriffsgranularitäten:

```
Audio_list    = LIST OF Track;
Track         = SEQUENCE OF Sector;
Sector        = ARRAY [m] OF Sample;
```

Formate der Daten, wie sie durch das Kodierungsverfahren der Daten bestimmt sind, werden nicht repräsentiert. Die Autoren gehen davon aus, daß die unterschiedlichen Formate vom System konvertiert werden und daher für den Programmierer keine Relevanz haben.

Sample, Sektoren und Tracks sind mit Beginnzeitpunkt und Dauer assoziiert, um die Zeitabhängigkeit der Daten auszudrücken. Alle Samples eines Sektors und alle Sektoren eines Tracks sind von gleicher Dauer, ihre Zeitparameter sind festgelegt. Dagegen können Startzeitpunkte der Tracks von der Anwendung modifiziert werden.

Als Antwort auf einen Request for Technology der Interactive Multimedia Association (IMA) haben IBM, Hewlett Packard und SunSoft ein Objektmodell vorgeschlagen [IBM 93a], das die Entwicklung multimedialer Anwendungen in heterogenen verteilten Systemen ermöglichen soll. Ähnlich wie in den beiden beschriebenen Ansätzen, werden Geräte in einer Objekthierarchie strukturiert (AO1). Die Benutzung der Objekttechnologie soll neben einer einheitlichen Schnittstelle für den Programmierer insbesondere die leichte Erweiterbarkeit gewährleisten (GW1). Daten werden ebenfalls in der Objekthierarchie durch Formate beschrieben. Im Gegensatz zum Ansatz von [Fritzsche 92] ist der direkte Zugriff auf die Daten ausgeschlossen (AO4). Stattdessen werden die Datenflüsse durch Stromobjekte modelliert. Aspekte von Zeit und Dienstgüte sind mit den Strömen assoziiert und können durch Anwendungen spezifiziert werden (AD2, AD3). Damit ist dieses Objektmodell das erste, das es Anwendungen erlaubt, Dienstgüteanforderungen auszudrücken. Es existiert jedoch ein Bruch zwischen dem niedrigen Niveau der Dienstgütespezifikation (Durchsatz, Verzögerung, Verzögerungsschwankung) und dem hohen Niveau der Datenmodellierung. Durch die vollständige Kapselung der Datenströme durch Stromobjekte ist die Anwendungsarchitektur in dem Modell fest vorgegeben (AA4) und auch das darunterliegende Transportsystem ist durch Anwendungen nicht steuerbar (AO5). Kommunikation mit offenen Systemen, die dem Modell nicht folgen, wird damit ausgeschlossen (GW5).

Neben den beschriebenen Modellen existieren weitere, die jedoch entweder auf ähnliche Strukturierungsmechanismen zurückgreifen [Steinmetz 90], oder Aspekte spezieller Anwendungen wie Präsentationen und Hypermediasysteme in den Vordergrund rücken [Baker 92, Bates 95].

An den beschriebenen Arbeiten zeigt sich, daß eine Aufteilung der Abstraktionen nach den verschiedenen Sichtweisen multimedialer Anwendungen die Flexibilität der Modelle erhöht. Alle Modelle verfolgen eine Gliederung nach Daten und Verarbeitungskomponenten, die durch Anwendungen kombiniert werden können. Zeitliche Anspekte sind in den Modellen teilweise implizit integriert, was in [Fritzsche 92] beispielsweise zu einer Replikation der Zeitrepräsentation auf verschiedenen Ebenen des Datenmodells führt. Auch die Dienstgüte von Datenströmen sollte in einem Objektmodell möglichst unabhängig definierbar sein und mit den anderen Aspekten kombiniert werden können. Daher wird in dieser Arbeit ein Modell vorgeschlagen, das die verschiedenen Aspekte entlang unabhängiger Dimensionen strukturiert. Die Einzelspezifikationen werden von der Anwendung miteinander in Bezug gesetzt, wodurch implizite Abhängigkeiten vermieden werden und eine beträchtliche Flexibilität bei der Spezifikation ermöglicht wird.

3.2.2 Synchronisation kontinuierlicher Medien

In [Meyer 93] werden Synchronisationanforderungen und Mechanismen verschiedenen Architekturebenen zugeordnet (siehe Bild 3.1): Auf der Medienebene wird die Intrasynchronisation, auf der Stromebene die Intersynchronisation betrachtet. Auf der Objektebene schließlich werden Teile einer Präsentation zueinander in Beziehung gesetzt, beispielsweise werden diskrete Daten mit kontinuierlichen Medien kombiniert. Die dazu benötigten Mechanismen werden als ereignisbasierte Synchronisation bezeichnet.

Mechanismen zur Synchronisation sind notwendig, da die synchrone Übertragung von Datenströmen durch verschiedene Fehlerquellen gestört werden kann:

a) Schwankungen der Ende-zu-Ende Verzögerung zwischen Aufnahme und Wiedergabe (beispielsweise bei einer Videokonferenz) resultieren aus nicht deterministischen Wartezeiten in den Vermittlungsrechnern paketorientierter Kommunikationsnetze und durch veränderliche Verarbeitungszeiten bei der Kompression und Dekompression der Daten auf den Endsystemen. Die Datenströme verlieren durch diese Schwankungen ihren isochronen Charakter und Dateneinheiten die nach ihrer vorgesehenen Wiedergabezeit beim Empfänger eintreffen, führen zu Unterbrechungen der Präsentation.

b) Startzeitpunkte von Aufnahme und Wiedergabe mehrerer Ströme können sich unterscheiden und damit zeitliche Beziehungen zwischen Strömen verletzen.

c) Zeitgeber der beteiligten Systeme sind im allgemeinen Gleichlaufschwankungen unterworfen (clock drift), so daß Sender und Empfänger die Daten mit unterschiedlichen Raten verarbeiten. Ein zu schneller Empfänger führt zu Unterbrechungen im Datenstrom; bei einem zu langsamen Empfänger akkumulieren Daten beim Empfänger.

In den 70er und 80er Jahren wurden erstmals Weitverkehrsnetze für die Übertragung von Sprache eingesetzt [Cohen 77a, Cole 82]. Die Arbeiten dieser Zeit beschränken sich jedoch auf das Problem der Wiedergabesynchronisation von Sprache: In [Naylor 82] werden Strategien als Reaktion auf Paketverluste beschrieben, und [Montgomery 83] diskutiert verschiedene Möglichkeiten, beim Empfang von Datenpaketen eines Stroms Wiedergabezeitpunkte festzulegen.

In [Little 90, Litt91] werden die Modellierung von Daten auf Objektebene und ihre Synchronisation durch Protokolle beschrieben. Die Beziehungen

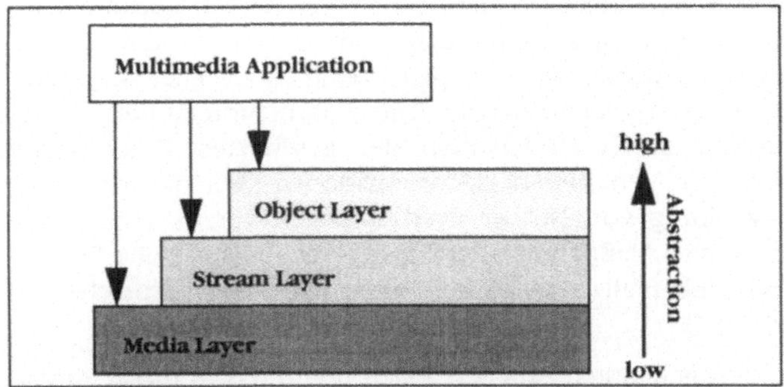

Bild 3.1: Architekturebenen der Synchronisation (nach [Meyer 93])

der Präsentationsobjekte werden in einem erweiterten Petrinetz (Object Composition Petri Net) modelliert. Ausgehend von maximaler Übertragungsverzögerung zwischen den Endsystemen und Verarbeitungszeiten wird ein Plan berechnet der für jedes Datenobjekt Übertragungs- und Wiedergabezeit enthält. Diese Mechanismen können die Fehlerquellen a) und b) beseitigen, betrachten jedoch Gleichlaufschwankungen der Uhren nicht. Der Ansatz geht davon aus, das alle zeitlichen Beziehungen der Objekte im voraus bekannt sind. Beeinflußt der Benutzer spontan den Ablauf einer Anwendung, muß der Plan vollständig neu berechnet werden (MS2).

Im Tactus-System [Dannenberg 94] wird die zeitgerechte Wiedergabe multimedialer Daten dadurch erreicht, daß Datenpakete von der Anwendung bereits deutlich vor ihrer Wiedergabezeit an einen Ausgabeserver geschickt werden. Dieses Verfahren ist nur bei der Wiedergabe von gespeicherten Daten praktikabel, da hierbei geringere Anforderungen an die Interaktivität gestellt werden, eine größere Gesamtverzögerung also vertretbar ist (MS2).

Escobar et al. zeigen [Escobar 92], wie auf der Basis eines gemeinsamen Zeitsystems zwischen Rechnern (global synchronisierte Uhren) ein Synchronisationsprotokoll entwickelt werden kann, das durch Einfügen einer Referenzverzögerung die gleichzeitige Präsentation von Daten auf mehreren Rechnern sicherstellt. Das gemeinsame Zeitsystem schaltet die Fehlerquellen b) und c) aus. Das beschriebene Protokoll verhandelt eine nominale Gesamtverzögerung für alle Ströme und kann so Intra- und Intersynchronisation gewährleisten. Global synchronisierte Uhren bilden angesichts heterogener Systeme unter verschiedenster Administration eine Voraussetzung, die nicht überall erfüllt werden kann (MS4).

Rangan et al. [Rangan 95, Rangan 93, Käppner 91] verwenden Rückmeldenachrichten (feedback messages), um auch ohne synchronisierte Uhren Datenströme auf verschiedenen Rechnern gleichzeitig darzustellen. Der Sender der Daten kann durch Rückmeldenachrichten Asynchronität beim Empfänger erkennen und durch Modifikation des gesendeten Datenstroms abstellen. Das genannte Verfahren setzt Informationen über die maximale Verzögerungsschwankung von Netzwerkverbindungen voraus (MS4) und weist durch die reaktiven Maßnahmen des Senders eine relativ hohe Reaktionszeit auf. Es wird ebenfalls nur für die Wiedergabe von gespeicherten Daten verwendet (MS2).

Im Gegensatz zu den genannten Arbeiten sollen durch das in dieser Arbeit vorgestellte System nicht nur Multimediapräsentationen, sondern auch die direkte Kommunikation zwischen Menschen unterstützt werden. Der Anwendungskontext wird daher einbezogen, um die Synchronisationsmechanismen zu optimieren. Ein adaptives Verfahren sichert die Einhaltung der zeitlichen Beziehungen auch bei einer veränderlichen System- und Netzwerkbelastung.

3.2.3 Kommunikationsprotokolle für kontinuierliche Medien

In den 70er Jahren wurden bereits erste Protokolle für die Übertragung von Sprache über die Kommunikationsnetze des amerikanischen Verteidigungsministerium entwickelt [Cohen 77b]. Spätere Erweiterungen ließen auch den Transport von Bewegtbild zu [Cohen 81, Cole 81]. Die Protokolle behandeln nicht nur Aspekte der Datenübertragung, sondern enthalten auch Mechanismen, um verschiedene Charakteristika des Transports zwischen den Endsystemen auszuhandeln.

Im Gegensatz dazu wurde im Rahmen des Berkom Projekts Multimediale Telekooperation das AVXP-Protokoll ausschließlich durch den Aufbau der Datenpakete definiert [Altenhofen 93a]. Alle sonstigen Parameter der Kommunikation, wie Kodierungsformat, zu benutzendes Transportprotokoll und Dienstzugangspunkte des Protokolls, werden vor Beginn der Übertragung durch Anwendungsprotokolle ausgehandelt. Das definierte Paketformat unterstützt insbesondere die Anforderungen (MT5, MT4, MT8, MT3).
Die in Abschnitt 3.2.1 besprochenen Multimedia System Services [IBM 93a] stellen Protokollelemente vor, die ein Übertragungsprotokoll für zeitabhängige Medien enhalten sollte. Um weitere Funktionen unterstützen zu können, werden folgende Felder zusätzlich vorgeschlagen:

- Priorität: Die Wichtigkeit eines Pakets relativ zu anderen Paketen wird durch ein Prioritätsfeld gekennzeichnet.

- Abhängigkeitsinformation: Beziehungen zwischen Paketen, wie sie beispielsweise in einem nach dem MPEG Standard [LeGall 91] kodierten Datenstrom existieren, sollen durch dieses Feld übertragen werden. Priorität und Abhängigkeitsinformation können als Entscheidungsgrundlage für Skalierungsmechanismen dienen (MT9) . Entsprechende Mechanismen werden in [IBM 93a] jedoch nicht betrachtet.

In [Keller 95] wird ein portables Anwendungsprotokoll zur Übertragung kontinuierlicher Medien vorgestellt. Es gliedert sich in ein Steuerprotokoll MCP (Movie Control Protocol) und ein Stromprotokoll MSP (Movie Stream Protocol), die zur Übertragung die Internet Transportprotokolle TCP [Postel 81b] bzw. UDP [Postel 80] benutzen. Das Movie Stream Protocol enthält verschiedene funktionale Elemente, die unter anderem den Verkehr zwischen unterschiedlichen Systemplattformen berücksichtigen:

- Eine ratenbasierte Flußkontrolle paßt die Übertragungsrate an einen Leistungswert an, der vor Beginn der Übertragung durch MCP zwischen den Endsystemen verhandelt wurde.
- Eine vorausschauende Fehlerkorrektur (FEC) fügt beim Sender Redundanzinformation in die Datenströme ein, um beim Empfänger verlorene Pakete rekonstruieren zu können.

Das Movie Transmission Protocol bildet einen vollständigen Dienst, der von Anwendungen für die Übertragung und Steuerung digitaler Filme genutzt werden kann. Dagegen ist es der Ansatz in [Schulzrinne 95], ein Protokoll nicht als unabhängige Schicht zu sehen, sondern ein Protokollgerüst bereitzustellen, das in Anwendungen integriert werden kann. Das dabei definierte Real Time Transport Protocol (RTP) kann auf verschiedenen Übertragungsdiensten wie UDP und ST-II [Topolcic 90] aufsetzen, und wird aufgrund seiner Fehlerüberwachung und Ratenkontrolldienste von den Autoren als Transportdienst betrachtet [Casner 95]. RTP wurde für die Übertragung von kontinuierlichen Datenströmen entworfen, wobei Telekonferenzen mit vielen Teilnehmern die im Vordergrund stehende Anwendung war. Ein separates Steuerungsprotokoll (RTCP) dient zum Austausch von Statusinformationen:

- Teilnehmer einer Konferenz werden durch Namen und Rechneradresse identifiziert. Für verabredete Konferenzen ohne Zugangskontrolle machen diese Informationen zusätzliche Anwendungsprotokolle überflüssig.

- Informationen über den Anteil an erhaltenen Paketen wird von den Empfängern an die Sender übermittelt, um Überlastungen des Kommunikationsnetzes zu erkennen (MT9).
- Formatbeschreibungen der zu übertragenden Daten werden zwischen den Teilnehmern ausgetauscht. Das Datenprotokoll enthält ein Formatfeld, dessen Bedeutung durch Formatbeschreibungen während einer Konferenz neu festgelegt werden kann.

Neben Fragmentierung, Sequenzierung und Synchronisation kann RTP auch Datenformate zwischen Sender und Empfänger konvertieren. Ein RTP Mixer wird im Kommunikationsnetz installiert und dient dazu, Pakete mehrerer Sender zu kombinieren und gegebenenfalls in ein Format zu konvertieren, das einen geringeren Durchsatz erfordert. Derart werden Verbindungen geringerer Bandbreite in heterogenen Kommunikationsnetzen besonders berücksichtigt.

Die Notwendigkeit, im Rahmen der Entwicklung einer Systemerweiterung ein AV-Protokoll bereitzustellen, ergibt sich aus (MA1) und (MT1). Das in dieser Arbeit vorgestellte AV-Protokoll bildet die Basis für die innerhalb der Laufzeitumgebung zu entwickelnden Mechanismen . Es soll dabei möglichst einfach sein und auf verschiedenen Transportsystemen aufsetzen können, um zukünftige Fortschritte bei der Entwicklung von Transportdiensten nutzbar zu machen. Reservierung von Betriebsmitteln im Kommunikationsnetz und Übertragungstechnik sind aktive Forschungsbereiche, so daß auf absehbare Zeit nicht ein bestimmter Transportdienst vorausgesetzt werden kann.

3.2.4 Dienstgüte für kontinuierliche Medien

Der Begriff der Dienstgüte wurde im Rahmen der Standardisierung von Kommunikationsnetzen wie folgt definiert [ITU 89]:

> *"QoS is the collective effect of service performance which determine the degree of satisfaction of a user of the service".*

Als Dienste im Sinne dieser Definition wurden ausschließlich Kommunikationsdienste betrachtet. Multimediale Anwendungen wurden in Dienstklassen eingeteilt, mit der Erwartung, daß sich die Anforderungen an Kommunikationsdienste einheitlich für eine Klasse beschreiben lassen [ITU 90, Wright 90]. Schon die Anforderungen einer einzigen Anwendung können sich jedoch von Fall zu Fall unterscheiden, beispielsweise bei einer Telekonferenz durch unterschiedliche Kodierung der Datenströme oder eine andere Anzahl von Teilnehmern [Steinmetz 92b]. Dies motivierte in jüngerer Zeit die Entwicklung von Modellen, die die Dienstgüte nicht nur auf Ebene des

Kommunikationssystem beschreiben, sondern auch Aspekte der Anwendung und des Benutzers einbeziehen:

- In [Tawbi 93] wird ein vierschichtiges Modell vorgeschlagen, dessen oberste Schicht Dienstgüte aus Sicht des Benutzers betrachtet (Users Level). Auf der nächstniedrigeren Schicht spezifiziert der Anwendungsprogrammierer die Dienstgüteanforderungen der zu übertragenden Ströme (Programmers Level). Die dritte Schicht (Systems Level) überträgt diese Spezifikationen auf Betriebsmittel, wie zu belegende Bandbreite des Kommunikationsnetzes, die von der untersten Schicht (Network and Resource Level) bereitgestellt werden. Das Modell vermischt Repräsentationen und Funktion bezüglich der Dienstgüte: Auf Systems Level wird die Dienstgüte abgebildet und durch ein Protokoll zwischen Endsystemen verhandelt; die anderen Ebenen enthalten die verschiedenen Repräsentationen der Dienstgüte.
- Das in [Nahrstedt 94a] vorgestellte Modell unterscheidet drei Schichten für die Aspekte Benutzer, Anwendung und Kommunikationsnetz. Es werden Funktionen zur Abbildung der Dienstgüte zwischen den Schichten vorgeschlagen, die zu einer Belegung von Betriebsmitteln auf dem Endsystem und im Kommunikationsnetz führt (Admission Service). Jüngere Arbeiten [Nahrstedt 94b] führen das Konzept eines Brokers ein, durch das eine mehrphasige Aushandlung von Dienstgüten zwischen den Endsystemen unterstützt werden soll.
- In [Campbell 94a, Campbell 94b] wird eine Dienstgütearchitektur vorgeschlagen, die verschiedene horizontale und vertikale Schichten unterscheidet (siehe Bild 3.2). Die horizontalen Ebenen sind bis auf die oberste Ebene analog zum OSI Kommunikationsmodell aufgebaut. Zwischen diesen Ebenen wird die Dienstgüte in unterschiedlicher Repräsentation durch einen Vertrag festgelegt mit der Bedeutung, daß eine höhere Schicht von einer niedrigeren Schicht die spezifizierte Dienstgüte erhält, wenn sie eine spezifizierte Last nicht überschreitet. Dienstgütebezogene Funktionen sind in den vertikalen Ebenen zusammengefaßt. Die Protokollebene ist unterteilt in Anteile für Steuerinformation und kontinuierliche Medien. Die Wartungsebene (QoS Maintenance) ist verantwortlich für die Pflege, Überwachung und Einhaltung der ausgehandelten Dienstgüte. Auf jeder horizontalen Schicht soll eine Dienstgüteverwaltung (Qos Manager) diese Funktionen übernehmen. Die Stromverwaltungsebene übernimmt die Abbildung unterschiedlicher Dienstgüterepräsentationen zwischen den Schichten, baut den Strom auf und reagiert auf notwendig werdende Änderungen der Dienstgüte.

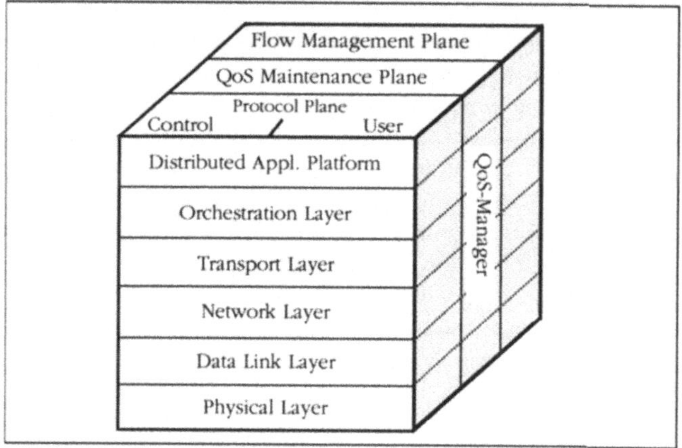

Bild 3.2: Dienstgütemodell nach [Campbell 94a]

Die genannten Modelle betrachten Dienstgüte ausschließlich unter dem Aspekt der Kommunikation. Auch wenn keine Kommunikationsnetze beteiligt sind, fließen jedoch in Multimedia-Systemen Datenströme, deren Dienstgüte für den Benutzer von Bedeutung sind. Ein allgemeines Modell für Dienstgüte sollte daher, den Dienst des Kommunikationsnetzes als einen von vielen zu verwaltenden Diensten betrachten.

Da es an Erfahrungen mit den beschriebenen Ansätzen fehlt, wird in dieser Arbeit ein praxisbezogenes Modell eingeführt, das die unterschiedlichen Repräsentationen der Dienstgüte an verschiedenen Schnittstellen der Systemerweiterung sichtbar macht. Benutzer und Anwendungsprogrammierer haben damit die Möglichkeit, die Dienstgüte für jeden Anwendungsfall dynamisch zu konfigurieren. Die Funktionen, die in bezug auf Dienstgüte erbracht werden, sind klar definiert und werden der Ausführung von Methoden bestimmter Objekte zugeordnet.

3.3 Integrationsmodelle für Multimedia-Systeme

Wenn Funktionalität zu einem gegebenen System von Anwendung und abstrakter Maschine hinzugefügt wird, lassen sich zwei gegensätzliche Ansätze unterscheiden:

- Die Maschine wird erweitert und stellt der Anwendung einen erweiterten Satz von Diensten zur Verfügung (siehe Bild 3.3a).

- Die Funktionalität wird der Anwendung hinzugefügt, z. B. durch Einbinden von Bibliotheken, die entsprechende Steuerungen der Maschine enthalten (siehe Bild 3.3b).

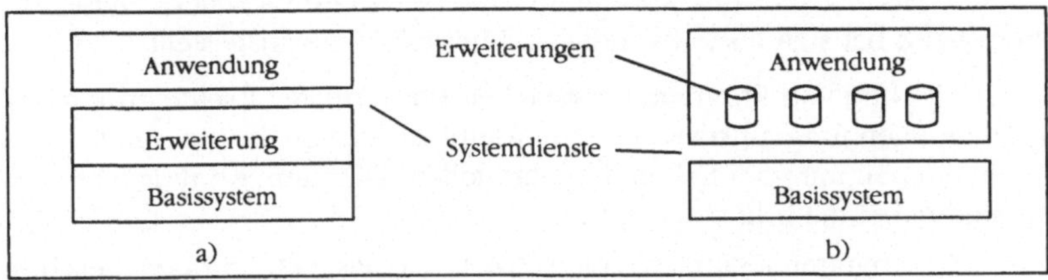

Bild 3.3: Ansätze zur Systemerweiterung

3.3.1 Betriebssystemerweiterungen

QuickTime und MMPM/2 bilden Betriebssystemerweiterungen für multimediale Daten [Hoffert 92 , Miller 92]. Die besondere Schwäche dieser Systeme liegt in ihrer Abhängigkeit von der Hardware (GW2) und der Tatsache, daß keine Verteilung unterstützt wird.

Ein idealer Ausgangspunkt für die Integration einer Systemerweiterung wäre ein verteiltes, objektorientiertes Betriebssystem, das in der Lage ist, Arbeitsplatzrechner verschiedenen Typs als Netzwerknoten mit multimedialen Eigenschaften zu verwalten. Solche Systeme würden insbesondere die Erfüllung der allgemeinen Anforderungen (GW1) bis (GW6) erleichtern. Interprozeßkommunikation und Netzwerkzugriff wären durch das Betriebssystem vorgegeben und müssen damit nicht mehr innerhalb der Systemerweiterung implementiert werden. Als Beispiele solcher Systeme im kommerziellen Einsatz seien hier die folgenden genannt:

- Windows NT ist ein Betriebssystem, das durch die Kapselung der Hardwareabhängigkeiten in einer Schicht (Hardware Abstraction Layer) auf verschiedenen Plattformen und CPU-Typen lauffähig ist [Linnel 93, Siering 94].
- NeXtStep ist ein für verschiedene Hardwareplattformen verfügbares objektorientiertes Betriebssystem. Es erlaubt durch Verwendung der Programmiersprache Objective-C den Methodenaufruf auf entfernte Objekte, die in anderen Prozessen lokal oder auf entfernten Rechnern innerhalb eines Netzes lokalisiert sind [Siering 94, Suckow 94].

3.3.2 Erweiterungen der Anwendung

Die Integration kontinuierlicher Medien bestand zunächst ausschließlich im Einbinden gerätespezifischer Bibliotheken, um Anwendungen die Verwendung der Zusatzgeräte für Bewegtbild und Ton zu ermöglichen. Diese Vorgehensweise hat sich als aufwendig und unflexibel herausgestellt.

Die Erweiterung von Programmiersprachen um verteilte Objekte ermöglicht, für die Anwendung unsichtbar, die Kombination von in die Anwendung eingebundenen mit vom System bereitgestellten Diensten. Kommerziell relevant sind dabei die folgenden Ansätze:

- In der Programmiersprache Objective-C ist das bereits oben beschriebene Ansprechen von Objekten in entfernten Prozessen möglich.
- OLE 2.O ist eine objektorientierte Erweiterung für Windows und Windows NT, die eine ähnliche Funktionalität wie Objective-C besitzt. Im Unterschied dazu werden jedoch bestehende Programmiersprachen, wie C und C++, um eine verteilte, objektorientierte Schnittstelle erweitert. OLE wurde von der Firma Microsoft entwickelt und war ursprünglich als Kommunikationsprotokoll zwischen verschiedenen Microsoft Applikationen konzipiert. Deshalb ist OLE besonders auf Microsoft-Software zugeschnitten [Hornschuh 94].
- CORBA [OMG 91] ist ein Industriestandard, der auf verschiedenen Hardware-Plattformen implementiert wurde. Ähnlich wie OLE sind CORBA-Implementierungen, wie SUN's Distributed Objects Everywhere und IBM's System Object Model, programmiersprachenunabhängig (GW6) und erweitern bestehende Programmiersprachen um den Zugriff auf entfernte Objekte. Bei Methodenaufrufen auf ein Objekt ist es für die Anwendung transparent, auf welchem Rechner und in welchem Prozeß es sich befindet.

Durch die Einbettung verteilter Objekte in herkömmliche Programmiersprachen wird die Realisierung einer Systemerweiterung erheblich erleichtert, da jegliche entfernte Kommunikation für den Kontrollfluß zwischen Anwendungen und der Systemerweiterung bereits innerhalb der verteilten Programmiersprache realisiert wird. Im Gegensatz zur Kommunikation mit Hilfe von entfernten Prozeduraufrufen [Schill 92] oder der direkten Verwendung von Unix Sockets [Leffler 89] sind objektorientierte Schnittstellen leicht erweiterbar (GW1). Die bereits untersuchten Modelle [IBM 93a, Rothermel 94, Williams 92] sind Beispiele für Systemerweiterungen, die aus verteilten Objekten aufgebaut sind.

3.3.3 Hybride Entwicklungen

Um auf in einem Rechnernetz verteilte Geräte zugreifen zu können (AA3), läßt sich eine Systemplattform aus mehreren Servern für kontinuierliche Medien aufbauen, die auf verschiedene Rechner verteilt sind. Anwendungen können Geräte dieser Server steuern, müssen aber alle rechnerübergreifenden Operationen selbst explizit ausführen, wenn es keine Komponente der Systemerweiterung gibt, die auf mehrere Server zugreift oder Anwendungen dabei unterstützt (entsprechend Bild 3.3a). Dadurch können Datenströme nicht netzwerktransparent aufgebaut werden, und die Funktionalität zum Erfragen von Informationen der auf verschiedenen Knoten verfügbaren Geräte (AO2) muß durch Anwendungen für jeden Knoten explizit benutzt werden. In diesem Fall hilft ein hybrider Ansatz zur Systemerweiterung weiter (siehe Bild 3.3).

Hybride Systeme kombinieren die Erweiterung der Anwendung und die Erweiterung des gegebenen Rechensystems. Dazu lassen sich bereits die in Abschnitt 3.1 behandelten ClientServer Systeme zählen: In die Anwendung eingebunden werden Steuerungen zur Kommunikation mit dem Server, der Server selbst bildet eine Erweiterung der abstrakten Maschine. Derart läßt

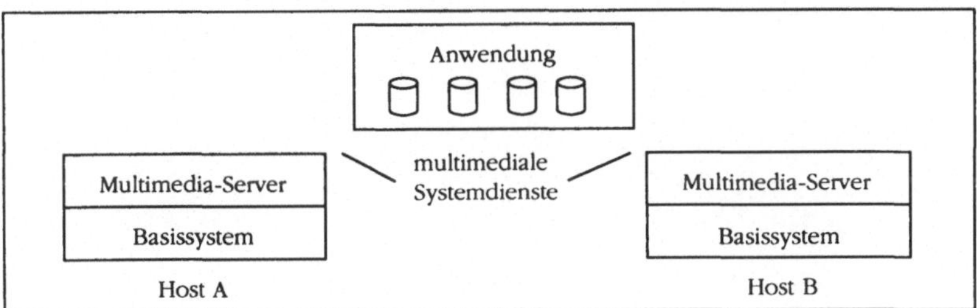

Bild 3.4: Hybrider Ansatz zur Systemerweiterung

sich die Komplexität der gleichzeitigen Benutzung mehrerer Server vor der Anwendung verbergen.

3.3.4 Auswahl eines Integrationsmodells

Ein verteiltes, objektorientiertes Betriebssystem hätte für die Realisierung einer Systemerweiterung die meisten Vorteile geboten. Ein solches stand jedoch für die im Rahmen der vorliegenden Arbeit angestrebten Zielplattformen, IBM RISC System/6000 und IBM-kompatible Personal Computer, nicht zur Verfügung. Obige Überlegungen legen den Einsatz eines hybriden Systems nahe, bei dem in die Anwendung Steuerungen eingebunden werden, welche die Verwendung verteilter Server vereinfachen. Die Dienste der Server können konform zum CORBA-Standard angeboten werden, einer Technik die ebenfalls das Potential hat, viele der Anforderungen an die Gesamtwirkung einer Systemerweiterung zu erfüllen. Für die Implementierung des in dieser Arbeit vorgestellten Systems fiel daher die Wahl auf IBM's System Object Model (SOM) [IBM 93b].

Aufgrund dieser Randbedingungen bildet CORBA die Basis für den in dieser Arbeit verfolgten hybriden Ansatz einer multimedialen Systemerweiterung (siehe Bild 3.3). Existierende Betriebssysteme werden durch Server erweitert, die ihre Dienste mit Hilfe von CORBA-Mechanismen verfügbar machen. Die folgenden Kapitel beschreiben die Modellierung der Dienste und ihre Umsetzung innerhalb dieser Basisarchitektur.

TEIL II

Abstraktion und Architektur

4 Abstraktionen zur Verarbeitung multimedialer Daten

Ein Multimedia-System ist eine abstrakte Maschine und stellt eine Dienstschnittstelle zur Verfügung, die von Anwendungen zur Verarbeitung multimedialer Daten genutzt wird. Die Menge der Dienste bildet ein Modell für die Behandlung kontinuierlicher Medien. Dieses Kapitel beschreibt das Modell der im Rahmen dieser Arbeit entwickelten Systemerweiterung DMO-Services. Die Auswertung existierender Systeme in Kapitel 3 wird herangezogen, um die Strukturierung von Abstraktionen entlang unabhängiger Dimensionen zu motivieren. Anschließend werden die wesentlichen Abstraktionen der DMO-Services anhand dieser Dimensionen eingeführt und formal beschrieben.

4.1 Ein Modell für multimediale Systeme

Die Untersuchung existierender Systemerweiterungen im dritten Kapitel zeigt, daß die betrachteten Modelle nicht alle Aspekte der Verarbeitung multimedialer Daten separat beschreiben; in der Regel fließen verschiedene Aspekte in einzelnen Abstraktionen zusammen. Eine unabhängige Spezifikation der Daten und der Art ihrer Verarbeitung wird von einigen Modellen, wie VOX, XMedia und ACME, durch Ports bzw. Geräte unterstützt. Dagegen werden Aspekte, wie die Dienstgüte eines Datenstroms und exakte zeitliche Bezüge, von den meisten Systemen gar nicht oder nur implizit einbezogen. Anwendungen können daher Anforderungen an die Qualität eines Datenstroms, beispielsweise an die Verzögerung und Fehlercharakteristika, nicht explizit stellen. Somit ist das für den Benutzer sichtbare Ergebnis a priori nicht bestimmbar und hängt von der Leistungsfähigkeit und Auslastung der benutzten Konfiguration ab.

Der Ausdruck von Zeit wird ebenfalls in den meisten Modellen implizit behandelt oder mit anderen Abstraktionen vermischt. In AudioFile muß eine Anwendung Echtzeitbedingungen erfüllen und explizit Zeitinformation in jede Dateneinheit einfügen, um die Kontinuität einer Wiedergabe zu gewährleisten. In QuickTime kann Zeit relativ flexibel durch die Anwendung spezifiziert werden, ist allerdings mit der Movieabstraktion fest verknüpft. XMedia führt Basismechanismen einer zeitlichen Steuerung von Operationen ein, die in ACME durch ein logisches Zeitsystem in eine feinere Granularität überführt werden. In dem in [Fritzsche 92] vorgestellten Modell wird Zeit auf verschiedenen Ebenen des Datenmodells repräsentiert und innerhalb der einzelnen Ebenen repliziert (siehe Abschnitt 3.2.1). Die Annahmen, alle Sektoren eines Tracks und alle Samples eines Sektors seien von gleicher Dauer, sind durch das Modell vorgegeben und führen zu impliziten Abhängigkeiten zwischen verschiedenen Einheiten des Datenmodells .

Als Ursachen der genannten Symptome lassen sich die folgenden Eigenschaften der Modelle identifizieren:

- Einige Aspekte der Verarbeitung multimedialer Daten werden nicht explizit ausgedrückt.
- Einige zu differenzierende Aspekte sind implizit voneinander abhängig.

In dieser Arbeit wird daher ein Modell multimedialer Abstraktion vorgestellt, in dem die Aspekte von einer Anwendung explizit und unabhängig voneinander spezifiziert werden [Käppner 95]. Das Modell spannt einen Abstraktionenraum durch die vier Dimensionen Zeit, Daten, Verarbeitung und Qualität auf (siehe Bild 4.1). Die Abstraktionen des Modells sind entlang dieser Dimensionen angeordnet, d. h., die Begriffe, die durch sie repräsentiert werden, sind jeweils einer Dimension zugeordnet und spezifizieren den Bedarf einer Anwendung unter einem bestimmten Gesichtspunkt:

- Verarbeitung: Welche Verarbeitungsschritte werden in welcher Reihenfolge durchgeführt? Durch welche Art von Software oder Hardware wird die Verarbeitung durchgeführt? Auf welchen Rechnerknoten werden die einzelnen Schritte realisiert?
- Daten: Beinhaltet der Datenstrom Bewegtbild, Ton oder beides? Welchem Kodierungsformat entsprechen die Daten? Wie kann auf Daten zugegriffen werden?
- Zeit: Wann wird die Datenverarbeitung begonnen und angehalten? Welche zeitlichen Restriktionen existieren während der Verarbeitung eines Stroms ggf. bezüglich anderer Ströme? Wie wird Zeit für die Anwendung repräsentiert?
- Qualität: Welche Priorität wird einem Strom relativ zu anderen Strömen der Anwendung zugeordnet? Muß der ungestörte Stromfluß durch das System garantiert werden, oder können Qualitätsschwankungen in Kauf genommen werden? Welche qualitativen Anforderungen sind an die Synchronisation zu stellen?

Anwendungen benutzen die Begriffe der einzelnen Dimensionen zunächst unabhängig, um sie dann, in einem zweiten Schritt, zueinander in Bezug zu setzen. Die Einzelspezifikationen der Begriffe bilden zusammen mit ihrem

Beziehungsgeflecht das Gesamtmodell einer Anwendung. Die Unabhängigkeit der einzelnen Begriffe ist unter folgenden Aspekten von Vorteil:

- Anwendungssicht: Das Modell gewinnt an Ausdruckskraft, da die eindimensionalen Begriffe aufeinander angewandt werden können. Die Replikation von Informationen wird vermieden, da Begriffe in mehreren Beziehungen verwendet werden können. So kann eine einzelne Qualitätsspezifikation mit mehreren Strömen einer Anwendung verknüpft werden.
- Systemsicht: Das Modell fördert die Modularität einer Systemerweiterung, da Zustandsinformationen bestimmten Begriffen zugeordnet werden. Die Informationen werden durch Begriffe vollständig gekapselt und Wechselwirkungen werden durch die Beziehungen zwischen Begriffen explizit modelliert. Die Auswirkungen einer Erweiterung des Modells um Begriffe und ggf. weitere Dimensionen sind duch dieses Vorgehen genau lokalisierbar und auf wenige Teile des Systems beschränkt (GW1).

Die Strukturierung von Abstraktionen entlang der Dimensionen des Modells ermöglicht es, durch Projektion aus dem relativ komplexen Gesamtmodell einer Anwendung vereinfachte Teilmodelle abzuleiten. Solche Teilmodelle fassen bestimmte Aspekte des Anwendungsmodells zusammen, die für die Entwicklung der Anwendung und die Bearbeitung der Abstraktionen innerhalb der Laufzeitumgebung von Bedeutung sind (siehe Bild 4.1):

- Die Spezifikation der Daten gemeinsam mit ihrem Zeitbezug bildet das Datenmodell einer multimedialen Anwendung. Das Datenmodell kann vom Anwendungsentwickler statisch oder auch vom Benutzer dynamisch zur Laufzeit definiert werden.
- Die Bearbeitung der Daten durch Geräte wird konzeptionell durch einen Graph von Verarbeitungskomponenten modelliert. Die Qualitätsdefinition macht zusätzlich zu den durch die Verarbeitungsdimension spezifizierten Komponenten einige Elemente erforderlich, die beispielsweise Synchronisationsmechanismen oder Qualitätsüberwachung realisieren. Die Verarbeitungs- und Qualitätspezifikationen bilden daher zusammen ein Verarbeitungsmodell, das unter anderem verwendet wird, um zur Laufzeit den exakten Betriebsmittelbedarf zu ermitteln.
- Nachdem die Datenströme vollständig aufgebaut sind, manipulieren Anwendungen die Bearbeitung einzelner Ströme durch Operationen, die von den Abstraktionen der Verarbeitungsdimension angeboten werden. Durch einen Bezug kann die Zeit, zu der eine Operation zu aktivieren ist, explizit gesteuert werden. Ereignisse werden ebenfalls mit Zeitinfor-

mation assoziiert an die Anwendung übermittelt. Zeit- und Verarbeitungsdimension zusammen definieren derart ein Aktivitätsmodell der Anwendung, durch das die zeitliche Abfolge von Operationen festlegt wird.

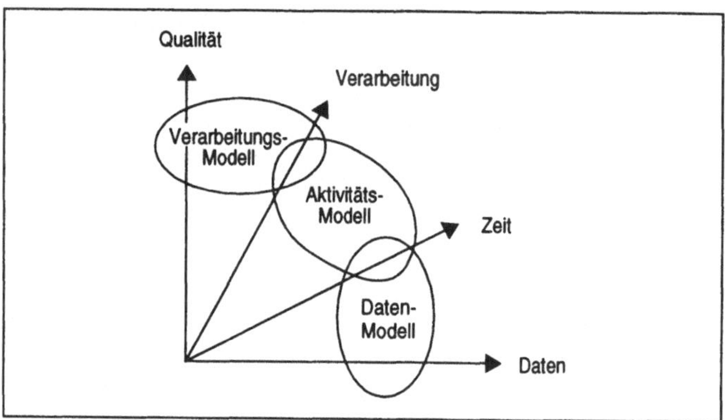

Bild 4.1: Projektionen auf Teilmodelle

Die Dimensionen des Modells und die mit ihnen verknüpften Abstraktionen werden in den folgenden Abschnitten erläutert. Da die im Rahmen der vorliegenden Arbeit entwickelte Systemerweiterung die Objekttechnologie der Open Management Group (OMG) benutzt, werden die Abstraktionen durch Objektklassen realisiert. Für die formale Definition der Klassen wird die durch die OMG standardisierte Schnittstellenbeschreibungssprache IDL (Interface Definition Language) eingesetzt. Direkt aus den in Anhang B zusammengefaßten Definitionen wurden durch maschinelle Weiterverarbeitung sogenannte Schnittstellenstubs generiert, wodurch die Konformität der Objekte bezüglich der syntaktischen Beschreibung ihrer Schnittstelle sichergestellt werden kann.

4.2 Die Zeitdimension

Forderung (AA5) besagt, daß multimediale Anwendungen auf die Repräsentation von Zeitinformation in der Schnittstelle angewiesen sind. Innerhalb von DMOS dienen zwei Objektklassen dazu, Zeit für die Anwendung definierbar und nutzbar zu machen.

4.2.1 Logical Time System

Durch ein logisches Zeitsystem[1] (siehe Anhang B.1) kann eine Anwendung eine Zeitachse definieren, die zur Spezifikation von Zeitpunkten benutzt wird. Zeit kann dadurch in einem Maßstab ausgedrückt werden, der durch Bedürfnisse der Anwendung vorgegeben ist, beispielsweise Sample oder Bytes eines Datenstroms. Das Attribut *resolution* definiert einen nominalen Bezug der Zeitachse zur Echtzeit als seine Auflösung in Ticks pro Sekunde. Zusätzlich wird durch das Attribut *speed* die Richtung und Geschwindigkeit von Objekten definiert, die mit dem logischen Zeitsystem verknüpft sind; sein Wert ist das Verhältnis der Geschwindigkeiten von Objektzeit zu Echtzeit. Eine Veränderung des Attributes *speed* wirkt sich zur Laufzeit auf alle Beziehungen des logischen Zeitsystems zu anderen Objekten aus, d. h., daß beispielsweise mehrere parallele Bewegtbildströme, die den gleichen Vorgang unter verschiedenen Gesichtspunkten zeigen, gleichermaßen verlangsamt oder beschleunigt werden können.

4.2.2 Clock

Die Klasse Clock repräsentiert eine Zeitquelle. Als Zeitgeber einer Uhr kann die Systemzeit oder die Zeit eines Datenstromes dienen; die dadurch definierten Zeitpunkte und Intervalle werden durch das mit einer Uhr verknüpfte logische Zeitsystem transformiert, wodurch der Anwendung stets eine konsistente Darstellung der Zeitinformationen garantiert werden kann.

Uhren können mit Hilfe der Methoden ihrer Schnittstelle abgelesen, gestellt, gestartet und angehalten werden. Anwendungen können durch Uhren die Verarbeitung von Zeit in ihren Ablauf integrieren, da Zeitpunkte bestimmt und verglichen und Intervalle gemessen werden können. Eine Uhr kann außerdem als "Wecker" fungieren: Durch die Definition von Zeitmarken (Marker) fordert die Anwendung eine asynchrone Benachrichtigung an, wenn eine bestimmte Zeit erreicht ist. Verschiedene Typen von Zeitmarken erlauben es, statt einer absoluten Zeit auch eine Dauer als relative oder periodische Angabe zu spezifizieren, die eine Benachrichtigung einmalig beziehungsweise periodisch nach Ablauf des angegebenen Intervalls auslöst. Solche zeitgesteuerten asynchronen Benachrichtigungen werden von einer

---

[1] Der Begriff "logisches Zeitsystem" müßte korrekterweise ersetzt werden durch "eine Instanz der abstrakten Klasse Logical Time System". Es wird im folgenden auf die explizite Unterscheidung zwischen Klassen und Instanzen verzichtet, sofern sie für die semantische Beschreibung der Abstraktionen belanglos ist.

Anwendung für die Synchronisation diskreter Ereignisse mit kontinuierlichen Datenströmen genutzt.

Die Methoden zum Starten und Anhalten einer Uhr enthalten Parameter, mit denen die zeitliche Ausführung der Operation gesteuert werden kann. Da Zeiten nur im Kontext einer Uhr auf Echtzeit abgebildet werden, wird als Ausführungszeitpunkt eine Zeit mit einer Referenzuhr angegeben. Derart kann eine Anwendung beliebige Zeitachsen zueinander in Bezug setzen und damit initiale Synchronisationspunkte für zeitgebundene Datenobjekte spezifizieren.

4.3 Die Datendimension

Die Datendimension des Modells unterteilt die Spezifikation der Daten auf drei Ebenen mit unterschiedlichem Abstraktionsniveau (AA2):

- eine formatunabhängige Beschreibung der Medien,
- eine exakte Beschreibung des Datenformats und
- die Repräsentation der zu verarbeitenden Daten selbst.

4.3.1 Abstrakte Formate

Die oberste Ebene ermöglicht der Anwendung durch die Klasse AbstractFormat, die zu bearbeitenden Medien zu spezifizieren, ohne ein exaktes Format anzugeben. Die Formatbeschreibungen bilden zusammen einen Teilbaum der Klassenhierarchie der DMOS-Objekte mit der gemeinsamen Basisklasse Format (siehe Bild 4.2), die einige für alle Formatobjekte wichtige Methoden und Attribute zusammenfaßt. Eines dieser Attribute, das durch Vererbung auch in den Klassen AbstractVideoFormat und AbstractAudioFormat sichtbar wird, ist der Typ des Mediums, unterteilt in die vier Kategorien Bewegtbild, Ton, eine Kombination beider oder sonstiger Typ (siehe Anhang B.3).

Für Bewegtbild kann mittels der Klasse AbstractVideoFormat die Bildrate, die Auflösung und der Farbraum vorgegeben werden. Die Klasse AbstractAudioFormat unterteilt Spezifikationen für Tondaten in die Qualität, die benutzten Kanäle und eine Angabe für die Unterdrückung von Sprechpausen bei Sprachübertragungen. Durch das Laufzeitsystem in DMOS werden die Attribute eines abstrakten Formates auf detaillierte Formatbeschreibungen abgebildet. Alle für einen Datenstrom vorliegenden Formatbeschreibungen werden einbezogen und mit den Methoden der Basisklasse Format bezüglich ihrer Kompatibilität untersucht. Benutzt eine Anwendung ein abstraktes Format, so ist sie unabhängig von der Verfügbarkeit einer spezifischen Kodierungstechnik. Die Abbildung und anschließende Aushandlung

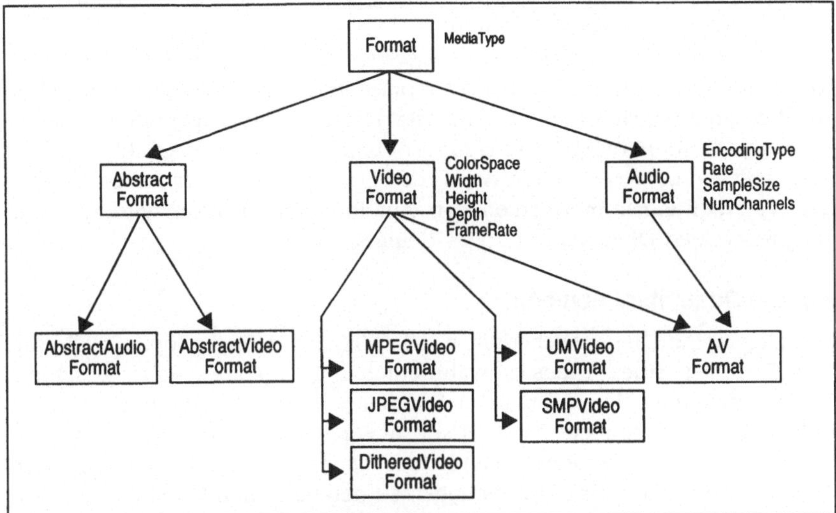

Bild 4.2: Teilbaum der Klassenhierarchie

erhöhen die Wahrscheinlichkeit, daß für die Endpunkte eines Stroms kompatible Formate gefunden werden. Durch diese Entkopplung werden auch zukünftige Fortschritte der Kodierungstechnik einer Anwendung zugänglich gemacht, ohne daß sie modifiziert werden muß (vgl. (AD5)).

4.3.2 Detaillierte Formate

Muß eine Anwendung auf eine besondere Kodierungstechnologie zurückgreifen, so kann sie dies durch ein detailliertes Format spezifizieren. Jedes detaillierte Format beschreibt die Parameter eines bestimmten Kodierungsverfahrens und legt damit die Repräsentation der auszutauschenden Daten fest. In Anhang B.7 und Anhang B.6 sind die Klassen JPEGVideoFormat bzw. ihre Vaterklasse VideoFormat spezifiziert. Die Klasse VideoFormat faßt Parameter zusammen, die allen Formaten für Bewegtbild gemeinsam sind, während die Klasse JPEGVideoFormat zusätzlich Attribute enthält, die nur für die Kodierung von Bildern nach dem JPEG Standard [ISO 92] relevant sind.

4.3.3 Datenpakete

Formate definieren, wie die Daten vor und nach den einzelnen Verarbeitungsschritten repräsentiert werden. Durch die Digitalisierung werden kontinuierliche Medien in diskrete Werte überführt, um dann periodisch weiterverarbeitet zu werden. Intern wird dazu jeweils ein Block von Daten in einem sogenannten Datenpaket verwaltet. Jedes Datenpaket wird durch eine Instanz der Klasse DataPacket repräsentiert, über deren Schnittstellen auf Beschreibungsinformation und die Daten selbst zugegriffen werden kann. Die Beschreibungsinformation ist einheitlich für Bewegtbild und Ton und stellt einen wesentlichen Anteil des Datenprotokolls zwischen einzelnen Verarbeitungskomponenten dar. Auf ihre Spezifikation wird mit den entsprechenden Diensten in Kapitel 7 eingegangen.

4.4 Die Qualitätsdimension

Der allgemeine Dienstgütebegriff, wie in [ITU 89] definiert, umfaßt alle für den Benutzer eines Dienstes wahrnehmbaren Aspekte (siehe Abschnitt 3.2.4). Unter eine derart generelle Definition könnten letztlich alle vorgestellten Dimensionen des Modells subsumiert werden. Im Mittelpunkt des Kapitel 6 steht daher eine Analyse des Dienstgütebegriffs multimedialer Anwendungen und seiner Beziehungen zu den einzelnen Objektklassen der DMO-Services. Die hier dargestellte Qualitätsdimension macht bestimmte Eigenschaften der Verarbeitung multimedialer Datenströme auf Ebenen unterschiedlichen Detaillierungsgrades steuerbar (AA2). Dabei kann eine Anwendung auf jede Ebene zugreifen, um ihren Einfluß in einer Granularität auszuüben, die ihren eigenen Anforderungen entspricht. Beschränkt sich eine Anwendung auf Ebenen höheren Abstraktionsniveaus, so werden durch das Laufzeitsystem der DMO-Services die genauen Einstellungen abgeleitet (siehe Kapitel 6).

4.4.1 Commitment

Auf oberster Ebene kann durch die Klasse Commitment eine Reihe von Attributen festgelegt werden, mit der die Mechanismen der Betriebsmittelverwaltung für einen Strom gesteuert werden (siehe Anhang B.8). Die Wahl einer Dienstklasse drückt den Grad der Garantie aus, die für den kontinuierlichen, ungestörten Fluß eines Stroms gegeben werden soll. Dienstklassen werden auf Mechanismen der Betriebsmittelverwaltung abgebildet, die im Mittelpunkt der verwandten Arbeit von [Wolf 95a] stehen.

- Für die Dienstklasse QOS_GUARANTEED wird durch eine Zugangskontrolle (admission control) beim Aufbau eines Strom festgestellt, ob der Strom durch die vorhandenen Betriebsmittelkapazitäten unterstützt werden kann. Ist dies der Fall, so wird der Strom zugelassen und die ununterbrochene Verarbeitung durch eine Reservierung der benötigten Betriebsmittel garantiert.

- Während die Garantie bei der Dienstklasse QOS_GUARANTEED unbedingt gilt, wird für die Klasse QOS_STATISTICAL ein statistisches Verfahren der Zugangskontrolle angewandt, das dazu führt, daß nicht in allen Fällen die Verarbeitung der Datenströme unterbrechungsfrei bleibt. Der Vorteil des statistischen Verfahrens liegt in einer höheren Gesamtauslastung: Da die Betriebsmittelanforderungen eines Stroms während der Verarbeitung schwanken, müssen für die Zulassung zur Klasse QOS_GUARANTEED die maximal benötigten Betriebsmittel reserviert werden und stehen damit nicht mehr für andere Ströme zur Verfügung. Dagegen werden bei den Berechnungen des statistischen Zulassungsverfahren Durchschnittswerte für Betriebsmittelanforderungen benutzt, wodurch insgesamt weniger Betriebsmittel reserviert werden müssen.
- Der Aufbau von Strömen mit der Dienstklasse QOS_BEST_EFFORT wird nur dann abgelehnt, wenn bereits eine Überlastsituation für benötigte Betriebsmittel eingetreten ist. Eine Berechnung, wie für die beiden anderen Klassen, wird dazu nicht durchgeführt. Dementsprechend wird für die ununterbrochene Verarbeitung dieser Datenströme keine Garantie übernommen.

Jedem Strom kann von der Anwendung eine Priorität zugeordnet werden, die die Wichtigkeit des Stroms kennzeichnet. So kann beispielsweise ein Telekonferenzsystem die Sprachübertragung mit einer höheren Priorität versehen als die gleichzeitige Bewegtbildübertragung, um eine ständige Konversation zu gewährleisten. Prioritäten werden von der Laufzeitumgebung während der Zugangskontrolle benutzt, um zu entscheiden, ob bereits zugelassene Ströme niedrigerer Priorität ggf. verdrängt werden müssen. Eine hohe Priorität soll sicherstellen, daß dringende Nachrichten, wie Notruf- und Alarmmeldungen, vom System bevorzugt verarbeitet werden. Es können zur Zulassung eines Stroms allerdings nur Ströme einer niedrigeren Dienstklasse verdrängt werden.

Auch während der Verarbeitung der Datenströme kann es zur Überlastung von Betriebsmitteln kommen. Die dadurch ausgelösten Ausnahmebehandlungen berücksichtigen ebenfalls die Priorität bei der Auswahl derjenigen Ströme, die ihre Betriebsmittelanforderungen reduzieren müssen.

Wird ein Zustand der Überlast erreicht, so können eine Reihe von Mechanismen durch eine Systemerweiterung angewandt werden, die sich nach dem Grad ihrer Auswirkung auf die Anwendung unterscheiden lassen. Ein

Abbruch von niedriger priorisierten Verbindungen ist eine einfache Möglichkeit, die Last zu reduzieren, bei der das Problem allerdings an die Anwendung weitergegeben wird, ohne eine Lösung bereitzustellen. Eine Neuverhandlung der Dienstgüte von Datenströmen, ausgelöst durch die Systemerweiterung, beteiligt die Anwendungen bei der Lösung des Problems; der Nachteil einer Neuverhandlung ist der damit verbundene hohe Aufwand: Verzögerungen bis zur Festlegung einer neuen Dienstgüte wirken sich besonders in Situationen der Überlast negativ auf die Kontinuität der Datenströme aus. Die größte Dynamik weist die Skalierung auf, bei der die Qualität von Strömen an die Betriebsmittelkapazitäten angepaßt wird, ohne die Anwendung einzubeziehen (MD4). Diese Möglichkeit, die Qualität eines Stroms dynamisch zu verändern, kann von einer Anwendung durch das Attribut *scalability* eingestellt werden. Die durch die DMO-Services in diesem Fall anzuwendenden Mechanismen werden in Kapitel 9 detailliert beschrieben. Ist ein Strom nicht als skalierbar gekennzeichnet und wird über eine gewisse Dauer eine Überlast ermittelt, so werden Ströme der Dienstklasse QOS_BEST_EFFORT unter Berücksichtigung ihres Beitrags zur Überlast und ihrer Priorität abgebrochen.

Für den kommerziellen Einsatz multimedialer Systeme werden Sicherheitsaspekte immer wichtiger. Bei Telekonferenzen zwischen Mitarbeitern werden häufig interne Informationen von Firmen ausgetauscht, die vor dem Zugriff Fremder zu schützen sind. Die Verschlüsselung ist eine einfache Möglichkeit, die Weiterverwertung von Daten zu verhindern, falls das Abhören nicht gänzlich ausgeschlossen werden kann. Durch das Attribut *encryption* kann eine Anwendung spezielle Filter für die Verschlüsselung und Entschlüsselung der Daten in einen Strom einfügen.

Dienstgüteklassen und Prioritäten werden in der Regel von Anwendungsentwicklern vorkonfiguriert und sind durch Benutzer modifizierbar. Die Auswahl der Dienstklassen QOS_BEST_EFFORT und QOS_STATISTICAL hat gegenüber der Benutzung der Klasse QOS_GUARANTEED den Vorteil, eine größere Anzahl von Strömen zuzulassen. Die Charakterisierung eines Datenstroms als skalierbar hat ebenfalls positive Eigenschaften auf die Kontinuität, da skalierbare Ströme kontiunierlich in der Qualität angepaßt werden, anstatt sie rigoros abzubrechen. Neben diesen natürlichen Anreizen mit den vorhandenen Betriebsmitteln sparsam umzugehen, repräsentiert die Klasse Quality Kosten der Betriebsmittelnutzung durch das Attribut *cost*. Die Art der benutzen Betriebsmittel wird durch ein Kostenmodell auf einen abstrakten Tarif abgebildet, der von der Anwendung erfragt und von spezialisierten Diensten für eine Abrechnung verwendet werden kann [Anderson 90a].

4.4.2 Monitor

Auf einer zweiten Ebene der Qualitätssteuerung werden durch die Klasse Monitor Charakteristika eines Stroms vorgegeben, die durch das Laufzeitsystem der DMO-Services zu überwachen sind. Ein Monitorobjekt wird in Bezug zu einer bestimmten Verarbeitungskomponente gesetzt, um auszudrücken, daß an dieser Stelle des Datenstroms eine Überwachung zu erfolgen hat. Die zeitliche Verzögerung des Datenstroms kann durch das Attribut *delay* angegeben werden; es werden keine konkreten Werte benutzt sondern abstrakte Verzögerungswerte, die im Rahmen der Dienstgüteverwaltung (siehe Kapitel 6) auf absolute Werte abgebildet werden.

Multimediale Daten werden durch Protokolle zwischen den einzelnen Verarbeitungskomponenten teils innerhalb eines Rechners, teils über fehleranfällige Kommunikationsnetze übertragen. Eine Anwendung steuert die Fehlercharakteristika eines Stroms bezüglich der Fehlerarten Bitfehler, Paketverlust und Paketverspätung. Das Verhalten bei Bitfehlern wird durch den Parameter *dataCorruption* eingestellt und kann mit folgenden Werten belegt werden:

- CORR_IGNORE: Keinerlei Mechanismen zur Überwachung von Bitfehlern werden installiert. Pakete mit Bitfehlern werden an die Anwendung ausgeliefert.
- CORR_DISCARD: Bitfehler werden erkannt; fehlerhafte Pakete werden nicht weiter verarbeitet.
- CORR_RECEIVE: Bitfehler werden erkannt, und die Pakete werden unkorrigiert an die Anwendung ausgeliefert.
- CORR_CORRECT: Bitfehler werden erkannt und die Pakete werden vor der Weiterverarbeitung korrigiert.

Das Verhalten bei Paketverlust wird durch den Parameter *dataLoss* vorgegeben:

- LOSS_IGNORE: Der Verlust von Paketen bleibt unbeachtet, der Fehler wird nicht behoben.
- LOSS_INDICATE: Der Verlust von Paketen wird erkannt, der Fehler wird nicht behoben.
- LOSS_CORRECT: Paketverluste werden durch eine Wiederholung der Übertragung behoben.

Das Verhalten bei Paketverspätung wird durch den Parameter *dataLateness* eingestellt:

- LATE_IGNORE: Die Rechtzeitigkeit der Pakete wird nicht überwacht.

- LATE_RECEIVE: Zu spät eintreffende Pakete werden an die Anwendung ausgeliefert bzw. dargestellt.
- LATE_DISCARD: Zu spät eintreffende Pakete werden verworfen.

Die vorgegebenen Fehlercharakteristika eines Stroms werden auf entsprechende Mechanismen der verfügbaren Protokolle abgebildet. Dazu kann das in Kapitel 7 beschriebene AV-Protokoll je nach Verfügbarkeit auf verschiedenen Transportprotokollen aufsetzen. Das AV-Protokoll kann die Reihenfolge von Paketen wiederherstellen und die zeitgerechte Auslieferung der Pakete selbst überwachen, während es für die Korrektur von Bit- und Paketfehlern auf Mechanismen der genannten Transportdienste zurückgreift.

4.4.3 Synchronization

Auf dieser niedrigsten Ebene der Qualitätssteuerung kann eine Anwendung durch die Attribute der Klasse Synchronization die exakten Kennwerte der Synchronisationsmechanismen bestimmen. An dieser Stelle kann eine Anwendung die maximale Gesamtverzögerung, statt durch einen abstrakten Wert, durch eine absolute Dauer in Millisekunden angeben.

Bei der Übertragung kontinuierlicher Medien stehen Verzögerung und Unterbrechungsfreiheit eines Stroms in einem Spannungsverhältnis. Werden Daten vor ihrer Wiedergabe im Maße der maximalen Verzögerungsschwankung (delay jitter) einer Verbindung gepuffert, so wird die Qualität nicht durch zu spät eintreffende Pakete vermindert. Die maximale Verzögerungsschwankung ist jedoch in heutigen paketorientierten Kommunikationsnetzen a priori schwer bestimmbar, und die Pufferung bis zu einem abgeschätzten Maximalwert wird in der Regel bereits die strengen Anforderungen einer Telekonferenzanwendung an die Gesamtverzögerung überschreiten. Da die genannten Parameter Verzögerung und Unterbrechungsfreiheit je nach Art der Anwendung unterschiedlich gewichtet werden, bieten die DMO-Services eine Klasse von Synchronisationsalgorithmen an, durch die entweder die Gesamtverzögerung eines Stroms oder der Anteil der durch Verspätung wertlosen Datenpakete minimiert wird. Diese Optimierungsrichtung kann von der Anwendung explizit als Wert des Parameters *optimization* eingestellt werden;

4.5 Die Verarbeitungsdimension

Daten werden innerhalb der DMO-Services durch Geräte (Device) verarbeitet, und die Mehrzahl der Anwendungen kann sich auf die Steuerung der existierenden Geräte beschränken. Muß jedoch eine Anwendung auf die zu verarbeitenden Daten selbst zugreifen, um beispielsweise eine bisher nicht verfügbare Funktionalität zu implementieren (AO4), so kann sie durch Ableitung von einer existierenden Geräteklasse die Menge der verfügbaren Geräte erweitern.

Ein Objekt der Klasse Point bildet eine Geräteschnittstelle zur Ein- und Ausgabe der Daten zu bzw. von einem Gerät. Mittels dieser Objekte erreichen oder verlassen die Daten das Gerät, sie werden dementsprechend als E/A-Punkte bezeichnet. Ein E/A-Punkt wird durch eine spezielle Methode des Gerätes erzeugt, um eine feste Zuordnung zwischen Gerät und E/A-Punkt zu schaffen, auf der die Topologiebeschreibung der zu verarbeitenden Ströme basieren kann.

Geräte repräsentieren eine Vielfalt von unterschiedlichen Verarbeitungsmethoden multimedialer Daten; Bild 4.3 zeigt einen Ausschnitt aus der Klassenhierarchie der Geräte mit Zuordnung zu Gerätetypen (siehe Abschnitt 5.2.2). Methoden der Geräte steuern die Aspekte der jeweiligen Verarbeitung. Bei-

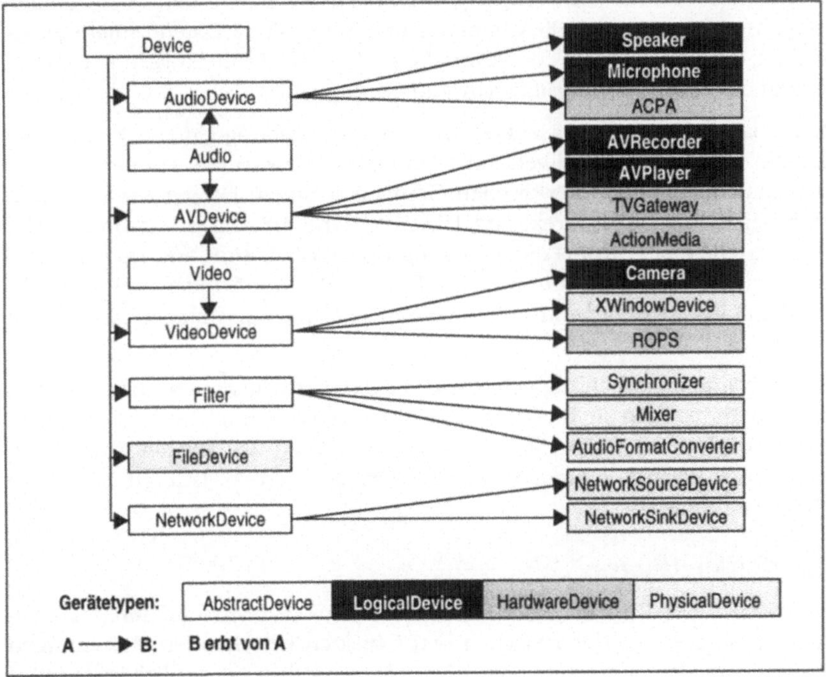

Bild 4.3: Klassenhierarchie der Geräte

spielsweise fassen die Klassen Audio und Video Attribute zusammen, mit denen die Präsentation entsprechender Datenströme manipuliert werden kann. Ein Filter ist ein Gerät, das sowohl Eingangspunkte als auch Ausgangspunkte besitzt. Typische Filter ändern das Format eines Datenstroms oder mischen mehrere Datenströme.

Zur Veranschaulichung ist in Anhang B.12 die Klasse FileDevice beschrieben, mit der sich mehrere Spuren (engl. track) eines Datenstrom auf eine Festplatte speichern und von einer Festplatte lesen lassen.

Verknüpfungen zwischen Geräten werden durch Objekte der Klasse Connection hergestellt. Die eigentliche Verbindung wird dazu zwischen den Ein- und Ausgangspunkten der Geräte aufgebaut. Die Verbindung repräsentiert den Datenfluß zwischen Geräten, d. h., sie sorgt auch für den physikalischen Transport der Daten. Je nachdem ob dazu die Daten zwischen logischen Kontrollflüssen (Threads), Prozessen oder gar Rechnern auszutauschen sind, werden gegebenenfalls noch zusätzliche Geräte der Klasse NetworkDevice für die Anwendung unsichtbar zwischen den E/A-Punkten eingefügt. Werden den E/A-Punkten unterschiedliche Datenformate zugeordnet, so können von der Verbindung ebenfalls Filter eingefügt werden, sofern ein Konvertierungsmechanismus verfügbar ist.

Die Klasse Stream repräsentiert für eine Anwendung einen Datenstrom. Durch einfaches Hinzufügen von Verbindungen wird die Topologie eines zusammenhängenden azyklischen Graphen definiert. Da die Klasse Stream von der Klasse Clock direkt abgeleitet ist (siehe Anhang B.14), sind an der Schnittstelle eines Stroms die Steuerungsoperationen *start* und *stop* ebenfalls sichtbar. Durch sie lassen sich der Datenfluß eines Stroms und auch die Beziehungen der Startzeitpunkte mehrerer Ströme auf einfache Art steuern (AD3).

Um die kontinuierliche Synchronisation zwischen mehreren Datenströmen zu steuern, werden sie in einem Objekt der Klasse StreamGroup zusammengefaßt (siehe Anhang B.15). Ein Strom kann durch das Attribut *master* ausgezeichnet werden; andere Ströme der Gruppe werden dadurch zeitlich zu ihm synchronisiert.

4.6 Objektrelationen

Im Verlauf der Darstellung der einzelnen Dimensionen und ihrer Objektklassen sind einige der zwischen den Objekten bestehenden Beziehungen bereits angedeutet worden. An dieser Stelle sollen sie explizit aufgeführt und zusammengefaßt werden.

Eine Anwendung legt eine Beziehung zwischen zwei Objekten durch den Aufruf einer Methode auf ein Verwaltungsobjekt der DMO-Services fest, bei der die beiden Objekte angegeben werden. Jedes Objekt kann Informationen über seine Relationen zur Laufzeit erfragen.

Bild 4.4 zeigt alle Relationen, die von der Anwendung ausgedrückt werden

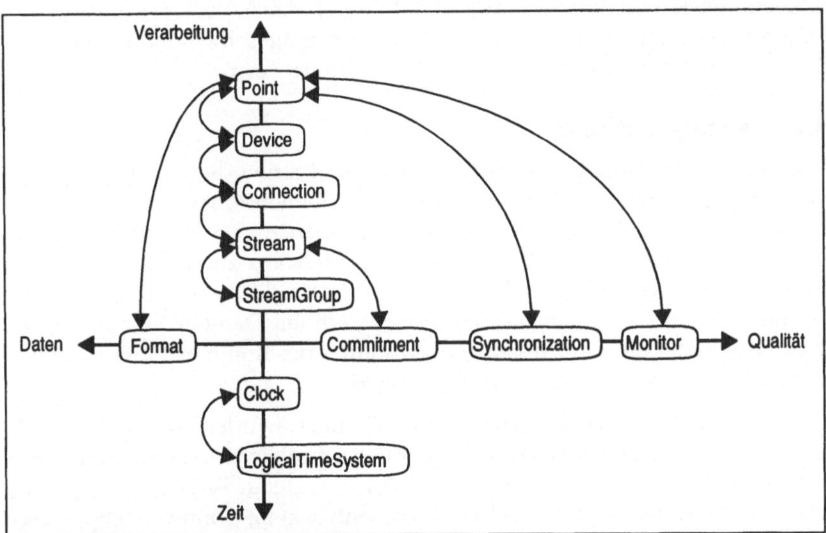

Bild 4.4: Beziehungen zwischen Objekten

können. Ein Datenformat wird mit einem E/A-Punkt verknüpft, um die Art der an diesem E/A-Punkt zu verarbeitenden Daten zu spezifizieren. Ist ein E/A-Punkt nicht mit einem Format verknüpft, so wird das exakte Datenformat durch die vorhergehenden und nachfolgenden E/A-Punkte des Stroms ermittelt.

Einige Relationen verbinden die Qualitätsdimension mit der Verarbeitungsdimension: Ein Objekt der Klasse Commitment wird mit einem Objekt der Klasse Strom verknüpt, um auszudrücken, daß für den gesamten Verarbeitungsverlauf des Stroms die definierten Charakteristika, wie Dienstklasse und Wichtigkeit, gelten sollen. Monitorobjekte dagegen werden mit E/A-Punkten verknüpft, wodurch sich für unterschiedliche Endpunkte eines Stroms verschiedene Fehler- und Verzögerungparameter wählen lassen. Aus demselben Grund werden Objekte der Klasse Synchronization ebenfalls mit E/A-Punkten in Beziehung gesetzt. Beispielweise kann so bei einer aufgezeichneten Konferenz ein protokollierender Zielpunkt eines Stroms die Qualität optimieren, während gleichzeitig ein darstellender Zielpunkt die Verzögerung minimiert.

Logische Zeitsysteme werden mit Objekten der Klasse Clock in Beziehung gesetzt und können so die Geschwindigkeit dieser Objekte steuern. Da Objekte der Klasse Stream durch Vererbung ebenfalls vom Typ Clock sind, lassen sich durch diese Relation die Verarbeitungsgeschwindigkeit mehrerer Ströme durch ein einziges logisches Zeitsystem steuern.

4.7 Zusammenfassung

Das vorgestellte Modell der DMO-Services strukturiert die Aspekte der Verarbeitung multimedialer Daten durch vier Dimensionen. Anwendungen benutzen die Begriffe der einzelnen Dimensionen zunächst unabhängig, um sie in einem zweiten Schritt zueinander in Relation zu setzen. Durch die Verwendung dieser Objektrelationen wird die Replikation von Information vermieden und die Flexibilität des Modells erhöht. Darüber hinaus werden Wechselwirkungen explizit gemacht, wodurch die Komplexität der Anwendung und der DMO-Services verringert wird.

Entlang der Dimensionen Daten und Qualität wurden Hierarchien von Begriffen vorgestellt, die es der Anwendung ermöglichen, den Abstraktionsgrad ihrer Spezifikationen selbst zu bestimmen. Derart ist es möglich, einfache Anwendungen sehr schnell zu entwickeln, ohne komplexeren Anwendungen die Spezifikation konkreter Parameter zu verwehren (AA2). Das vorgestellte Modell erfüllt die Anforderungen an die Anwendungsprogrammierung (siehe Abschnitt 2.1); soweit die Erfüllung aus den Erläuterungen ersichtlich ist, wurde explizit auf die entsprechende Anforderung verwiesen.

5 Architektur der Distributed Multimedia Object Services

Anforderungen, die von Anwendungen an der DMOS-Dienstschnittstelle gestellt werden, müssen auf die Einheiten abgebildet werden, die im verteilten System multimediale Daten verarbeiten. Um diese Abbildung verständlich zu machen, wird im folgenden die Systemarchitektur der DMO-Services vorgestellt. Zunächst werden im ersten Teil des Kapitels die Kommunikationsbeziehungen zwischen Anwendung und DMO-Services analysiert. Es wird gezeigt, daß es sich um ein Client/Server Modell handelt, in dem für die Anwendung die einzelnen Beziehungen zu möglicherweise mehreren Servern transparent bleiben. Im Anschluß daran wird die Architekur des DMO-Servers vorgestellt, dessen Schichten den spezifischen Anforderungen entsprechend mit unterschiedlichen Methoden realisiert werden.

5.1 Kommunikationsmodell der DMO-Services

5.1.1 Anwendungssicht der DMO-Services

Die DMO-Services stellen sich einer Anwendung als ein homogenes System verteilter Objekte dar (siehe Bild 5.1). Eine Anwendung erzeugt und benutzt die im letzten Kapitel vorgestellten multimedialen Objekte, ohne die Plazierung und Instantiierung der Objekte auf den möglicherweise unterschiedlichsten Plattformen im verteilten System berücksichtigen zu müssen. Über geeignete Methoden werden die Objekte von einer Anwendung zu Audio/Videoströmen in Form von azyklischen, gerichteten Graphen zusammengesetzt und gesteuert.

Tatsächlich genügen die Beziehungen zwischen Anwendung und DMO-Services dem Client/Server-Modell. Wenn eine Anwendung multimediale Objekte benutzt, wird sie Klient eines oder mehrerer sogenannter DMO-Server. Jeder DMO Server verwaltet dabei die gesamte für die Verarbeitung multimedialer Daten benötigte Hard- und Software eines Rechnerknotens. Stellt eine Anwendung keine besonderen Anforderungen an den Ort an dem ein zu erzeugendes Objekt instantiiert werden soll, so wird das Objekt durch den DMO-Server desselben Rechnerknotens bereitgestellt, den die Anwendung gerade benutzt. Durch das Setzen eines Lokalitätsattributes kann die Verteilung von Objekten jedoch explizit durch die Anwendung gesteuert werden.

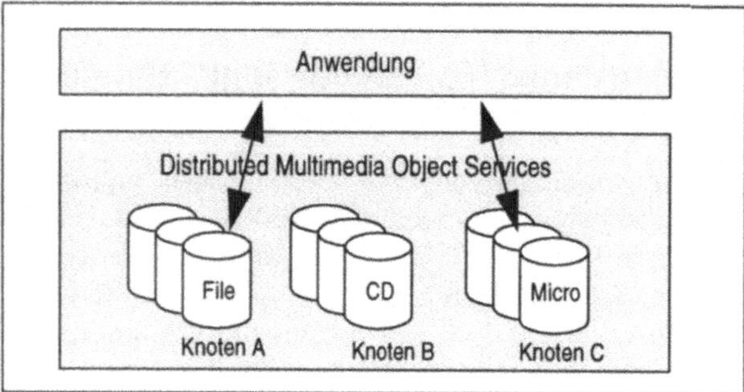

Bild 5.1: Anwendungssicht der DMO Services.

Für die Anwendung ist die Existenz der Server und der zu ihnen unterhaltenen Beziehungen transparent; ein Server dagegen muß den gleichzeitigen Zugriff mehrerer Klienten auf die von ihm verwalteten Betriebsmittel kontrollieren. Innerhalb der Architektur des Servers werden dazu die von den Anwendungen benutzten logischen Ressourcen auf physikalische Ressourcen abgebildet. Derart können auch ansonsten nur exklusiv nutzbare physikalische Geräte, wie eine Audiokarte, von mehreren Anwendungen gleichzeitig verwendet werden.

5.1.2 Grundlagen der CORBA-Architektur

Im allgemeinen Fall greift eine Anwendung auf verschiedene Objekte mehrerer DMO-Server zu. Die Erzeugung der Objekte und die Kommunikation zwischen der Anwendung und den Servern wird durch die Verwendung eines CORBA-konformen (Common Object Request Broker Architecture [OMG 91]) Mechanismus ermöglicht.

Das System Object Model (SOM) [Conner 91] der Firma IBM verwirklicht den CORBA Standard auf den Betriebssystemen AIX und OS/2. Ein großer Vorteil von SOM ist die weitgehende Unabhängigkeit der Anwendungen von den benutzten Klassenimplementierungen. Klassenimplementierungen können in SOM für die Programmiersprachen C und C++ als dynamisch nachladbare Module (Dynamic Link Libraries, DLL) realisiert werden, was den Speicherverbrauch von Anwendungsprozessen erheblich reduziert. Die nachladbaren Module können gegen neue Versionen ausgetauscht werden, ohne daß es notwendig ist, die Anwendung neu zu übersetzen. Selbst wenn eine Klasse um neue Methoden, Attribute oder Datentypen erweitert wird, läßt sich die DLL austauschen, ohne daß die Kompatibilität zu der ersetzten

Version der DLL verlorengeht. Dadurch wird die leichte Erweiterbarkeit (GW1) einer Systemerweiterung in besonderem Maße unterstützt.

Das für die DMO-Services eingesetzte Distributed SOM (DSOM) erlaubt einer Anwendung den Zugriff auf Objekte über die Grenzen des eigenen Adreßraumes hinaus. Ein Klient im Sinne von DSOM ist ein Anwendungsprozeß, der auf Objekte zugreift, die nicht in seinem Adreßraum liegen. Alle Methodenaufrufe auf das entfernte Objekt werden auf einem Stellvertreter für dieses Objekt, einem sogennanten Proxy-Objekt, ausgeführt [Hutchinson 91]. Zustandsänderungen des Orginalobjektes sind auch in seinem Proxy-Objekt sichtbar. DSOM realisiert die Weitergabe des Methodenaufrufs an die entfernten Objekte über für die Anwendung unsichtbare Kommunikationsmechanismen (siehe Bild 5.2). Ein Server im Sinne von DSOM ist ein Prozeß, der Objekte (Instanzen einer SOM-Klasse) bereitstellt, auf die von einem Klienten über Proxy-Objekte zugegriffen wird. Ein Prozeß, der nach diesen Definitionen sowohl Klient als auch Server ist, wird als Peer bezeichnet [IBM 93b]. Objekte, die ausschließlich im Adreßraum des aufrufenden Prozesses instantiiert sind, werden zur Unterscheidung von Proxy-Objekten im folgenden auch lokale Objekte genannt.

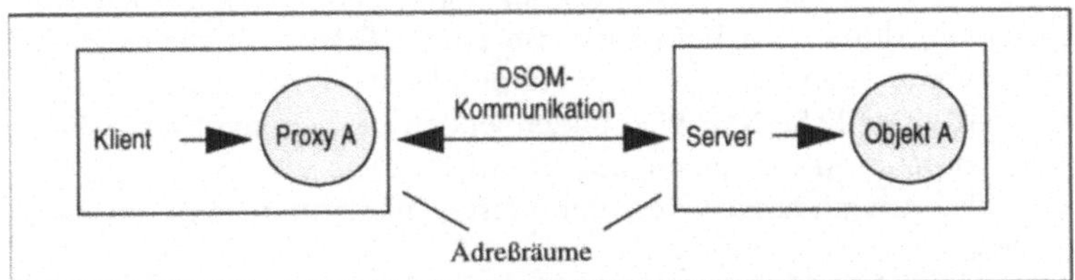

Bild 5.2: Methodenaufruf auf ein SOM-Objekt in einem anderen Prozeß

5.1.3 Das Verteilungsmodell

Während Distributed SOM die Implementierung eines Client/Server-Systems ermöglicht, soll eine multimediale Anwendung die DMO-Services als eine Menge homogener Objekte betrachten können. Für rechnerübergreifende Zugriffe ist man in Distributed SOM auf den Proxy-Mechanismus angewiesen; es gilt daher, ein Verteilungsmodell zu definieren, das den Proxy-Mechanismus nutzt und der Anwendung gegenüber wie ein homogenes Objektsystem erscheint. In den DMO-Services werden alle Betriebsmittel eines Rechnerknotens, die für die Verarbeitung multimedialer Daten benötigt werden, durch einen Server im Sinne von Distributed SOM, den sogenannten Distributed Multimedia Object Server (DMO-Server) verwaltet. Die

Benutzung der Betriebsmittel durch Klienten läßt sich jedoch auf verschiedene Arten organisieren:

- Klientenkomponente in jedem DMO-Server: Durch Konzeption jedes DMO Servers als Peer ist eine Kommunikation zwischen mehreren DMO-Servern durch DSOM-Methodenaufrufe möglich. Eine multimediale Anwendung, die DMOS verwendet, kann durch SOM-Methoden auf den lokalen DMO-Server zugreifen. Dieser DMO-Server kann rechnerübergreifende Operationen ausführen, indem er Kontakt zu anderen DMO-Servern aufnimmt. Diese Lösung macht jedoch zusätzliche Protokolle notwendig, um das gegenseitige Blockieren (deadlock) von DMO-Servern, die aufeinander synchron Aufträge ausführen, zu vermeiden.
- Klientenkomponente in zusätzlicher Schicht: Gegenseitiges Blockieren läßt sich durch Einführung einer Hierachie vermeiden. Ein Ansatz dazu ist die Realisierung eines Peers, der als Klient auf alle DMO-Server zugreift, die von multimedialen Anwendungen benutzt werden. Jede Anwendung ist nur noch Klient dieses Peers und greift auf keinen DMO-Server direkt zu. Ein Vorteil dieses Modells ist, daß Informationen über Anwendungen und DMO-Server zentral durch den Peer verwaltet werden können, durch den beispielsweise eine effiziente Strategie implementiert werden kann, um Ressourcenkonflikte zwischen Anwendungen aufzulösen. Erhebliche Nachteile bilden jedoch der erhöhte Nachrichtenaufwand durch den indirekten Zugriff auf DMO-Server und die Abhängigkeit aller Anwendungen von der Verfügbarkeit und dem Durchsatz des Peers.
- Klientenkomponente lokal in jeder Anwendung: Eine weitere Alternative besteht in der Einführung einer Klientenkomponente lokal im Prozess jeder Anwendung, die DMOS verwendet. Bei dieser Lösung werden rechnerübergreifende Operationen durch lokale Objekte unterstützt. So kann zum Beispiel ein lokales Objekt einer Anwendung Methoden zur transparenten Verwaltung der Beziehungen zu den DMO-Servern anbieten. Im Vergleich zur Realisierung der Klientenkomponente in einer zusätzlichen Schicht, bietet dies den Vorteil, daß effiziente lokale Methodenaufrufe verwendet werden können. Als Nachteil ist zu werten, daß es keine globale Instanz mehr gibt, die alle rechnerübergreifenden Informationen von DMOS enthält. Sie sind über alle Anwendungen verteilt, die DMOS benutzen.

Aufgrund der Forderung nach Effizienz (GW4) wurde der letztgenannte Ansatz zum entfernten Zugriff auf DMO-Server gewählt. Das beschriebene Modell ermöglicht zunächst nur die synchrone Kommunikation zwischen

Anwendungen und DMO-Servern. Anwendungen müssen jedoch auch über Ereignisse, die während der Verarbeitung multimedialer Daten auftreten, asynchron informiert werden können. Beim Entwurf der entsprechenden Mechanismen ist die einfache Integration der Bearbeitung verschiedener Ereignisquellen von besonderer Bedeutung:

- Anwendungen, die eine graphische Benutzeroberfläche besitzen, sind beispielsweise für ein X Windows System in der Rolle eines Klienten. Dementsprechend müssen sie Ereignisse verarbeiten, die beispielsweise vom Benutzer durch Klicken einer Maustaste ausgelöst werden.
- Anwendungen, die selbst eine durch RPC-Mechanismen realisierte Verteilung besitzen und die Rolle eines RPC-Servers übernehmen, müssen RPC-Aufrufe verarbeiten (siehe als Beispiel die AVC Komponente der BERKOM MMC-Architektur in Kapitel 10).

Ereignisse werden im allgemeinen durch den Eintritt in eine Endlosschleife erwartet. Wenn Ereignisse auftreten, für die sich eine Anwendung registriert hat, werden sogenannte Callback-Funktionen zur Abarbeitung aufgerufen, die von der Anwendung bei der Registrierung spezifiziert wurden. Dabei tritt das Problem auf, daß eine Anwendung gegebenenfalls mehrere unabhängige Ereignisquellen bearbeiten muß und andererseits gezwungen ist, in die Endloschleife des benutzten X Windows Systems oder des benutzten RPC-Mechanismus einzutreten.

Die Integration mehrerer Ereignisquellen ist nur dann möglich, wenn vor Eintritt in die Endlosschleife eines bestimmten Subsystems, andere Ereignisquellen explizit registriert werden können. Die DMO-Services unterstützen eine solche Lösung in zweierlei Hinsicht durch Objekte der Klasse DMOSEventManager, die von Anwendungen zur Vereinbarung von Callback-Funktionen und Abarbeitung von Ereignissen benutzt werden:

- Methoden eines DMOSEventManagers ermöglichen es, die Ereignisquelle der DMO-Services zu erfragen, damit die Anwendung sie mit einer Abarbeitungsschleife beispielsweise des X Windows Systems registriert.
- Ereignisquellen anderer Subsysteme können beim DMOSEventManager mit einer Callbackfunktion registriert werden, wodurch die Abarbeitung entsprechender Ereignisse durch den DMOSEventManager erfolgt.

Damit entsprechen die DMO-Services insbesondere Forderung (AA6) nach der Unterstützung existierender Programmierparadigmen für die Entwicklung multimedialer Anwendungen.

5.1.4 Aufbau der Dienstschnittstelle

Der Zugang zu den DMO-Services wird durch ein Objekt der Klasse DMOS eröffnet. Das DMOS-Objekt wird im Adreßraum der Anwendung erzeugt und verwaltet die im letzten Abschnitt beschriebenen Kommunikationsbeziehungen zu den benutzten DMO-Servern. Der Anwendung gegenüber werden diese Beziehungen jedoch versteckt, da sie auf die multimedialen Objekte direkt zugreift (siehe Bild 5.3). Die Methoden des DMOS-Objektes lassen sich zwei Funktionsgruppen zuordnen:

- Abfragefunktionen dienen dazu, die Fähigkeiten eines Rechnerknotens in bezug auf die Verarbeitung multimedialer Daten zu ermitteln (OA2). Die Fähigkeiten werden mit Knotennamen assoziiert, um einer Anwendung den gezielten Zugriff auf die Fähigkeiten eines bestimmten Knotens zu eröffnen (AA3).
- Der Lebenszyklus aller multimedialen Objekte wird durch entsprechende Methoden gesteuert: Um ein Objekt zu erzeugen, wird der Methode *createObject* der Klassenname und ein Knotenname übergeben. Der Rückgabewert ist ein Objekt der angegeben Klasse, das die Anwendung benutzen kann, bis sie es durch die Methode *destroyObject* wieder gelöscht hat.

Für beide Funktionsgruppen ist die Angabe eine Knotennamens optional für die Anwendung. Spezifiziert eine Anwendung den Rechnerknoten nicht explizit, so beziehen sich die Methoden auf den lokalen Knoten. Derart werden verteilte und lokale Anwendungen durch einheitliche Mechanismen unterstützt (AA3).

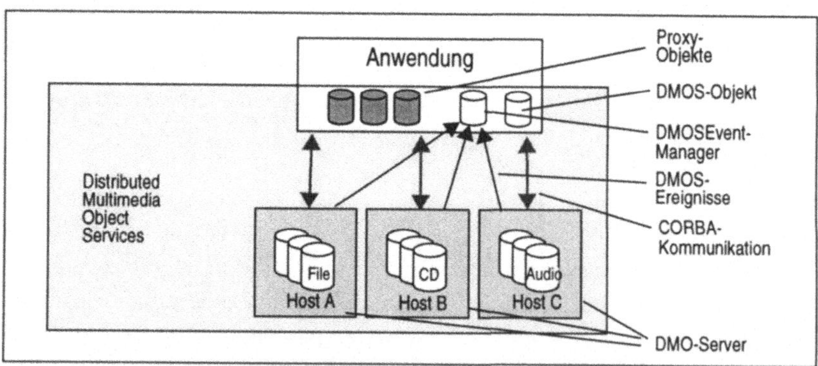

Bild 5.3: Kommunikationsmodell der DMO Services

Ein DMOS-Objekt besitzt als Attribut ein lokales Objekt der Klasse DMOSEventManager, wodurch der Zugriff auf die Ereignisverarbeitung bereits durch die Instantiierung des DMOS-Objektes möglich wird.

Die Beziehungen zu DMO-Servern wird vom DMOS-Objekt in Instanzen der Klasse ServerRegistration gespeichert (siehe in Bild 5.4 die Klassen- und Objekthierarchie[1] der Anwendungsschnittstelle).

Da eine Anwendung alle Objekte mit Hilfe des DMOS-Objektes erzeugt, ist es für sie transparent, ob es sich um ein lokales Objekt oder um das Proxy eines Objekts im DMO-Server handelt. Die meisten Objekte werden in einem DMO Server erzeugt; jedoch können nur lokale Objekte auf Objekte in verschiedenen DMO-Servern zugreifen und werden daher für rechnerübergreifende Operationen benötigt. Die Erzeugung eines Objektes läuft daher gemäß den folgenden Schritten ab:

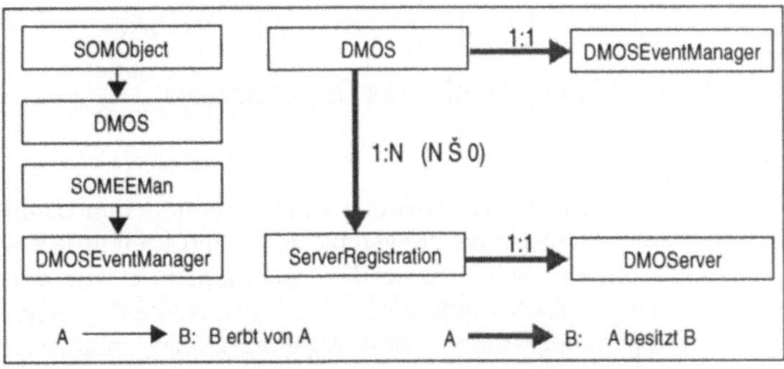

Bild 5.4: Klassen- und Objekthierarchie der Dienstschnittstelle

- Anhand des Klassennamens wird entschieden, ob das Objekt lokal erzeugt werden muß. Wenn dies der Fall ist, werden SOM Mechanismen benutzt, um das Objekt im Adreßraum der Anwendung zu erzeugen.
- Anhand des Knotennamens wird geprüft, ob die Anwendung bereits ein Objekt auf diesem Knoten erzeugt hat. Dazu wird eine Liste von Instanzen der Klasse ServerRegistration durchsucht, in der diese Information gespeichert ist. Wird ein Eintrag für den entsprechenden Knotennamen

1 Eine Klassenhierarchie gibt eine Vererbungsbeziehung (is-a relationship) zwischen verwandten Klassen an. Die abgeleitete Klasse erbt die Methoden ihrer Basisklassen, bietet jedoch zusätzliche Funktionalität und kann neue Methoden und Instanzenvariablen einführen [Stroustrup 92]. Eine Objekthierarchie gibt ein Besitzverhältnis (has-a relationship) zwischen Objekten an, deren zahlenmäßiges Verhältnis durch die Zahlen an den Pfeilen gekennzeichnet ist. [Booch 91]

gefunden, so kann aus dem ServerRegistration-Objekt ein Proxyobjekt für den DMO-Server des gesuchten Knotens bestimmt werden. Durch Aufruf einer Methode auf dieses Proxyobjekt wird das Objekt auf dem gewünschten Knoten erzeugt.

- Wenn die Anwendung noch kein Objekt auf dem gegebenen Knoten erzeugt hat, wird mit DSOM-Methoden über einen separaten Dienstvermittler [IBM 93b] Kontakt zu dem DMO-Server dieses Knotens aufgenommen. Ist auf dem angegebenen Knoten noch kein Server aktiv, so wird er zu diesem Zeitpunkt vom Dienstvermittler gestartet. Ein zusätzlicher Kommunikationskanal wird zwischen dem DMO-Server und dem DMOSEventManager aufgebaut, um die asynchrone Auslieferung von Ereignissen zu ermöglichen. Alle Informationen über den neu kontaktierten DMO-Server werden in einem Objekt der Klasse ServerRegistration gespeichert. Durch einen Methodenaufruf auf das Proxyobjekt des DMO-Servers wird das Objekt auf dem gewünschten Knoten erzeugt.

5.2 Architektur des Distributed Multimedia Object Servers

5.2.1 Überblick

Ein DMO-Server ist für die gesamte Verarbeitung von zeitgebundenen Daten auf einem Rechner verantwortlich und unterstützt dabei den konkurrierenden Zugriff mehrerer Klienten. Dazu müssen die Operationen der von den Anwendungen gesteuerten Objekte auf eine durch Echtzeitbedingungen geprägte Umgebung abgebildet werden. Diese Abbildung wird durch eine zweischichtigen Architektur reflektiert, in der eine Echtzeitumgebung (Real-Time-Environment, RTE) von einer Nicht-Echtzeitumgebung (NRTE) gesteuert wird. Diese beiden Schichten werden als Daten- bzw. Kontrollschicht des DMO-Servers bezeichnet (siehe Bild 5.3).

Innerhalb der Kontrollschicht werden die von den Anwendungen erzeugten Objekte instantiiert und verwaltet. Da im allgemeinen mehrere Anwendungen auf die Betriebsmittel eines Rechnerknotens zugreifen, müssen ihre Anforderungen auf Bearbeitungsvorgänge abgebildet werden, die möglichst konfliktfrei ablaufen können. Nach dieser Abbildung installiert die Kontrollschicht die Bearbeitungsvorgänge innerhalb der Datenschicht.

Innerhalb der Datenschicht bearbeiten Streamhandler die Daten. Jeder Streamhandler führt einen bestimmten Bearbeitungsvorgang für einen Datenstrom durch, wie das Erzeugen eines Videostroms an einem Videoadapter, die Kompression der Daten gemäß einem spezifizierten Komprimierungsverfahren oder das Abspeichern des Videostroms in einer Datei.

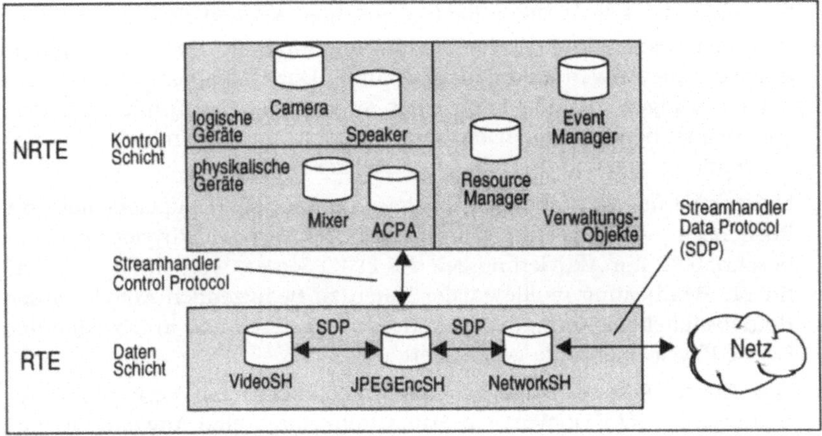

Bild 5.5: Architektur des DMO Servers

Kontroll- und Datenschicht kommunizieren über das Streamhandler Control Protocol (SCP). Einerseits kann dadurch die Kontrollschicht die Datenschicht synchron steuern, andererseits kann die Datenschicht die Kontrollschicht asynchron über den Fortgang der Bearbeitung und auftretende Ereignisse informieren.

Alle hardware- und betriebssystemabhängigen Teile der DMO-Services, wie Treiber für physikalische Geräte, werden durch die Datenschicht gekapselt. Die Trennung der Architektur in hardwareabhängige und hardwareunabhängige Schichten erleichtert die Portierung der DMO-Services auf andere Systeme und damit ihren Einsatz in einer heterogenen Systemumgebung (GW2).

5.2.2 Kontrollschicht

Verwaltungsobjekte

Anwendungen greifen indirekt auf ein Proxyobjekt der Klasse DMOServer zu, das damit den eigentlichen Zugang zur Funktionalität eines DMO-Servers bietet. Einige zusätzliche Klassen werden zur Verwaltung benötigt:

- Die Klasse ObjectManager enthält Methoden zum Erzeugen, Löschen und Auffinden von Objekten innerhalb eines DMO-Servers. Diese Methoden werden durch das DMOS-Objekt einer Anwendung verwendet, wenn es Objekte erzeugt.

- Informationen über die Beziehung zu einer Anwendung werden in Instanzen der Klasse DMOClient gespeichert. Sie enthalten unter anderem den Rechnerknoten der Anwendung und die Benutzerkennung, unter der die Anwendung gestartet wurde. Das DMOClient-Objekt dient der eindeutigen Identifizierung einer Anwendung (MA2) und wird beispielsweise benutzt, um nach dem Abbruch der Verbindung zu einer Anwendung, alle von ihr benutzten Objekte zu löschen.
- Die zur Verfügung stehenden lokalen Betriebsmittel Hauptspeicher und Rechenzeit werden durch Instanzen der Klasse PhysicalResource beschrieben. Zur Aktivierungszeit des DMO-Servers werden die maximal für die Bearbeitung multimedialer Daten zu benutzenden Anteile dieser Betriebsmittel aus Konfigurationsdateien ausgelesen und in Objekten der Klasse PhysicalResource gespeichert.
- Die Klasse ResourceManager enthält Methoden zur Verwaltung der Betriebsmittel (AB1). Wird ein Datenstrom durch eine Anwendung etabliert, so berechnet der ResourceManager die dazu insgesamt benötigten Betriebsmittel (AB2). Dazu können bestimmte Charakteristika der Verarbeitung von allen Objekten der Klasse Resource erfragt werden. Die zur Berechnung angewendeten Algorithmen werden detailliert in der Arbeit von Wolf [Wolf 95a] beschrieben. Belegungen der Betriebsmittel durch die Objekte werden in Objekten der Klasse ResourceRegistration gespeichert.
- Kommt es durch den Aufbau eines Datenstrom zu einem Mangel an Betriebsmitteln, so entscheidet ein Objekt der Klasse ResourcePolicyAgent, welche Maßnahmen ergriffen werden, um Kapazitäten freizusetzen (siehe Kapitel 9). Die Strategien nach denen diese Entscheidungen getroffen werden, sind ebenfalls konfigurierbar, um die einfache Adaption der DMO-Services an unterschiedliche Benutzerumgebungen zu vereinfachen (AB4).

Bild 5.6 zeigt, daß die Klasse DMOServer die Funktionalität der genannten Klassen ResourceManager und ObjectManager erbt. Die zur Verwaltung der Betriebsmittel eingesetzten Beziehungen werden durch eine Objekthierarchie veranschaulicht.

Gerätetypen

Alle Verarbeitungsfunktionen der DMO-Services werden durch Geräteklassen repräsentiert, die aus der gemeinsamen Basisklasse Device abgeleitet sind. Die Geräteklassen werden in Typen eingeteilt, die bestimmte Charakteristika eines Gerätes definieren[2]:

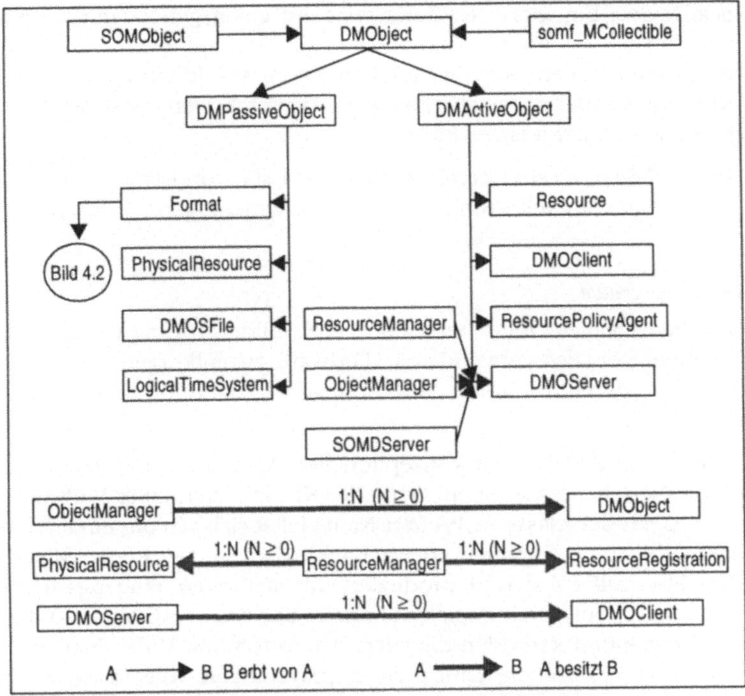

Bild 5.6: Klassen- und Objekthierarchie innerhalb des DMO-Servers

- AbstractDevice: Geräte dieses Typs sind abstrakte Klassen, d. h., sie werden nicht selbst instantiiert, sondern dienen nur dazu, Methoden zu definieren, die allen abgeleiteten Klassen gemeinsam sein sollen.
- PhysicalDevice: Geräte dieses Typs werden ein-eindeutig auf die Streamhandler der Datenschicht abgebildet und dort ausschließlich durch Software realisiert.
- HardwareDevice: Zur Implementierung der Funktionalität dieser Klassen wird spezielle Hardware benötigt. Es besteht ebenfalls eine bijektive Abbildung zwischen diesen Geräten und den Streamhandlern der Datenschicht. Geräte vom Typ HardwareDevice und PhysicalDevice werden unter dem Begriff physikalische Geräte zusammengefaßt.

2 Typen definieren das Verhalten von Klassen und nicht von Objekten; sie wurden daher in SOM als Metaklassen [IBM 93b] implementiert

- LogicalDevice: Ein logisches Gerät wird auf einen gerichteten Graphen abgebildet, dessen Kanten und Knoten aus Verbindungen beziehungsweise physikalischen Geräten bestehen. Diese Abbildung ist nicht injektiv, d. h., daß dabei physikalische Geräte von mehreren logischen Geräte gleichzeitig benutzt werden können.

In Bild 4.3 auf Seite 59 sind bereits die Unterklassen von Device dargestellt, wobei ihre Zugehörigkeit zu Typen durch Schattierungen veranschaulicht wird.

Aufbau logischer Geräte

Die zusätzliche Schicht logischer Geräte (vgl. Bild 5.3) ermöglicht es, die Anwendungen von der verwendeten Hardware zu entkoppeln und damit die Hardware durch mehrere Anwendungen gleichzeitig benutzbar zu machen.

Als Beispiel zeigt Bild 5.7 den konzeptionellen Aufbau des logischen Gerätes Speaker, bestehend aus einem Gerät der Klasse Mixer, einer Verbindung und einem Gerät der Klasse ACPA (der Name leitet sich aus der eingesetzten Audiokarte ab: Audio Capture and Playback Adapter). Die Klasse Mixer ist vom Typ PhysicalDevice und produziert aus mehreren Eingangsströmen einen Ausgangsstrom durch digitales Mischen. Die Klasse ACPA ist vom Typ HardwareDevice und kann den digitalen Datenstrom mit Hilfe einer Audiokarte und angeschlossenem Lautsprecher präsentieren. Alle Instanzen der Klasse Speaker in einem DMO-Server werden auf dieselben Instanzen physikalischer Geräte abgebildet.

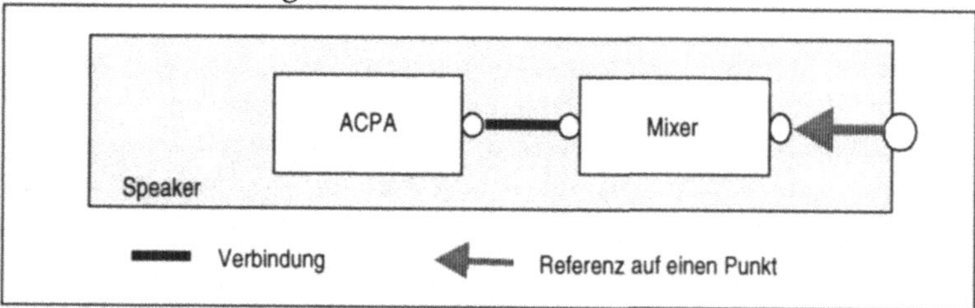

Bild 5.7: Aufbau eines logischen Gerätes der Klasse Speaker

Wenn eine Anwendung das ACPA-Gerät direkt benutzt, ist die Audiokarte für andere Anwendungen nicht gleichzeitig verwendbar. Bei Benutzung des logischen Gerätes Speaker können jedoch alle wiederzugebenden Datenströme zusammengemischt und gemeinsam über die Audiokarte ausgegeben werden. Die Verbindungen, die zum Speaker hinführen, konvertieren gegebenenfalls die Datenformate, bevor sie durch den Mixer zusammengemischt werden. Das Eingangsformat des ACPA-Gerätes ist für die Anwendungen transparent, es wird dynamisch durch die höchste Qualität der auszugebenden Datenströme bestimmt.

Neben der gemeinsamen Nutzung der Hardware für viele Anwendungen haben logische Geräte weitere Funktionen; sie dienen dazu,

- bausteinartig aus einfachen Elementen komplexere Funktionen zusammenzusetzen und
- von den Unterschieden der Implementierung einer Funktionalität in verschiedenen Konfigurationen zu abstrahieren.

Dazu zeigt Bild 5.7 beispielhaft zwei Varianten eines Gerätes der Klasse AVRecorder, das an seinem einzigen Ausgangspunkt einen Datenstrom zur Verfügung stellt, in dem Audio- und Videodaten verschränkt (engl. interleaved) repräsentiert sind. Das Gerät kann in einer Konfiguration durch eine ActionMedia-II Karte, auf einem anderen Rechnerknoten durch eine Kombination der Geräte Camera, Microphone und Filter realisiert werden. Zu bemerken ist, daß Microphone und Camera selbst logische Geräte sind, die auf physikalische Geräte zugreifen.

E/A-Punkte eines logischen Gerätes haben andere Eigenschaften als die eines physikalischen Gerätes und werden daher von der Klasse PointReference instantiiert. Die Punktreferenz hat einen Bezugspunkt innerhalb des durch das logische Gerät verwalteten Graphen (vgl. Bild 5.7). Der Graph selbst wird durch ein Objekt der Klasse Stream repräsentiert.

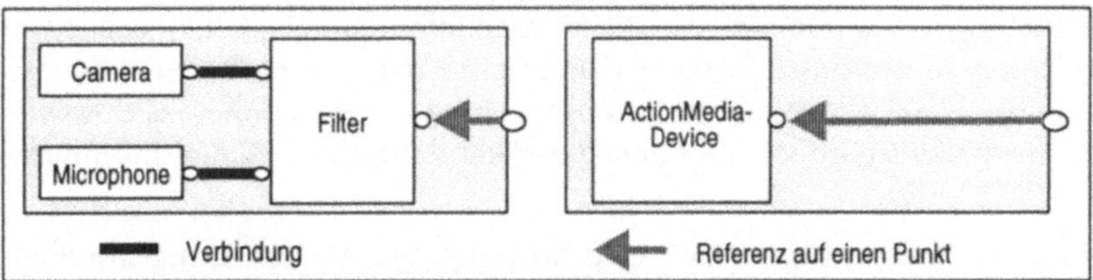

Bild 5.8: Varianten für den Aufbau eines AVRecorder-LogicalDevice

Ereignisverarbeitung

Reaktionen auf asynchrone Ereignisse werden durch eine einheitliche Ereignisverarbeitung eingeleitet, die innerhalb der Klasse DMActiveObject definiert ist. Dadurch können alle Instanzen der Subklassen von DMActiveObject sich gegenseitig für bestimmte Ereignisse registrieren, was bedeutet, daß das registrierte Objekt benachrichtigt wird, falls das Ereignis auftritt.

Objekte verwalten ihre Registrierungen durch die Methoden *registerLocalEvent* und *unregisterLocalEvent*. Innerhalb jedes aktiven Objektes kann durch Aufruf der Methode *eventOccured* die Benachrichtigung aller registrierten Objekte ausgelöst. Dadurch wird beim Empfänger die Methode *eventNotification* aufgerufen, d. h., die Reaktionen auf Ereignisse beim Empfänger können durch Überschreiben dieser Methode implementiert werden.

Ein Ereignis kann bei der Registrierung durch einen Namen oder eine Klasse definiert werden. Ereignisse sind in Klassen eingeteilt, um eine effiziente Registrierung, Deregistrierung und Überprüfung zu ermöglichen. So kann eine Anwendung sich mit einem einzigen Methodenaufruf für alle Ereignisse anmelden, die beispielsweise die Synchronisation oder die Abrechnung von Leistungen betreffen.

Bei der Benachrichtigung, daß ein Ereignis aufgetreten ist, wird eine Datenstruktur folgenden Formats an die Methode *eventNotification* übergeben:

```
struct Event
{
        char evName[32];                        /* Name des Ereignisses */
        EventClass evClass;                     /* Ereignisklasse */
        DMObject::AnyData evData;               /* Daten des Ereignisses */
};
```

Neben dem Namen und der Klasse des Ereignisses, die zur einfachen Abarbeitung beide spezifiziert werden, können noch zusätzliche Daten beliebig vereinbarter Struktur das Ereignis detaillierter beschreiben.

Die Ereignisse, die ein aktives Objekt generieren kann, werden ausschließlich durch seine Klasse festgelegt. Eine Liste der generierbaren Ereignisse kann von jedem aktiven Objekt erfragt werden. Derart können sich Anwendungen dynamisch über die Charakteristika verfügbarer Geräte informieren (AO3).

Für alle Ereignisse, für die sich eine Anwendung interessiert, registriert sich das DMOClient-Objekt bei den entsprechenden aktiven Objekten. Dadurch werden alle Benachrichtigungen von aktiven Objekten durch das DMOClient-Objekt an die Anwendung weitergeleitet. Somit kann die Ereignisverarbeitung der Anwendung als eine Erweiterung der serverinternen Mechanismen verstanden werden.

5.2.3 Datenschicht

Da in der Datenschicht alle Bearbeitungsvorgänge für die multimedialen Daten durchgeführt werden, ist die Effizienz der Implementierung zur Einhaltung der mit den Daten verknüpften Zeitbedingungen von besonderer Bedeutung. Durch die Art der Methodenausführung in SOM und Distributed SOM ist ein erheblicher Aufwand gegeben, insbesondere durch den Zugriff auf Signaturbeschreibungen. Um dennoch die Vorteile eines objektorientieren Entwurfs auch auf die Datenschicht zu übertragen, fiel die Wahl der Implementierungssprache auf C++.

Abbildung der Kontrollschicht

Alle Streamhandler werden eingebettet in sogenannte Prozessoren, Objekte der Klasse Process. Jeder Prozessor läuft in einem eigenen Betriebssystemprozeß ab und kommuniziert durch das Streamhandler Data Protocol (SDP) und das Streamhandler Control Protocol (SCP) mit weiteren Prozessoren bzw. der Kontrollschicht. In der Kontrollschicht werden physikalische Geräte mit Objekten der Klasse DataProcessor assoziiert. Die Installierung der Bearbeitungsvorgänge in der Datenschicht läßt sich daher als eine isomorphe Abbildung der Objekte und Beziehungen zwischen Datenprozessoren, physikalischen Geräten und E/A-Punkten der Kontrollschicht auf die Objekte Prozeß, Streamhandler und Port der Datenschicht verstehen. Für jedes der genannten Objekte der Kontrollschicht wird ein entsprechendes Objekt der Datenschicht instantiiert (siehe Bild 5.9).

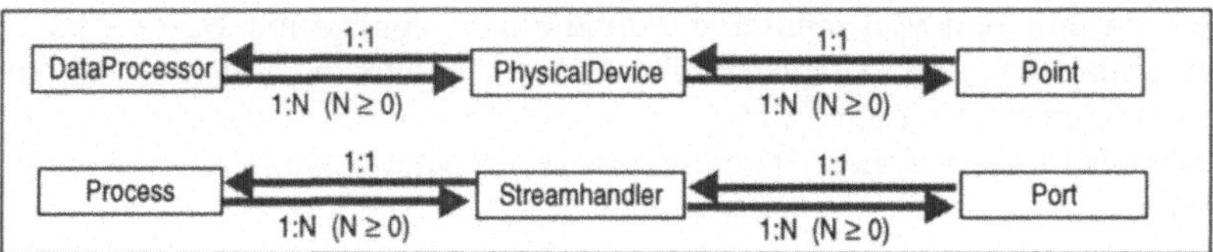

Bild 5.9: Objekthierarchien in Kontroll- und Datenschicht

Ein Port eines Streamhandlers dient als Eingangs- oder Ausgangspunkt für zu verarbeitende Daten. Von einem Ausgangsport können Daten zu einem oder mehreren Eingangsports anderer Streamhandler weitergeleitet werden. Die genannten Objekte der Kontrollschicht sind die einzigen, die auch auf der Datenschicht als Objekte repräsentiert werden. Die Verbindungsobjekte zwischen den E/A-Punkten der Kontrollschicht werden auf der Datenschicht durch Kommunikationskanäle des SDP realisiert. Dazu werden den Portobjekten am Ausgang eines Streamhandlers die Adressen der Empfängerports mitgeteilt, an die bearbeitete Daten zu senden sind. Durch diese Verknüpfung wird die Topologie von Verarbeitungskomponenten der Kontrollschicht vollständig in der Datenschicht repliziert.

Kommunikation

Durch Unterteilung in Kontroll- und Datenschicht wird der Steuerfluß vollständig vom Datenfluß getrennt. Zwischen Streamhandlern innerhalb der Datenschicht werden keine Steuerinformationen sondern nur Daten und Ereignisse, z. B. zur Synchronisation, ausgetauscht.

Die Ereignisverarbeitung der Datenschicht wird durch die Klasse PhysicalObject bereitgestellt und ist funktional analog zu den entsprechenden Mechanismen der Kontrollschicht aufgebaut. Zusätzlich können Ereignisse entlang der Datenpfade durch die Methoden *sendDownStreamEvent* und *sendUpStreamEvent* verschickt werden. Diese Ereignisse dienen z. B. dazu, Skalierungsinformationen an alle Streamhandler eines Datenstroms zu propagieren.

Die Übertragung von Daten zwischen Streamhandlern in verschiedenen Datenprozessen sollte möglichst effizient geschehen, da dieser Nachrichtentyp den Großteil der Kommunikation zwischen Streamhandlern ausmacht. Insbesondere das Kopieren der mit multimedialen Strömen verbundenen großen Datenmengen muß vermieden werden [Druschel 92]. In DMOS wird das am IBM ENC entwickelte Buffer Management System (BMS) [Krone 93, McKellar 93] verwendet, das es erlaubt, Puffer in einem Speicherbereich zu verwalten, auf den von mehreren Adreßräumen zugegriffen werden kann (shared memory). Die Datennachrichten zwischen Streamhandlern enthalten nur Referenzen auf Puffer des BMS, wodurch Kopieroperationen für die Kommunikation zwischen Datenprozessen vollständig vermieden werden können.

Puffer des BMS werden durch Instanzen der Klasse DataPacket gekapselt. Jedem Streamhandler der Datenschicht ist eine Menge von Datenpaketen, eine Instanz der Klasse DataPacketPool zugeordnet, die zur Initialisierungszeit des Streamhandlers erzeugt wird. Während der Bearbeitung der Daten können daher aus diesem Bereich Pakete ohne den Aufwand dynamischer Speicheranforderungen entnommen werden. Da jeder Streamhandler seinen Pool von Paketen selbst verwaltet, läßt sich die Anzahl und Größe der enthaltenen Pakete individuell festlegen. Ein Streamhandler, der beispielsweise keine Daten erzeugt, wird in der Regel auch keinen Datenpaket-Pool benötigen. Eine individuelle Berechnung der benötigten Datenpakete gewährleistet die effiziente Nutzung des gemeinsamen Speicherbereichs.

Bearbeitung der Daten

Während der Bearbeitung der Daten befinden sich Streamhandler in einem vordefinierten Arbeitsmodus:

- Im Modus Ereignissteuerung wartet ein Streamhandler ausschließlich auf externe Ereignisse, die Arbeitsvorgänge einleiten. Externe Ereignisse können aus Datenpaketen oder Informationen von anderen Streamhandlern, Eingaben von externen Geräten oder Informationen aus der Kontrollschicht bestehen. In diesem Modus arbeiten typischerweise Streamhandler, die ihre Daten von anderen Streamhandlern an ihren Eingangsports empfangen.
- Zeitgesteuerte Streamhandler werden entsprechend einer vorgegebenen Rate vom Prozessor zyklisch aufgerufen. Die Aufrufrate ist abhängig von der Aufteilung der zu bearbeitenden Daten auf Pakete und entspricht z. B. bei dem Streamhandler einer Videokarte der Bildfrequenz. In diesem Modus arbeiten typischerweise Streamhandler, die Treiber zeitgerecht ansprechen müssen.

Um die Einhaltung der Aufrufrate zu garantieren, muß ein Datenprozeß vom Betriebssystem mit einer festen Rate eingeplant werden, d. h., Echtzeit-Scheduling ist erforderlich [Cheng 88]. Jeder zeitgesteuerte Prozessor benutzt daher eine Instanz der Klasse ProcessScheduler, welche die Mechanismen eines ratenmonotonen Echtzeiteinplaners [Burke 92, Werner 94] realisiert.

Bei der Einbettung von Streamhandlern in Prozessoren ist es wünschenswert, die Anzahl der Prozesse und damit die Anzahl der von Quelle zu Senke erforderlichen Kontextwechsel zu minimieren. Streamhandler, die im Modus Zeitsteuerung mit unterschiedlichen Raten arbeiten, können jedoch nicht innerhalb eines Prozessors ablaufen. Auch wenn für einen Streamhandler die Ausführungszeit nicht a priori bestimmt werden kann, ist es sinnvoll, einen separaten Prozessor zu benutzen, um die Auswirkungen auf andere Streamhandler zu minimieren. Eine entsprechende Strategie für die Zuordnung von Streamhandlern zu Prozessoren ist in der Kontrollschicht implementiert.

5.2.4 Schnittstelle zwischen Kontroll- und Datenschicht

Übersicht

Objekte der Kontrollschicht und der Datenschicht kommunizieren mit Hilfe des Streamhandler Control Protocol (SCP). Die Kontrollschicht steuert die Datenschicht und kann Ereignisse aus der Datenschicht asynchron verarbeiten. Die Elemente des Protokolls lassen sich in folgende Kategorien einteilen:

- Steuerung des Lebenszyklus von Objekten: Streamhandler in der Datenschicht werden durch Objekte der Kontrollschicht erzeugt oder vernichtet.
- Steuerung der Datenpfade: Die Kontrollschicht richtet Datenpfade zwischen Streamhandlern der Datenschicht ein und löst sie wieder auf. Dazu werden an Streamhandlern Ausgangsports und Eingangsports erzeugt und verbunden bzw. getrennt und gelöscht.
- Steuerung der Datenverarbeitung: Streamhandler nehmen Zustände ein, die den Fortgang der Verarbeitung von Datenströmen anzeigen. Durch Objekte der Kontrollschicht können die Zustände erfragt und gesetzt werden.
- Attributverwaltung: Neben ihren Zuständen besitzen Streamhandler, abhängig von ihrer Aufgabe, Attribute unterschiedlicher Ausprägung. So hat beispielsweise ein Streamhandler für eine Audiokarte ein Attribut *volume* zur Beeinflussung der Lautstärke. Die Attribute werden einheitlich über eine generische Schnittstelle im SCP erfragt und gesetzt.
- Asynchrone Kommunikation: Objekte der Kontrollschicht können sich für den Empfang von Ereignissen anmelden, die von Streamhandlern in der Datenschicht generiert werden.

Entwurf

Ein wichtiger Aspekt beim Entwurf der Schnittstelle zwischen Kontrollschicht und Datenschicht ist die unabhängige Verwendbarkeit der beiden Schichten. Deshalb wurde entschieden, das SCP durch eine Schnittstelle innerhalb der Kontrollschicht zugänglich zu machen, über die alle Protokollnachrichten des SCP verschickt werden. Dies bietet den Vorteil der leichteren Trennbarkeit der beiden Schichten: Kontrollschicht und Datenschicht wurden z. B. vor der Integration unabhängig voneinander getestet, indem alle Funktionen der SCP-Schnittstelle durch eine Testumgebung ersetzt werden.

Innerhalb der Kontrollschicht des DMOServers existiert ein Objekt der Klasse SCPInterface, das Methoden anbietet, um die Nachrichten des SCP zu verschicken. Die Methoden der SCP-Schnittstelle und ihre Parameter sind in Tabelle 5.1 zusammengefaßt.

Methode	Empfänger	Parameter	Rückgabewert
CreateProcess	—	Initialisierungsdaten	Process
CreateStreamhandler	Process	Initialisierungsdaten	Streamhandler
CreatePort	Streamhandler	Initialisierungsdaten	Port
DestroyPort	Streamhandler	Port	—
DestroyStreamhandler	Process	Streamhandler	—
DestroyProcess	Process	—	—
SetTarget	OutPort	InPort	—
UnsetTarget	OutPort	InPort	—
SetState	PhysicalObject	Zustand des Objekts	—
GetState	PhysicalObject	—	Zustand des Objekts
SetAttribute	Streamhandler	Attribut-Daten	—
GetAttribute	Streamhandler	—	Attribut-Daten
RegisterEvent	PhysicalObject	interessiertes Objekt, Ereignisdaten	—
UnregisterEvent	PhysicalObject	nicht mehr interessiertes Objekt, Ereignisdaten	—

Tabelle 5.1: Methoden der SCP-Schnittstelle

Die Methode CreateProcess stellt einen Sonderfall dar: Bei ihrer Ausführung wird keine SCP-Protokollnachricht versendet, sondern durch einen Betriebssystemaufruf ein neuer Prozess erzeugt, der dann SCP-Nachrichten empfangen kann. Methoden, die keinen Rückgabewert besitzen, verschicken asynchrone Nachrichten an das Empfänger-Objekt. Methodenaufrufe mit Rückgabewert werden synchron ausgeführt. Alle Methoden der SCP-Schnittstelle, die Objekte in der Datenschicht erzeugen, liefern als Rückgabewert die Adresse des erzeugten Objektes zurück. Diese Adressen werden in Folgenachrichten verwendet, wodurch der Datenprozessor die Empfängerobjekte bestimmen kann. Die Auslieferung erfolgt durch einen Methodenaufruf des angesprochenen Objektes. Dadurch lassen sich die Vorteile der Vererbung für die Implementierung von Objekten der Datenschicht, insbesondere verschiedener Klassen von Streamhandlern, ausnutzen.

Realisierung

Eine Möglichkeit, die Kommunikation zwischen Kontroll- und Datenschicht zu realisieren, besteht in der Verwendung von Distributed SOM, indem auf Objekte der Datenschicht von der Kontrollschicht über Proxy-Objekte zugegriffen wird. Um die Protokolle SCP und SDP auf diese Weise zu realisieren, müßten alle Datenprozesse SOM-Peers sein. Aus folgenden Gründen wurde dieser Ansatz jedoch verworfen:

- Datenprozesse sollten dynamisch erzeugt und vernichtet werden können. Dabei wirkt sich nachteilig aus, daß jeder Datenprozeß sich mit einem eindeutigen Namen im Implementation Repository registrieren muß und die Aktivierung und Deaktivierung von SOM-Servern zeitintensiv ist.
- Ein erheblicher Anteil der Interprozeßkommunikation findet zwischen Datenprozessen statt, die multimediale Daten austauschen. Diese Kommunikation ist in DSOM ineffizient, da die Art der Methodenausführung aufwendig ist: Jeder Klient greift bei der ersten Ausführung eines entfernten Methodenaufrufs auf eine Datei zu, in der Informationen über die Signatur der Methode enthalten sind [IBM 93c]. Dies kann in der Startphase des Verschickens von Nachrichten mittels SCP und SDP zu signifikanten Verzögerungen führen.
- Jeder Datenprozeß müßte SOM-Aufträge bearbeiten, entweder durch Eintritt in die Auftragsschleife eines SOM-Servers oder durch nichblockierendes Erfragen von abzuarbeitenden Aufträgen. Dabei ist nur eine begrenzte Einflußnahme auf die auszuführenden Aufträge möglich. Insbesondere wäre es wünschenwert, daß Aufträge eine unterschiedliche Priorität erhalten können und daß die Anzahl der auszuführenden Aufträge bestimmbar ist. Beides ist jedoch nicht möglich. Eine priorisierte Bearbeitung von Aufträgen ist sinnvoll, da Datenprozesse die Aufträge des SCP vor den Aufträgen des SDP ausführen sollten, um die Antwortzeiten des Kontrollprozesses zu minimieren.

Die Kommunikation zwischen Kontroll- und Datenschicht basiert daher nicht auf Mechanismen des Distributed SOM, sondern wird durch einen wegen seiner Effizienz gewählten Nachrichtenaustausch ermöglicht, der auf der Basis von durch Semaphore geschützten globalen Speichers implementiert wurde. Die Mechanismen sind durch die Klasse MessageQueue gekapselt und dienen dazu, sowohl Nachrichten des SCP als auch des SDP zwischen Prozessen der Datenschicht zu transferieren.

5.3 Zusammenfassung

Die Architektur der DMO-Services entspricht einem Client/Server-Modell, bei dem die Anwendung durch vorgefertigte Objekte erweitert wird, um die vielfältigen Kommunikationsbeziehungen zu Servern zu verstecken. Dieses hybride Modell einer Systemerweiterung offeriert der Anwendung eine einheitliche Sicht auf multimediale Objekte, deren Verteilung im System gesteuert werden kann, um Datenströme beliebiger Topologien zu verarbeiten (AA3, AD4).

Der Zugriff der Anwendungen auf die Verarbeitungsfähigkeiten der einzelnen Rechnerknoten wird durch eine mehrschichtige Serverarchitektur mit den folgenden Eigenschaften abgebildet:

- Gleichzeitig können mehrere Anwendungen auf die Hardware, z. B. eine Audiokarte, zugreifen (AB1).
- Physikalische Geräte bilden eine von der Hardware unabhängige Abstraktionsschicht, ihre Komposition zu logischen Geräten kann auch komplexere Funktionen repräsentieren (AO1, AA2).
- In der Datenschicht wird die Verarbeitung kontinuierlicher Medien durch eine effiziente Implementierung unterstützt (GW4). Insbesondere hat die Mehrschichtigkeit der beschriebenen Architektur keine negativen Auswirkungen auf die Verarbeitung der Daten.
- Die Hardware- und Betriebssystemabhängigkeiten werden durch die Datenschicht gekapselt, wodurch die Portierbarkeit der DMO-Services gefördert wird (GW2).
- Kontroll- und Datenschicht lassen sich unabhängig voneinander implementieren: Der Einsatz von CORBA für die Kontrollschicht gewährleistet die Offenheit und Integrationsfähigkeit in heterogene Systemumgebungen (GW5, GW6).

6 Dienstgüteverwaltung

Der allgemeine Dienstgütebegriff, wie in [ISO 89b] definiert (siehe Abschnitt 3.2.4), umfaßt alle für den Benutzer eines Dienstes wahrnehmbaren Aspekte. Diese Definition kann sehr wohl als Abgrenzung dienen, für den praktischen Einsatz innerhalb der DMO-Services muß jedoch der Begriff der Dienstgüte konkretisiert werden. Im folgenden wird dazu ein Dienstgütemodell vorgestellt, in dem die einzelnen Aspekte der Dienstgüte als Dienstgütevektoren repräsentiert werden. Neben einer adäquaten Beschreibung der Dienstgüte dient das Modell dazu, die Funktionen der Dienstgüteverwaltung darzustellen. Eine wichtige Funktion der Dienstgüteverwaltung in DMOS besteht darin, die von der Anwendung auf abstraktem Niveau spezifizierten Aspekte in quantifizierte Dienstgütevektoren zu übersetzen, aus denen sich die benötigten Betriebsmittel und die bei ihrer Einplanung einzusetzenden Mechanismen ableiten lassen. Diese Transformation von Dienstgütevektoren und die Installation der durch die Vektoren definierten Ströme werden im Detail besprochen.

6.1 Dienstgütemodell

6.1.1 Zweck des Modells

Die in Kapitel 3 besprochenen Dienstgütearchitekturen betrachten den Dienstgütebegriff ausschließlich im Zusammenhang mit Kommunikationsdiensten. Als Ursache dafür ist zu sehen, daß in der Vergangenheit Kommunikationsnetze die unzuverlässigste und am häufigsten überlastete Komponente eines verteilten Systems bildeten. Der Einsatz heutiger Breitbandnetze wie FDDI [Ross 86] und ATM [DePrycker 93] führt jedoch zu einem entgegengesetzten Bild: Rechner sind häufig nicht in der Lage die angebotene Bandbreite auszunutzen, und langsamere Empfänger können eintreffende Datenströme nicht schnell genug verarbeiten; sie werden "überrannt". Diese Tendenz hat sich bei der Übertragung komprimierter multimedialer Datenströme durch eine Dekompression der Daten in Software noch verstärkt. Die hohen Rechenzeitanforderungen multimedialer Daten lassen das Endsystem ebenso leicht zu einem Engpaß werden wie das Kommunikationssystem. Um die Qualität von Strömen sicherstellen zu können, müssen Betriebsmittel auf Endsystemen wie auch im Kommunikationssystem sorgfältig verwaltet werden. Daher sollte ein Dienstgütemodell qualitative

Anforderungen an die Ströme unabhängig davon ausdrücken können, ob die Daten über ein Kommunikationsnetz transportiert oder ausschließlich lokal verarbeitet werden.

Ein weiteres Problem existierender Repräsentationen für Dienstgüte ist, daß sie dem Anwendungsentwickler oder auch dem Benutzer eine Terminologie aufzwingen, die sich speziell auf den benutzten Kommunikationsdienst bezieht und nur schwierig auf relevante Werte aus dem Anwendungsbereich abbilden läßt. Beispielsweise fällt es einem Benutzer schwer, eine sinnvolle Zellverlustrate für eine Verbindung über ein ATM-Netz auszuwählen, wenn die Konsequenzen für einen zu übertragenden Videostrom nicht klar sind. Da die Art der Videokodierung die Auswirkungen von Fehlern mitbestimmt, ist für die Qualität des Videos ohnehin die Verlustrate nicht allein maßgebend. Diese semantische Lücke wird durch das hier vorgestellte Dienstgütemodell geschlossen. Anwendungen spezifizieren Dienstgüteanforderungen in einer Terminologie, die ihrem Problembereich entspringt und die durch Ableitung innerhalb des Modells auf unterschiedliche Dienste, u. a. Übertragungsdienste, abgebildet wird. Zur Anforderung qualitativer Merkmale dieser Dienste wird nach wie vor eine spezifische Terminologie verwendet, jedoch geht das zu ihrer Benutzung notwendige Wissen in das Dienstgütemodell ein und steht somit allen Anwendungen zur Verfügung.

Die für den Benutzer wahrnehmbare Qualität eines Datenstroms hängt von verschiedenen Faktoren ab:

- Dienstgütespezifikationen: Unter diesem Begriff werden die Dienstgütevektoren zusammengefaßt, mit der eine Anwendung qualitative Anforderungen an die zu verarbeitenden Ströme spezifiziert. Tatsächlich handelt es sich jedoch häufig um eine Auswahl, die der Benutzer trifft, da viele Anwendungen die möglichen Alternativen an der Benutzerschnittstelle sichtbar machen. Aus diesem Grund sollten die Parameter Aussagekraft in bezug auf die Anwendung besitzen und keine besonderen Kenntnisse über die eingesetzte Technologie voraussetzen. Die Parameter werden als Dienstgütevektoren zusammengefaßt und bilden einen Teil des Dienstgütemodells.
- Konfiguration: Es stehen nicht auf jedem Endsystem die gleichen Dienste zur Verfügung, beispielsweise kann durch die Hardwareausstattung die Menge der Datenformate, die verarbeitet werden können, eingeschränkt sein. Nicht alle Betriebs- und Kommunikationssysteme unterstützen die Verwaltung von Betriebsmitteln im gleichen Maße, so daß Echtzeitgarantien auf manchen Plattformen nicht gegeben werden können. Die Tarif-

struktur für ein System hat einen indirekten Einfluß, indem sie die Auswahl des Anwenders mitbestimmt.

Die Konfiguration eines Systems wird bei der Bestimmung exakter Dienstgütevektoren berücksichtigt. Steht etwa ein bestimmtes Format auf einem der Endsysteme nicht zur Verfügung, so wird auf dieses Format von der Anwendungsspezifikation aus nicht abgebildet. Können gewisse Laufzeitdienste, wie Verschlüsselung oder Synchronisation, nicht erbracht werden, so wird dies der Anwendung durch die Parameter der Dienstgütespezifikation signalisiert. Die Konfiguration wird im Dienstgütemodell nicht als geschlossener Parametersatz repräsentiert, sie beeinflußt aber den Übergang von abstrakteren zu konkreteren Ebenen des Modells.

- Auslastung: Ob ein Strom mit der angeforderten Dienstgüte aufgebaut und seine Verarbeitung dauerhaft sichergestellt werden kann, ist auch von der Anzahl und Art der Ströme abhängig, die bereits verarbeitet werden. Eine Zugangskontrolle beim Aufbau der Ströme basiert auf den Daten der bereits aufgebauten und den Parametern des zusätzlich zu verarbeitenden Stroms. Die dazu verwendete Datenbasis besteht aus Informationen über belegte und freie Ressourcen und ihrer Zuordnung zu Strömen. Sie wird von der Betriebsmittelverwaltung gepflegt.

6.1.2 Das Dienstgütemodell im Überblick

In DMOS wird die Qualität von Datenströmen auf vier Ebenen unterschiedlichen Abstraktionsniveaus repräsentiert. Bild 6.1 zeigt die Ebenen in einer Übersicht; für Dienstgütevektoren, die an der Anwendungsschnittstelle sichtbar sind, werden die definierenden Klassen durch Kursivschrift gekennzeichnet.

Auf der Applikationsebene befindet sich die abstrakteste Repräsentation der Qualität, die sich an der Wahrnehmung der Benutzer orientiert. Die einzelnen Medien werden anhand von Dienstgütevektoren charakterisiert, die die subjektive Wahrnehmung der Benutzer formalisieren. Diese Beschreibungen sind spezifisch für Bewegtbild und Ton und bestehen aus den abstrakten Formaten (siehe Abschnitt 4.3.1). Da Datenformate und die damit verbundenen Kompressions- und Dekompressionsverfahren in der Regel nicht zu den wahrnehmbaren Aspekten der Datenströme gehören, werden sie auf dieser Ebene nicht betrachtet.

Die Stromebene beschreibt einen Datenstrom präziser: Die zu verarbeitenden Daten werden durch detaillierte Formate definiert (siehe Abschnitt 4.3.2). Mit einem Objekt der Klasse Commitment lassen sich die Mechanis-

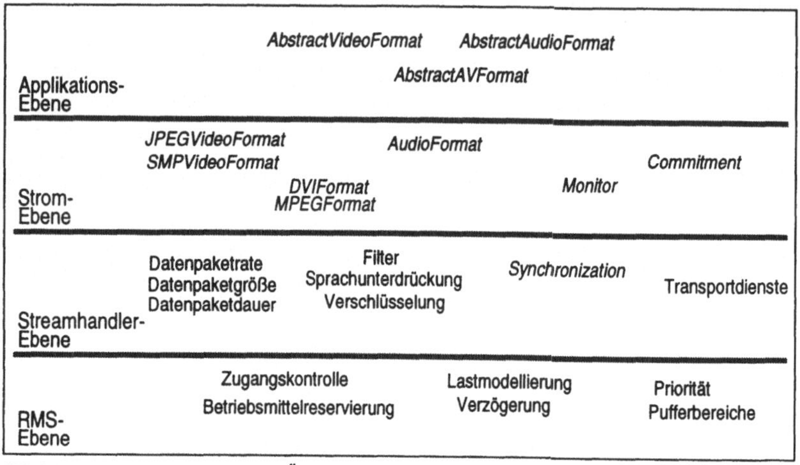

AbstractVideoFormat AbstractAudioFormat
AbstractAVFormat
Applikations-Ebene

JPEGVideoFormat
SMPVideoFormat
AudioFormat
Commitment
DVIFormat
MPEGFormat
Monitor
Strom-Ebene

Datenpaketrate
Datenpaketgröße
Datenpaketdauer
Filter
Sprachunterdrückung
Verschlüsselung
Synchronization
Transportdienste
Streamhandler-Ebene

Zugangskontrolle
Betriebsmittelreservierung
Lastmodellierung
Verzögerung
Priorität
Pufferbereiche
RMS-Ebene

Bild 6.1: Dienstgütemodell im Überblick

men der Betriebsmittelverwaltung steuern, die bei der Zugangskontrolle und in Fällen von Überlast anzuwenden sind; funktionale Anforderungen an die Verarbeitung der Medien, wie die Verschlüsselung, können ebenfalls gestellt werden. Zusätzlich werden die Fehlercharakteristika und die zulässige Übertragungsverzögerung eines Stroms durch Objekte der Klasse Monitor beschrieben.

Auf der Streamhandlerebene wird die gesamte Konfiguration der Ströme als ein Graph von Streamhandlern betrachtet. Da in DMOS alle Dienste durch Streamhandler erbracht werden, können derart sowohl Transportdienste, als auch lokale Verarbeitungsdienste einheitlich repräsentiert werden. Nicht alle diese Dienste sind für den Anwender sichtbar, beispielsweise werden Streamhandler für Transportdienste eingefügt, wenn Geräte unterschiedlicher Rechnerknoten verknüpft werden; zur Unterdrückung von Sprechpausen und der Konvertierung von Datenformaten wird die Sequenz von Streamhandlern ebenfalls durch zusätzliche Filter ergänzt. Streamhandler besitzen zum einen generische Attribute, wie die Größe und Rate der Pakete, die sie verarbeiten, zum anderen gibt es eine Reihe von Attributen die nur spezielle Arten von Streamhandlern betreffen. Beispielsweise werden durch Objekte der Klasse Synchronization die Streamhandler zur zeitlichen Synchronisation von Datenströmen gesteuert.

Auf der Ebene der Betriebsmittelverwaltung wird für jeden Verarbeitungsvorgang die von ihm ausgehende Belastung des Gesamtsystems bestimmt.

Dazu wird der Eingangsstrom für jeden Streamhandler in Form eines linear beschränkten Ankunftprozesses (Linear Bounded Arrival Process, LBAP) [Cruz 91] modelliert. Auf dieser Ebene wird das in [Wolf 95a] entwickelte Resource Management System (RMS) integriert, das es ermöglicht, in Kooperation mit den einzelnen Streamhandlern, die benötigten Betriebsmittel für die Verarbeitungsvorgänge zu ermitteln und sie für den Strom zu reservieren. Zu den in RMS betrachteten Ressourcen gehören CPU-Zeit, Pufferplatz und, sofern unterstützende Protokolle zur Verfügung stehen, die Übertragungskapazitäten von Transportdiensten.

6.2 Dienstgüteverwaltung

Die Dienstgüteverwaltung umfaßt eine Reihe von Funktionen [Dromard 94], die im folgenden entsprechend dem zeitlichen Ablauf bei Aufbau, Betrieb und Abbau von Datenströmen betrachtet werden.

6.2.1 Spezifizieren

Dienstgüte wird von der Anwendung mit Hilfe des Dienstgütemodells spezifiziert und von den DMO-Services weiterverarbeitet. Die folgenden Prinzipien definieren, wie die Spezifikationen der Anwendung ausgewertet werden:

- Die Anwendungen können Dienstgütevektoren auf verschiedenen Ebenen spezifizieren.
- Werden Dienstgütevektoren auf einer tieferen Schicht spezifiziert, so "überschreibt" diese Verfeinerung die Spezifikationen einer höheren Schicht.
- Dienstgütevektoren, welche die Anwendung nicht spezifiziert, werden durch Übersetzung aus Vektoren höherer Schichten bestimmt oder sind durch Standardeinstellungen festgelegt.

Durch diese Auswertungsmethodik können Anwendungen die Art der Dienstgütespezifikationen entsprechend ihrem eigenen Bedarf an Einflußmöglichkeiten auswählen (siehe auch (AA2)). Gleichzeitig wird gewährleistet, daß unabhängig davon, welche Anteile von der Anwendung tatsächlich spezifiziert werden, die Dienstgüte eindeutig definiert ist.

Die Spezifikation legt den Inhalt einer Vereinbarung zwischen der Anwendung und den DMO-Services fest. Generell haben die DMO-Services die spezifizierte Dienstgüte für die Benutzungsdauer eines Datenstroms zur Verfügung zu stellen. Durch die Spezifikation selbst können jedoch auch Schwankungen der wahrnehmbaren Qualität definiert sein, beispielsweise bei Auswahl einer skalierbaren Qualität oder der Dienstklasse QOS_STATISTICAL. Daher kann die für den Benutzer sichtbare Qualität durchaus Schwankungen aufweisen, die der Anwendung durch Veränderungen der Dienstgüteparameter, wie die Veränderung der Bildrate, angezeigt werden. Kann die definierte Dienstgüte nicht weiter unterstützt werden, wird die Anwendung ebenfalls mittels Ereignisnachrichten darüber informiert.

6.2.2 Übersetzen

Je höher die von der Anwendung benutzte Spezifikationsebene ist, desto abstrakter ist der Ausdruck der Dienstgüte. Zwischen den einzelnen Ebenen werden Abbildungen in beide Richtungen vorgenommen:

- Abstrakte Spezifikationen der Anwendung werden verfeinert, um die zur Verarbeitung benötigten Streamhandler und die von ihnen verwendeten Ressourcen zu ermitteln.
- Ein Mangel an Betriebsmitteln kann beispielsweise auf Ebene des RMS zu einer Veränderung der Dienstgüte führen. Um die veränderte Dienstgüte der Anwendung zu signalisieren, werden die neuen Parameter auf das von der Anwendung benutzte Abstraktionsniveau transformiert.

Die Abbildung der Dienstgütevektoren wird in Abschnitt 6.3 behandelt.

6.2.3 Verhandeln

Da die DMO-Services die Verteilung von Verarbeitungskomponenten ermöglichen, können Ströme auch von Anwendungen aufgebaut werden, die selbst nicht verteilt sind (siehe Bild 2.1a). Die in OSI (Open Systems Interconnection) verwendete Modellierung von Verhandlungen mit den drei Parteien Sender, Empfänger und Dienstanbieter [ISO 86a, Danthine 94] ist jedoch für diese Anwendungsarchitektur nicht anwendbar; relevant ist hier vielmehr die Beziehung zwischen der Anwendung und den DMO-Services.

Die Interaktion der Anwendung mit der Dienstgüteverwaltung ist keine echte Verhandlung: Die Anwendung legt eine gewünschte Dienstgüte fest, und die DMO-Services können einen entsprechenden Datenstrom aufbauen oder den Aufbau wegen mangelnder Betriebsmittel ablehnen. Jedoch werden durch die DMO-Services konkrete Festlegungen getroffen, die sich innerhalb des durch die abstrakte Spezifikation definierten Rahmens bewegen.

Im Gegensatz zu der genannten Modellierung von Verhandlungen als Beziehung zwischen Dienstanbietern und -benutzern, laufen Verhandlungen bei den DMO-Services innerhalb der Dienstgüteverwaltung selbst ab: Einige Dienstgütevektoren beziehen sich auf die Verarbeitung des Stroms als Ganzes, beispielsweise die Klassen Commitment und Monitor, andere beschreiben die Art des Datenstroms vor und nach bestimmten Verarbeitungsschritten, sie werden als Datenflußbeschreibungen bezeichnet. Während Abbildungen die Beziehungen der Dienstgütevektoren zwischen den Schichten definieren, betrachten die Verhandlungen innerhalb der DMO-Services die verschiedenen Datenflußbeschreibungen, die entlang eines Stroms gültig sind. Verhandlungen sind auf zwei unterschiedlichen Ebenen notwendig, um die Verarbeitung des Gesamtstroms zu ermöglichen:

- Beim Übergang von der Anwendungsschicht auf die Stromschicht müssen die detaillierten Formate festgelegt werden, in denen die Daten von einem Streamhandler an seine Nachfolger weitergegeben werden. Diese Formatverhandlung zwischen Streamhandlern ist insbesondere für verteilte Anwendungen wichtig, da wegen unterschiedlich ausgestatteter Rechner in der Regel nicht auf allen Knoten die gleichen Datenformate verarbeitet werden können.
- Auf der RMS-Ebene wird während der Ermittlung der benötigten Ressourcen in einer Betriebsmittelverhandlung überprüft, ob für jeden einzelnen Verarbeitungsvorgang ausreichend Betriebsmittel zur Verfügung stehen und ob die kumulierte Verzögerung den spezifizierten Anforderungen entspricht. In einer Lastausgleichsrechnung wird ermittelt, welche Betriebsmittel bei einer Übererfüllung der Anforderungen freigegeben werden können [Wolf 95a]; steht das Verhandlungsprotokoll ST-II zur Verfügung, so wird die Last auch rechnerübergreifend ausgeglichen.

Betriebsmittelverhandlung und Lastausgleich werden durch das RMS zur Verfügung gestellt [Wolf 95a], die Formatverhandlung wird im folgenden überblicksartig erläutert.

Der Algorithmus zur Formatverhandlung setzt ein, wenn Verbindungen zwischen den Ein- und Ausgangspunkten der Geräte eingerichtet werden. Jedes Gerät stellt Methoden zur Verfügung, mit denen die unterstützten Formate erfragt werden können. Wird der Datenstrom durch eine Sequenz von Geräten ohne Verzweigungen gebildet, so läßt sich die Formatverhandlung als Suche in einer Baumstruktur veranschaulichen (siehe Bild 6.2) . Das Quellgerät bildet die Wurzel des Baums, die Nachfolgegeräte entsprechen den Ebenen 2 bis *N*. Jeder Pfad zwischen zwei Ebenen repräsentiert eine Äquivalenzklasse von Formaten, die am Ausgangs- bzw. Eingangspunkt der entprechenden Geräte verfügbar sind. Innerhalb einer Äquivalenzklasse befinden sich alle Formate, die durch Filter ineinander konvertiert werden können, d. h., es werden inkompatible Formate auf unterschiedliche Pfade zur nächsten Ebene abgebildet.

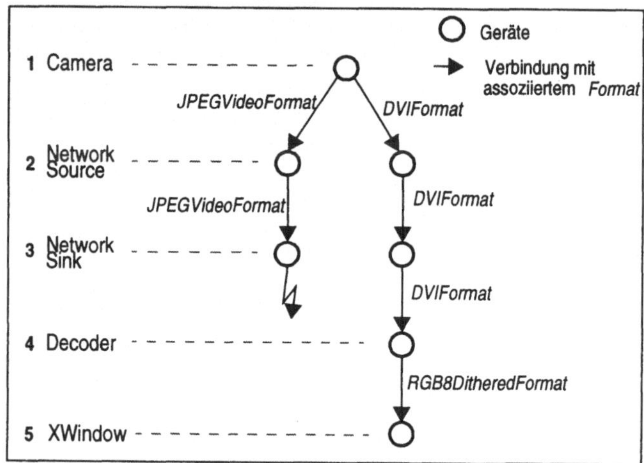

Bild 6.2: Formatverhandlung als Suche in Baumstruktur

Der Suchalgorithmus baut den Baum durch Erfragen der unterstützten Formate auf und bricht ab, sobald ein Weg von Ebene 1 zu Ebene N gefunden wird:

1. Ein Pfad von Ebene K zu $K+1$ ist gefunden, wenn ein Format, das durch eine der Äquivalenzklassen am Ausgangspunkt des Gerätes auf Ebene K repräsentiert wird, auch vom Eingangspunkt des Gerätes auf Ebene $K+1$ verarbeitet werden kann.
2. Jeder gefundene Pfad wird zunächst verfolgt.
3. Kann von Ebene K zu Ebene $K+1$ kein Pfad gefunden werden, so wird die Suche nach weiteren Pfaden auf Ebene $K-1$ fortgesetzt.

Die Reduktion der Formate auf Äquivalenzklassen verringert die Gesamtanzahl der zu betrachtenden Pfade und damit den Aufwand für eine vollständige Suche. Die Auswahl eines Formats aus einer Äquivalenzklasse erfolgt zunächst mit dem Ziel, die Qualität im Rahmen der Spezifikation zu maximieren. Falls das Format zwischen zwei Geräten konvertiert werden muß, wird ein entsprechender Filter zwischen die Geräte eingefügt. Die exakte Plazierung wird unter dem Gesichtspunkt des Ressourcenverbrauchs gesteuert: Reduziert der einzufügende Filter die benötigte Bandbreite, wird er möglichst nahe der Quelle plaziert, andernfalls möglichst nahe der Senke.

Die Tatsache, daß von einem Gerät mehrere Verbindungen ausgehen können, führt zu einem erweiterten Suchalgorithmus, der sich folgendermaßen veranschaulichen läßt: Jede von einem Gerät ausgehende Verbindung bildet einen Subbaum in einer separaten Fläche. Die Suche in diesem, um eine Dimension erweiterten Suchraum endet erst dann erfolgreich, wenn für alle Subbäume ein Weg auf die jeweils unterste Ebene, d. h. zu ihren Zielgeräten, gefunden wird.

Die zunehmende Unterstützung von Standardformaten für multimediale Daten auf vielen Rechnern läßt erwarten, daß der zu betrachtende Suchraum in Zukunft kleiner wird. Auf eine Verhandlung der Datenformate zu verzichten, wird jedoch aufgrund der Vielzahl existierender inkompatibler Formate in absehbarer Zeit nicht möglich sein.

6.2.4 Reservieren

Auf der Streamhandlerebene stehen alle für die Bearbeitung eines Strom benötigten Streamhandler fest. Zum Teil verarbeiten diese Streamhandler bereits Daten anderer Ströme, beispielsweise ein Mixer für Audiodaten; alle anderen bisher nicht erzeugten Streamhandler werden dann Prozessen zugeteilt und geladen. Nachdem auf der RMS-Ebene die Betriebsmittelverhandlung abgeschlossen wurde, reservieren die Streamhandler die für sie errechneten Ressourcen. Kode- und Datensegmente der Streamhandler werden gegen Auslagerung aus dem Hauptspeicher geschützt. Es wird ein Pool von Speicherbereichen angelegt, die zur Pufferung von Datenpaketen dienen können. Für die Einplanung nach dem ratenmonotonen Einplanungsverfahren [Liu 73] wird jedem Streamhandler eine Priorität zugewiesen. Werden die Transportdienste HeiTP oder XTPLite für Kommunikationverbindungen eingesetzt, so werden auch in Zwischenknoten Betriebsmittel für die Verarbeitung des Stroms reserviert.

6.2.5 Modifizieren

Nachdem ein Datenstrom aufgebaut wurde, kann es nötig werden, seine Dienstgüte zu modifizieren. Als Ursache dafür kommen einerseits neue Anforderungen der Benutzer [Krishnamurthy 94] und andererseits eine veränderte Betriebsmittelsituation, beispielsweise ein auftretender Mangel an Ressourcen, in Betracht.

- Modifikationen der spezifizierten Dienstgüte seitens des Benutzers werden umgesetzt, indem die oben beschriebenen Funktionen Abbilden, Verhandeln und Reservieren erneut ausgeführt werden.

- Überwachungsfunktionen stellen sicher, daß die aktuelle Qualität der Datenströme ihrer spezifizierten Dienstgüte entspricht. Die Kapitel 8 und 9 zeigen den Einsatz von Überwachungsfunktionen für die Synchronisation und die Skalierung; die dabei verwendeten Mechanismen adaptieren die Qualität der Datenströme dynamisch im Rahmen der spezifizierten Dienstgüte. Ist dies aufgrund eines Mangels an Ressourcen unmöglich, kann also die Dienstgüte nicht eingehalten werden, so wird die Anwendung in Form von Ereignissen benachrichtigt.

6.2.6 Freigeben

Beim Abbau eines Datenstroms müssen die durch Reservierung gebundenen Betriebsmittel freigegeben werden. Dazu hebt jeder Streamhandler seine Reservierungen beim RMS im Rahmen einer Abschlußbehandlung auf. Transportverbindungen über Kommunikationsnetze werden geordnet abgebaut und Pufferbereiche freigegeben, bevor die Streamhandler sich beenden.

6.3 Abbildung von Dienstgütespezifikationen

Die Übersetzung zwischen unterschiedlichen Dienstgütespezifikationen erstreckt sich von der Applikationsebene bis hin zur RMS-Ebene. Die folgende Darstellung beginnt mit Dienstgütevektoren, die notwendige Mechanismen und Verarbeitungsschritte identifizieren, sogenannten kontextabhängigen Parametern, und setzt sich fort mit der Bestimmung von Datenflußbeschreibungen, den sogenannten formatabhängigen Parametern.

6.3.1 Kontext eines Stroms

Zur Klassifizierung von Dienstgüteanforderungen genügt es nicht, nur die benutzten Medien zu betrachten, sondern es müssen auch Anwendungsaspekte einbezogen werden [Steinmetz 92a]. In der hier vorgestellten Dienstgütearchitektur werden Anwendungsaspekte unter dem Begriff *Kontext eines Stroms* zusammengefaßt. Für die Festlegung von Dienstgütevektoren werden die folgenden Kontexte unterschieden:

- Ein Konversationskontext wird einem Datenstrom zugeordnet, an dessen Quelle Daten live digitalisiert, zur Senke übertragen und dort wieder dargestellt werden. Der Konversationskontext dient dazu, die Anforderungen von Telekonferenzanwendungen zu repräsentieren: eine einwandfreie Sprachübertragung mit einer geringen Verzögerung, so daß eine natürliche Kommunikation der Gesprächspartner möglich ist. Die

Anforderungen an die Qualität des Bewegtbildstroms sind in der Regel geringer.

- Ein Präsentationskontext wird einem Datenstrom zugeordnet, an dessen Quelle Daten von einem Festspeicher gelesen, zur Senke übertragen und dort dargestellt werden. Die Anwendungen dienen also der Präsentation der Daten gegenüber einem Benutzer; bei ihnen ist die Verzögerung des Datenstroms zwischen Quelle und Senke von untergeordneter Bedeutung, da sie sich nur als zusätzliche Latenzzeit bis zum Beginn der Darstellung und bei Aktionen des Benutzer auswirkt.
- Ein Konservierungskontext wird einem Datenstrom zugeordnet, an dessen Senke Daten auf einen Festspeicher geschrieben werden. Es handelt sich daher um Anwendungen, bei denen Daten durch Digitalisierung live aufgenommen oder anderweitig synthetisch erzeugt oder kombiniert werden. Da Daten sehr viel häufiger gelesen als geschrieben werden und sich die im gespeicherten Datenstrom enthaltenen Fehler bei jeder nachfolgenden Präsentation auswirken, sind die Anforderungen an eine geringe Fehlerrate beim Konservierungskontext sehr wichtig. Die Verzögerung des Datenstroms hat dagegen untergeordnete Bedeutung.

Beim Übergang von der Applikationsebene auf die Stromebene wird der Kontext eines Datenstroms durch eine Untersuchung der verwendeten Geräte festgelegt. Dazu wird von den Quellen und Senken ermittelt, ob sie eine der charakteristischen Aufgaben Digitalisierung, Darstellung, Lesen von Festspeicher oder Schreiben auf Festspeicher erfüllen. Kann ein Datenstrom aufgrund der Definitionen mehreren Kontexten zugeordnet werden, beispielsweise, weil mehrere Senken mit unterschiedlichen Merkmalen existieren, so werden die möglichen Kontexte entsprechend der Ordnung Konversation, Konservierung, Präsentation sortiert und der erste der Liste ausgewählt. Das heißt, wenn ein Datenstrom aufgrund seiner Konfiguration dem Konversations- oder dem Präsentationskontext zugeordnet werden kann, wie bei Livegesang mit gleichzeitiger Hintergrundmusik (Karaoke), so wird durch die Auswertung der Konversationskontext festgelegt. Die Annahme ist dabei, daß die Kontexte mit höherer Priorität die Anwendung dominieren, bei der genannten Karaokeanwendung beispielsweise die geringe Verzögerung im Vordergrund steht. Natürlich können derart nicht alle Anwendungen vollständig und richtig zugeordnet werden. Eine Aufnahme in einem Tonstudio mit gleichzeitigem Monitoring der zu speichernden Daten würde genau wie eine Konferenz mit eingeschalteter Protokollierungsfunktion mit dem Konversationskontext assoziiert.

Ist der Anwendungskontext bestimmt, so wird er zur Ermittlung konkreter Dienstgütevektoren zunächst für die Stromebene verwendet. Dazu sind mit jedem Anwendungskontext bestimmte Standardwerte für Dienstgütevektoren verknüpft, die eingesetzt werden, falls die Anwendung selbst keine Werte spezifiziert hat. Der Vorteil dieser Art der Auswertung ist, daß die meisten Anwendungsentwickler und Benutzer die Besonderheiten der Dienstgütespezifikation nicht weiter betrachten müssen. Auf der anderen Seite hat der Anwendungsentwickler stets die Möglichkeit durch genaue Spezifikation der gewünschten Parameter die durch den Anwendungskontext abgeleiteten Dienstgütevektoren zu verändern.

Mittelbar wirkt sich der Anwendungskontext auch auf Vektoren unterhalb der Stromebene aus. Alle Abhängigkeiten sind in Bild 6.3 als Übersicht dargestellt. Die folgenden Abschnitte erläutern die Beziehungen im einzelnen.

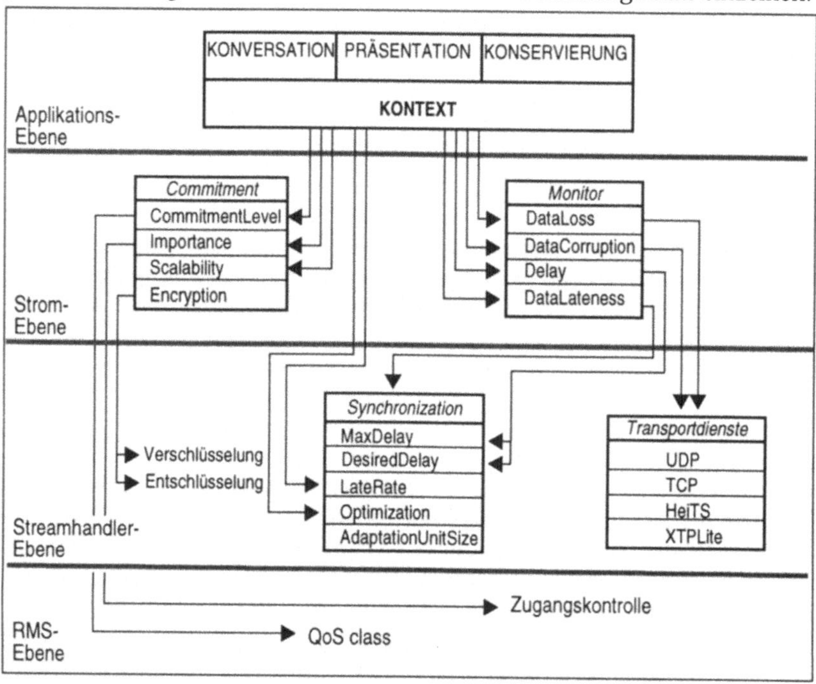

Bild 6.3: Transformationsbeziehungen der kontextabhängigen Parameter

6.3.2 Parameter der Klasse Commitment

Die Klasse Commitment steuert die Mechanismen der Zugangskontrolle und die Art der Betriebsmittelreservierung für einen Datenstrom (siehe Abschnitt 4.4.1). Tabelle 6.1 zeigt die Standardwerte, die durch die Abbildung des Anwendungskontextes beeinflußt werden. Die Abbildung der Dienstklasse (CommitmentLevel) und der Wichtigkeit (Importance) wird von den Konsequenzen bestimmt, die eine Unterbrechung des Datenstroms für die Anwendungen typischerweise hätte:

	CommitmentLevel	**Importance**	**Scalability**
Konservierung	QOS_GUARANTEED	8	OFF
Konversation	QOS_STATISTICAL	5	ON
Präsentation	QOS_BEST-EFFORT	3	ON

Tabelle 6.1: Attribute der Klasse Commitment für Anwendungskontexte

- Gehen im Konservierungskontext Daten verloren, so hat dies Auswirkungen auf alle zukünftigen Präsentationen der Daten. Im schlimmsten Fall können die verloren gegangenen Daten nicht rekonstruiert werden. Dem Anwendungskontext wird daher die Dienstklasse QOS_GUARANTEED und die Wichtigkeit 8 (siehe Anhang B.8) zugeordnet, um den Strom vor Unterbrechungen zu schützen.
- Bei einer Telekonferenzanwendung sind in der Regel mehrere Anwender von Unterbrechungen betroffen. Andererseits kann der Verlust von Daten, sofern die Organisationsform der Konferenz dies zuläßt, ggf. durch Wiederholung eines Satzes ausgeglichen werden. Standardwerte im Konversationskontext sind daher QOS_STATISTICAL für die Dienstklasse bzw. der Wert 5 für die Wichtigkeit.
- Daten, die von einem Festspeicher gelesen werden, sind rekonstruierbar. Die Auswirkungen einer unterbrochenen Präsentation sind daher per se beschränkt. Dem Präsentationskontext wird daher die Dienstklasse QOS_BEST_EFFORT und die Wichtigkeit 3 zugeordnet.

Im Konservierungskontext sollte ein Datenstrom möglichst vollständig die Senke erreichen, um dort gespeichert zu werden. Bei Präsentationen können diese Daten geeignet skaliert werden, um bei geringerer Qualität einen annähernd gleichen Informationsgehalt zu übermitteln. Auch bei einer Konversation ist die Skalierung ein geeignetes Mittel, auf einen Mangel an Betriebsmitteln zu reagieren. Dementprechend wird die Skalierung für den

Konservierungskontext ausgeschaltet, für die Präsentation und Konversation dagegen zugelassen.

6.3.3 Parameter der Klasse Monitor

Natürliche Dialoge zwischen Menschen sind nur eingeschränkt möglich, wenn die Datenströme zwischen Sprecher und Hörer um mehr als ca. 600 Millisekunden verzögert werden [Klemmer 67]. Mit Datenströmen im Konversationskontext wird daher eine niedrige Verzögerung assoziiert. Bei Interaktionen des Benutzers mit einer Präsentation wird die Verzögerung eines Datenstroms ebenfalls spürbar. Jedoch machen auch höhere Werte die Anwendung in der Regel nicht unbenutzbar. Dagegen ist bei einer Speicherung von Daten an der Senke eines Stroms die Verzögerung nicht wahrnehmbar. Präsentations- und Konservierungskontext werden deshalb auf höhere Verzögerungswerte abgebildet (siehe Tabelle 6.2).

	Delay	**DataCorruption**	**DataLoss**	**DataLateness**
Konservierung	HIGH	CORRECT	CORRECT	RECEIVE
Konversation	LOW	RECEIVE	INDICATE	DISCARD
Präsentation	MEDIUM	RECEIVE	INDICATE	RECEIVE

Tabelle 6.2: Attribute der Klasse Monitor für Anwendungskontexte

Bezogen auf fehlerhaft übertragene und verloren gegangene Pakete werden für den Konversations- und Präsentationskontext dieselben Abbildungen vorgenommen: Der Verlust von Paketen wird angezeigt und mit Fehlern versehene Pakete werden weitergeleitet, da eine Korrektur durch eine erneute Übertragung wegen des engen Rahmens der zulässigen Gesamtverzögerung in der Regel nicht möglich ist.[1]

Für einen Datenstrom im Konservierungskontext werden Fehler beider Arten korrigiert, da die Fehlerkorrektur für diese Datenströme besonders wichtig ist und eine durch die Korrektur erhöhte Gesamtverzögerung keine negativen Auswirkungen hat.

---

1 Diese Abbildung basiert darauf, daß die eingesetzten Transportdienste aufgetretene Fehler ausschließlich durch eine Wiederholung der Übertragung korrigieren. Werden weitere Transportsysteme unterstützt, die Mechanismen der vorausschauenden Fehlerkorrektur (Forward Error Correction, FEC) verwenden, muß an dieser Stelle weiter differenziert werden.

Die Verzögerung ist auch bestimmender Faktor für die Abbildung der Kontexte auf die Behandlung von zu spät eintreffenden Paketen: Für den Konversationskontext werden sie verworfen, da ihre Darstellung die Verzögerung des Stroms erhöhen würde. In der Regel kann ein zu spät eintreffendes Paket für einen Datenstrom im Präsentationskontext nützlich sein, wenn nachfolgende Pakete noch nicht dargestellt wurden. Bei der Abspeicherung von Daten können eventuell auch nachträglich eintreffende Pakete dem Datenstrom zugefügt werden. Beim Präsentations- und Konservierungskontext werden verspätet eintreffende Pakete daher zur Verarbeitung weitergeleitet.

6.3.4 Parameter der Klasse Synchronization

Die Klasse Synchronizaton leitet ihren Inhalt, sofern sie nicht von der Anwendung selbst spezifiziert wird, aus den Parametern der Klasse Monitor und dem Anwendungskontext ab. Mechanismen zur Intrasynchronisation werden für einen Strom aktiviert, sofern sie nicht durch den Wert IGNORE für den Parameter DataLateness explizit ausgeschaltet werden. Intersynchronisation wird durch die gemeinsame Beziehung zu einer Stromgruppe definiert.

Die Verfahren zur Synchronisation beruhen auf einer Pufferung von Datenpaketen vor der Darstellung, wodurch Verzögerungsschwankungen ausgeglichen werden. Die Größe des Puffers wird dynamisch verändert, um auf dauerhafte Veränderungen der Übertragungsverzögerungen und ihrer Schwankungen zu reagieren. Die Zeit, die ein Datenpaket gepuffert wird, bildet einen Anteil der Gesamtverzögerung, ein größerer Puffer wirkt sich daher negativ auf die Verzögerung aus. Andererseits kann ein zu kleiner Puffer bewirken, daß ein größerer Anteil an Paketen nach ihrem vorgesehenen Wiedergabezeitpunkt eintrifft. Dieses Spannungsverhältnis wird durch eine Klasse von Synchronisationsalgorithmen erfaßt, die entweder die Verzögerung eines Stroms oder den Anteil an zu spät eintreffenden Paketen, die Verspätungsrate (LateRate), minimieren. Die Werte für den jeweils anderen Parameter werden als Maximalwerte interpretiert, die bei der Optimierung einzuhalten sind. Tabelle 6.3 zeigt, wie die Art der Optimierung und die Verspätungsrate für die einzelnen Anwendungskontexte festgelegt werden.

Da für Telekonferenzen die niedrige Verzögerung eine wichtige Anforderung ist, bildet die Verzögerungsminimierung die Voreinstellung für Datenströme im Konversationskontext. Die maximal akzeptierbare Verspätungsrate von 2% reflektiert die Toleranz gegenüber Datenverlusten gerade bei der Übertragung von Sprache [Jayant 80]. Dagegen wird für Präsentations- und Konservierungskontext die Qualität der Datenströme maximiert; für diese Fälle ist die Verspätungsrate zu minimieren, die deshalb nicht a priori eingestellt wird.

	Optimization	**LateRate**
Konservierung	QUALITY	—
Konversation	DELAY	2%
Präsentation	QUALITY	—

Tabelle 6.3: Attribute der Klasse Synchronization für Anwendungskontexte

Der Parameter *delay* der Klasse Monitor wird gemäß Bild 6.4 in konkrete Werte für die zu überwachende Gesamtverzögerung übersetzt. Zunächst wird jedem abstraktem Wert ein linkseitig geschlossenes Intervall zugeordnet. Diese Art der Abbildung wird im folgenden als Intervalltransformation

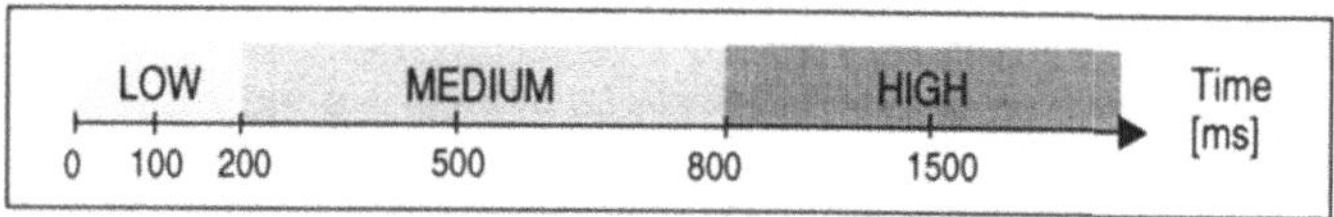

Bild 6.4: Zuordnung von Verzögerungswerten

bezeichnet. Als gewünschte Verzögerung (*desiredDelay*) wird der Mittelpunkt, als maximale Verzögerung die obere Grenze des jeweiligen Intervalls eingesetzt. Das heißt, daß beispielsweise der Wert MEDIUM in einen gewünschten Wert von 500 Millisekunden und einen Maximalwert von 800 Millisekunden übersetzt wird. Der Strom wird nur dann aufgebaut, wenn im Rahmen der Betriebsmittelverhandlung festgestellt wird, daß die Gesamtverzögerung den Maximalwert nicht überschreitet.

6.3.5 Transportdienste und ihre Mechanismen

Die Übertragung multimedialer Daten über Kommunikationsnetze wird durch existierende Transportdienste realisiert, deren Funktionalität durch das in Kapitel 7 spezifizierte AV-Protokoll ergänzt wird. Die Integration verschiedener Transportdienste dient der Offenheit der DMO-Services (GW3). Für den Aufbau der Ströme wird ein Transportdienst aus HeiTP, XTPLite, TCP und UDP ausgewählt und, soweit möglich, das Profil des Dienstes an die für den Strom spezifizierten Fehlercharakteristika angepaßt.

Auswahl des Transportdienstes

Wichtigstes Kriterium für den Einsatz eines Transportdienstes ist seine Verfügbarkeit auf den beteiligten Endsystemen; ist diese gegeben, wird die gegenseitige Erreichbarkeit der Endsysteme mit Hilfe des Dienstes vorausgesetzt. Um die möglichen Transportdienste zu ermitteln, werden sie als zusätzliches Attribut des zwischen den Endsystemen auszutauschenden Datenformats modelliert. Derart läßt sich die Menge der verwendbaren Transportdienste während der Formatverhandlung (siehe Abschnitt 6.2.3) auf einfache Art bestimmen.

Neben der Verfügbarkeit spielen die Fähigkeiten der Protokolle für die Auswahl eine wichtige Rolle. Prinzipiell ist zu unterscheiden zwischen den herkömmlichen Übertragungsdiensten TCP und UDP und den speziell für die Übertragung multimedialer Daten entwickelten Protokollen HeiTP und XTPLite. Letztere können durch die Verhandlung von Betriebsmitteln Garantien für die Einhaltung maximaler Paketlaufzeiten und spezifizierter Fehlercharakteristika geben und werden daher den herkömmlichen Diensten vorgezogen.

Die zur Verfügung gestellten Mechanismen geben den Ausschlag für die Festlegung des Transportdienstes innerhalb der genannten Klassen: HeiTP bietet im Vergleich zu XTPLite eine größere Flexibilität bezüglich des Verhaltens bei Bit- und Paketfehlern. Können prinzipiell beide eingesetzt werden, so wird HeiTP der Vorzug gegeben. TCP offeriert im Gegensatz zu UDP einen zuverlässigen Übertragungsdienst. Wurde für den zu übertragenden Strom die Korrektur von Fehlern vorgesehen, muß daher TCP als Transportdienst eingesetzt werden.

Mechanismen der Protokolle

Nicht immer bietet der ausgewählte Transportdienst die Mechanismen an, um die Spezifikationen für den zu übertragenden Strom direkt abzubilden. Das darüber eingesetzte AV-Protokoll kann jedoch die Funktionalität des Transportdienstes geeignet ergänzen, um die Eigenschaften des übertragenen Stroms der spezifizierten Charakteristik anzunähern. Im Falle von HeiTP ist die Abbildung von Bit- und Paketfehlern trivial: Für jeden Wert der Parameter *dataCorruption* und *dataLoss*, existiert ein entsprechender Mechanismus des Protokolls.

Die Möglichkeiten zur Behandlung von verspätet eintreffenden Paketen bleiben bei HeiTP wie auch bei XTPLite in allen Fällen ungenutzt Synchronisationsmaßnahmen sind durch Synchronisationsstreamhamaer in die

DMO-Services integriert; sie gehen über das bloße Verwerfen von verspätet eintreffenden Paketen hinaus und können auch Verarbeitungszeitschwankungen korrigieren, die nicht durch Kommunikationssysteme verursacht wurden. An der Transportdienstschnittstelle von HeiTP und XTPLite wird daher die Auslieferung von verspätet eintreffenden Paketen angefordert.

Nr.	DataLoss	DataCorruption	Behandlung der Paketverluste	Behandlung der Bitfehler
1	CORRECT	IGNORE	Korrigieren	Ignorieren
2		DISCARD		Korrigieren
3		RECEIVE		
4		CORRECT		
5	INDICATE	IGNORE	Signalisieren	Ignorieren
6		DISCARD		Signalisieren und Empfangen
7		RECEIVE		
8		CORRECT		
9	IGNORE	IGNORE	Ignorieren	Ignorieren
10		DISCARD	Signalisieren	Signalisieren und empfangen
11		RECEIVE		
12		CORRECT		

Tabelle 6.4: Abbildung der Fehlerbehandlung für XTPLite

XTPLite läßt nicht alle Kombinationen der Behandlung von Bit- und Paketfehlern zu. Die Abbildung der Werte für DataLoss und DataCorruption auf die Fehlerbehandlung von XTPLite erfolgt daher gemäß Tabelle 6.4. Die Zeilen 1, 5, 7 und 9 zeigen darin die Kombinationen, die vollständig durch die Fehlerbehandlung von XTPLite abgedeckt sind. Die Weitergabe von fehlerhaft empfangenen Paketen in Kombination mit der Korrektur von Paketverlusten ist jedoch nicht möglich. Wie in den Zeilen 2–5 gezeigt, werden daher die entsprechenden Einstellungen der Klasse Monitor auf die Korrektur von Bitfehlern abgebildet.

Die Möglichkeit, das Auftreten von Bitfehlern zu signalisieren, ohne das Paket auszuliefern, ist durch XTPLite ebenfalls nicht gegeben. Die Pakete werden bei entsprechender Spezifikation für DataCorruption (Zeilen 6 und 10) an das AV-Protokoll weitergegeben und dort verworfen. Entsprechend wird verfahren, wenn die Korrektur von Bitfehlern spezifiziert wurde (Zeilen 8 und 12), da sie in XTPLite nur in Kombination mit der Korrektur von Paketverlusten möglich ist. Derart werden Bitfehler auf Paketverluste abgebildet, eine Fehlerart, die, wie die Spezifikation für *dataLoss* zeigt, von der Anwendung toleriert wird.

Dem Wunsch nach Weiterverarbeitung fehlerhaft empfangener Pakete wird auch durch die Kombination in Zeile 11 entsprochen, bei der das AV-Protokoll die Pakete an nachfolgende Streamhandler weitergibt.

Die Transportdienste TCP und UDP bieten weitaus weniger Möglichkeiten, die Fehlerbehandlung zu beeinflussen. TCP bildet einen zuverlässigen Dienst, durch den sowohl Paketverluste als auch Bitfehler immer korrigiert werden. Alle Einstellungen müssen daher auf diese Dienste abgebildet werden (siehe Tabelle 6.5, Zeilen 1–4). UDP ist ein unzuverlässiger Datagramm-

Nr.	DataLoss	DataCorruption	Behandlung der Paketverluste	Behandlung der Bitfehler
1	CORRECT	IGNORE	TCP	Korrigieren
2		DISCARD		
3		RECEIVE		
4		CORRECT		
5	INDICATE	IGNORE	UDP mit Fehlererkennung in höherer Schicht	Ignorieren
6		DISCARD		Verwerfen
7		RECEIVE		
8		CORRECT		
9	IGNORE	IGNORE	UDP	Ignorieren
10		DISCARD		Verwerfen
11		RECEIVE		
12		CORRECT		

Tabelle 6.5: Abbildung der Fehlerbehandlung für TCP und UDP

dienst, der durch das AV-Protokoll durch Mechanismen zur Erkennung von Paketverlusten ergänzt wird. Durch UDP werden fehlerhaft übertragene Pakete standardmäßig verworfen (Tabelle 6.5, Zeilen 6 und 10). Durch Ausschalten der Prüfsummenberechnung lassen sich Bitfehler auch ignorieren

(Zeilen 5 und 9). Die Korrektur und das Ausliefern von Paketen mit Bitfehlern können durch UDP jedoch nicht realisiert werden (Zeilen 7, 8, 11 und 12).

6.3.6 Parameter der Videoformate

Das Format des zu verarbeitenden Datenstroms kann von der Anwendung mittels abstrakter Formate auf der Applikationsebene oder durch exakte Spezifikation auf der Stromebene angegeben werden. Beschränkt sich die Anwendung auf eine abstrakte Spezifikation, so bleibt sie unabhängig von einem spezifischen Format. Abstrakte Formate werden durch die Dienstgüteverwaltung auf detaillierte Spezifikationen abgebildet und anschließend zwischen den Verarbeitungskomponenten verhandelt (siehe Kap. 6.2.3). Alle von abstrakten Formaten ausgehenden Transformationen sind in Bild 6.5 zusammengefaßt.

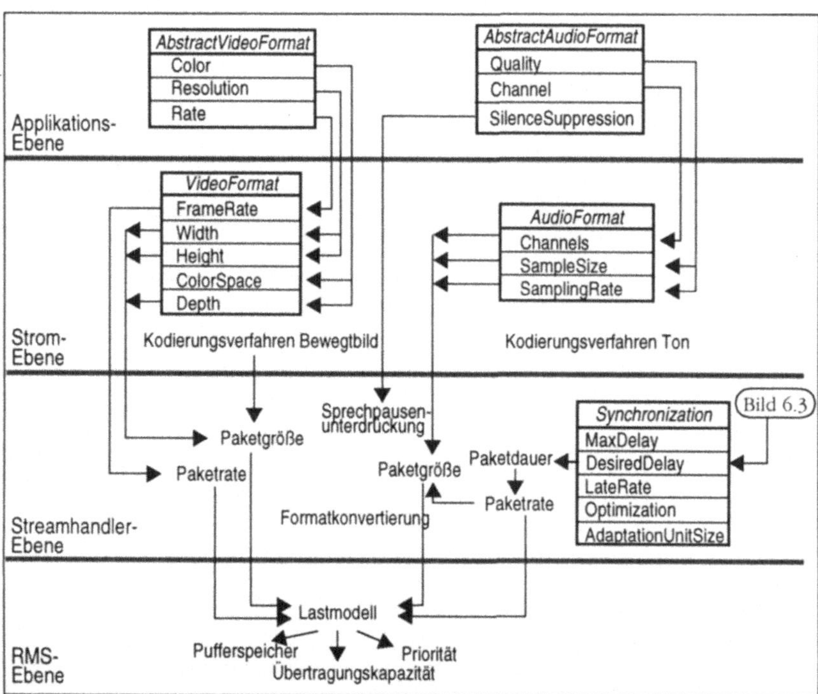

Bild 6.5: Transformationsbeziehungen der formatabhängigen Parameter

Das Videoformat auf Applikationsebene besteht aus den Parametern Bildrate (rate), Auflösung (resolution) und Farbtyp (color) (vgl. Kap. 4.3.1). Die Werte für Bildrate und Auflösung werden durch Intervalltransformationen auf konkrete Werte abgebildet (siehe Bild 6.6). Die Auflösung wird in Werte

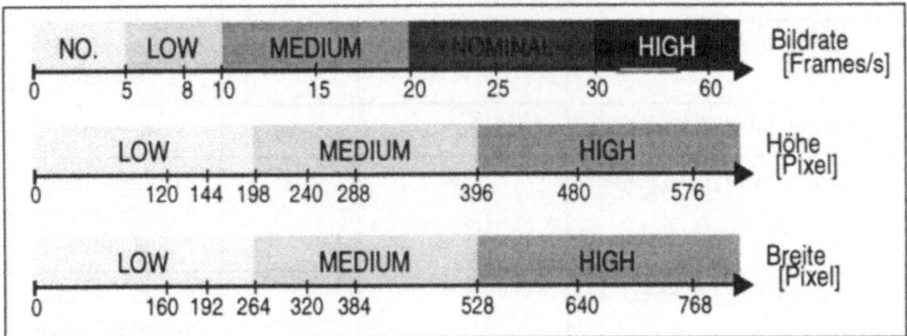

Bild 6.6: Zuordnung von Parametern der Videoformate

für Breite und Höhe eines Einzelbildes umgerechnet. Prinzipiell sollte es möglich sein, Breite und Höhe von Einzelbildern aus den Intervallen beliebig zu wählen. Jedoch zeigen praktische Erfahrungen mit unterschiedlicher Zusatzhardware zur Digitalisierung, Kompression und Dekompression, daß technische Beschränkungen existieren, die in der Regel nur eine geringe Anzahl von Auflösungen zulassen [Altenhofen 93b]. Bei der Umwandlung von analogen in digitale Signale orientieren sich die möglichen Auflösungen an den gängigen Fernsehnormen NTSC oder PAL abhängig davon, welche analoge Quelle angeschlossen ist. Aus den Intervallen werden daher diskrete Werte ausgewählt, die sich durch Halbierung der Standardauflösungen für NTSC und PAL ergeben.

Der Farbtyp definiert die Darstellung eines einzelnen Bildpunktes. Den abstrakten Werten wird je ein Farbraum zugeordnet (siehe Tabelle 6.6). Die interne Darstellung eines Bildpunktes ist nicht immer durch die zur Kodierung der Farben benötigten Bits allein gegeben, sondern orientiert sich auch an Bytegrenzen; die Größe der internen Darstellung wird in der Spalte Speichertiefe (depth) angegeben. Im Vergleich zum Farbtyp MEDIUM benötigen Bilder des Farbtyp LOW daher nicht weniger Speicherplatz, sie haben allerdings den Vorteil, daß die zu ihrer Darstellung verwendeten Farben in die

Standardfarbtabelle integriert werden können. Dies ist bei 256 Farben in der Regel nicht möglich.

Farbtyp	Farbraum	Anzahl Farben/Grauwerte	Speichertiefe	Bemerkungen
BW	COLOR_SPACE_BW	2	1	Schwarz/Weiß-Darstellung
MONO	COLOR_SPACE_MONO8	256	8	Grauwerte
LOW	COLOR_SPACE_RGB7Dither	128	8	Farbdarstellung mit kleiner Farbtabelle
MEDIUM	COLOR_SPACE_RGB8Dither	256	8	Farbdarstellung mit vollständiger Farbtabelle
HIGH	COLOR_SPACE_RGB	256^3	32	RGB Mischfarben

Tabelle 6.6: Zuordnung der Farbtypen

6.3.7 Parameter der Audioformate

Das abstrakte Audioformat enthält eine Festlegung der Qualität und die Bezeichnung der enthaltenen Kanäle (siehe Kap. 4.3.1). Die Abbildung der Kanäle ist trivial, da sie innerhalb der detaillierten Formate ähnlich repräsentiert werden. Die Werte für Qualität werden durch zwei Intervalltransformationen auf die Abtastrate und die Quantisierungstiefe des Datenstroms abgebildet (siehe Bild 6.7). Je höher die Quantisierungstiefe, desto geringer

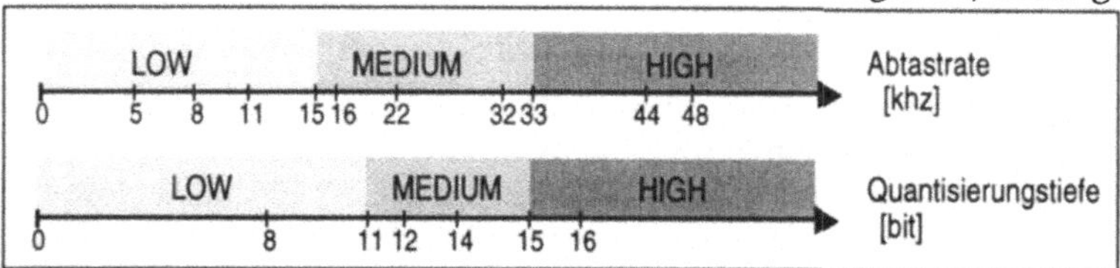

Bild 6.7: Zuordnung von Parametern der Audioformate

ist das hörbare Rauschen des digitalisierten Stroms. Die Abtastrate bestimmt das darstellbare Frequenzspektrum, mit wachsender Rate können auch höhere Frequenzen repräsentiert werden. Wie schon bei der Auflösung von Videobildern werden Werte aus den jeweiligen Intervallen aufgrund technischer Randbedingungen ausgewählt.

Den erste Schritt der Formatverhandlung (siehe Abschnitt 6.2.3) bildet das Erfragen der unterstützten Kodierungsverfahren bei den einzelnen Verarbeitungskomponenten eines Stroms. Die ausgewählten Parameter, im Audiobereich also Werte für Abtastrate und Quantisierungstiefe, werden dabei zur Einschränkung der Abfrage eingesetzt. Bei der Bestimmung der Audioformate können die spezifizierten Merkmale im allgemeinen nicht durch alle Datenformate unterstützt werden, z. B. bieten G.711 und GSM nur eine niedrige Qualität. Einschränkungen im Videobereich ergeben sich i. allg. aus dem Farbtyp, da nicht alle Kompressionsverfahren die Kodierung von Farbbildern unterstützen.

6.3.8 Abbildungen auf die Streamhandlerebene

Auf der Streamhandlerebene wird die Verarbeitung des Stroms als eine Sequenz von Streamhandlern repräsentiert. Einige der Streamhandler entsprechen logischen und physikalischen Geräten (siehe Kapitel 5.2.2), andere werden aufgrund der Abbildungen aus der Applikations- und Stromebene eingefügt:

- Ist im abstrakten Audioformat die Unterdrückung von Sprechpausen spezifiziert, so wird ein Streamhandler direkt nach der Quelle eingefügt, der den Strom überprüft und entsprechend modifiziert.
- Wird bei der Formatverhandlung festgestellt, daß eine Konvertierung zwischen Datenformaten nötig ist, um die Zusammenarbeit zweier Geräte zu ermöglichen, so wird ein entsprechender Filter zwischen den Geräten eingefügt.
- Werden zwei Geräte unterschiedlicher Rechnerknoten durch eine Verbindung verknüpft, so werden Streamhandler für die Transportdienste zwischen den Geräten eingefügt, um die Daten zwischen den Knoten zu übertragen.
- Die Verschlüsselung der Daten kann durch einen Parameter der Klasse Commitment angefordert werden. Streamhandler zur Verschlüsselung und zur Entschlüsselung werden in dem Fall an der Schnittstelle zum Transportdienst eingefügt.
- Streamhandler zur Synchronisation werden in den Strom eingefügt, sofern es nicht in der Klasse Monitor explizit deaktiviert wurde.

Alle Streamhandler verarbeiten den Datenstrom in Form von Datenpaketen. Die Attribute der Datenpakete, Rate (R) und Größe (G), charakterisieren den Datenstrom an jeder Stelle in der Streamhandlersequenz. Diese Attribute werden festgelegt, da sich aus ihnen die von dem Datenstrom ausgehende Arbeitsbelastung ableiten läßt.

Videoströme

Bewegtbildsequenzen besitzen eine natürliche Auflösung des Datenstroms entlang der Zeitachse, da jedem Einzelbild bei der Digitalisierung ein Zeitpunkt zugeordnet wird. Es ist vorteilhaft, diese Auflösung für die Datenpakete eines Videostroms zu nutzen, da derart sowohl die Verzögerung des Stroms als auch der Zusatzaufwand für die Administration von Paketen minimiert wird. Jedes Einzelbild wird daher als Datenpaket interpretiert, die Paketrate entspricht damit der Bildrate.
Die Größe G eines unkomprimierten Einzelbildes berechnet sich aus:

$$G = Breite \times Höhe \times Speichertiefe$$

Diese Paketgröße wird in der Regel nur direkt bei der Digitalisierung und Darstellung der Bilder benötigt, da der Speicherbedarf durch Kompressionverfahren reduziert werden kann. Abhängig von der verwendeten Hardware werden auch diese Verarbeitungsschritte mit komprimierten Daten durchgeführt. Die Festlegung einer ausreichenden Paketgröße für eine Videosequenz wird durch die folgenden Faktoren erschwert:

- Der Kompressionsfaktor ist nicht allein vom eingesetzten Verfahren abhängig, sondern variiert auch abhängig vom Inhalt des kodierten Stroms [Thomys 94].
- Kompressionsverfahren, wie MPEG oder DVI, komprimieren nicht jedes Einzelbild gleichmäßig. Ein über die gesamte Sequenz gemittelter Kompressionsfaktor ist daher zur Berechnung der Maximalgröße eines Einzelbildes ungeeignet.

Es wird daher bei der Speicherung von Videoströmen die maximal benötigte Paketgröße als zusätzliche Information abgelegt. Diese Größe wird bei Präsentationen des Videostroms für die Streamhandler verwendet. Steht a priori keine Information zur Verfügung, so wird in Abhängigkeit des Kodierungsverfahrens und der Bildauflösung ein Maximalwert abgeschätzt.

Audioströme

Die zeitliche Auflösung bei Audioströmen entspricht der Abtastrate. Um den zusätzlichen administrativen Aufwand für Datenpakete zu begrenzen, werden mehrere Abtastwerte in einem Paket zusammengefaßt. Die Paketgrenzen bilden demnach eine zusätzliche Diskretisierung des regelmäßig abgetasteten Stroms.

Jedes Paket besitzt entsprechend der Anzahl der in ihm pro Kanal enthaltenen Abtastwerte eine Paketdauer D: D = Abtastwerte/Abtastrate. Diese Dauer entspricht dem Alter des ersten Abtastwertes, wenn das Paket bei der Digitalisierung an der Quelle eines Stroms vollständig gefüllt ist, d. h., durch die Zusammenfassung der Abtastwerte ergibt sich eine zusätzliche Verzögerung; sie wird als Paketisierungsverzögerung (packetization delay) bezeichnet. Die Paketgröße wird daher so festgelegt, daß zum einen die Paketrate möglichst gering gehalten wird, um den Aufwand für die Paketbearbeitung zu minimieren, zum anderen aber der Anteil der Paketverzögerung an der Gesamtverzögerung beschränkt wird. Dazu wird eine Funktion der Paketdauer in Abhängigkeit der Verzögerung entsprechend Bild 6.8 definiert. Die

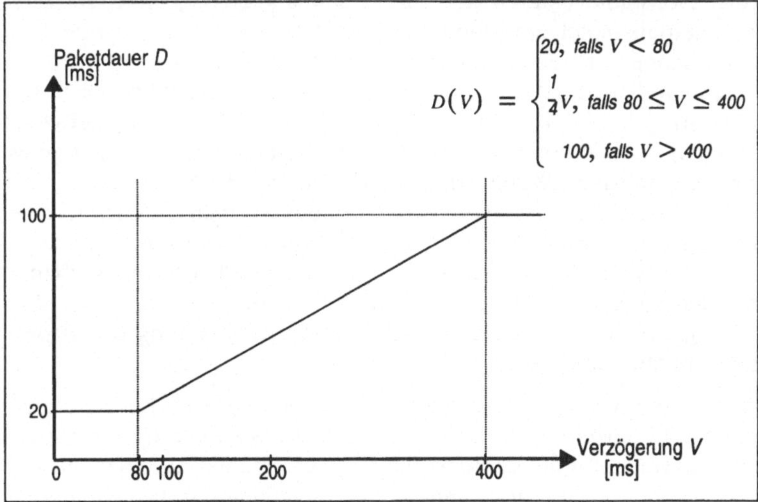

Bild 6.8: Paketdauer in Abhängigkeit von der Gesamtverzögerung

Funktion beschränkt die Paketdauer nach unten auf Werte von 20 Millisekunden und läßt damit eine Paketrate größer als 50 pro Sekunde nicht zu. Für Werte der Verzögerung größer als 80 garantiert die Abbildung, daß der Anteil der Paketisierungsverzögerung höchstens 25% der Gesamtverzögerung ausmacht. Sinkt die Paketrate auf unter 10 pro Sekunde, erscheint eine weitere Reduktion nicht notwendig, die Paketdauer wird daher auf höchstens 100 Millisekunden beschränkt.

Da eine ganzzahlige Paketrate für die Betriebsmittelreservierungen benötigt wird, ergibt sich die festelegte Rate R aus der Beziehung:

$$R = \left\lceil \frac{1}{D} \right\rceil$$

Die Anzahl der Abtastwerte in einem Paket beträgt:

$$A = \left\lceil \frac{Abtastrate}{R} \right\rceil$$

Die Paketgröße G in Bits berechnet sich als:

$$G = A \times Quantisierungstiefe \times (Anzahl\ der\ Kanäle)$$

6.3.9 RMS-Ebene

Liegen die Dienstgütevektoren auf der Streamhandlerebene fest, so wird durch die Betriebsmittelverwaltung die von dem Strom ausgehende Last berechnet. Entlang der Verarbeitungsreihenfolge von Datenpaketen wird für jeden Streamhandler ermittelt, welche Rechenzeit und Speicherbereiche für die Verarbeitung benötigt werden. Die Einzeldaten basieren idealerweise auf Messungen, die mit den Streamhandlern zur Installationszeit des Systems vorgenommen werden [Wittig 94b], ansonsten durch Abschätzung von Obergrenzen. Nach der Zusammenfassung der Betriebsmitteldaten wird eine Balancierungsrechnung durchgeführt, um die Nutzung von Pufferspeichern zu minimieren [Wolf 95a]. Unterstützen die Transportdienste die Verhandlung der Dienstgüte und die Reservierung von Betriebsmitteln, so werden bei den Ausgleichsrechnungen Daten aller an der Verarbeitung des Stroms beteiligten Knoten einbezogen.

Resultate der Berechnungen sind die zusätzlich benötigte Rechenzeit, Speicherbereiche der einzelnen Streamhandler, ggf. die benötigte Übertragungskapazität des Transportdienstes und die Gesamtverzögerung eines Stroms. Die Zugangskontrolle überprüft anhand der für andere Ströme vorgenommenen Reservierungen, ob die verbleibenden Betriebsmittel ausreichen, den Strom aufzubauen. Dienstklasse und Wichtigkeit des Stroms bestimmen, ob ggf. zusätzliche Betriebsmittel durch Verdrängung niederpriorer Ströme verfügbar gemacht werden können. Kann der Strom aufgebaut werden, so werden in Abhängigkeit von der Dienstklasse Reservierungen vorgenommen. Die Streamhandler allokieren Pufferbereiche für Datenpakete in der für sie berechneten Größe und melden sich mit der ihnen zugewiesenen Priorität beim CPU-Scheduler an.

6.4 Schnittstelle der Dienstgüteverwaltung

Die in Abschnitt 6.2 beschriebenen Funktionen zur Verwaltung der Dienstgüte werden durch eine Menge von Methoden der Klasse Stream repräsentiert. Um einen Strom aufzubauen, ruft die Anwendung zunächst die Methode *prepare* auf, wodurch die folgenden Aktionen eingeleitet werden:

- Durch Abbildung auf die Stromebene werden Parameter der exakten Formate ausgewählt und durch Verhandlung zwischen den Geräten Datenformate derart bestimmt, daß alle Geräte entlang des Stroms die Daten verarbeiten können. Parameter der Klassen Monitor und Commitment werden festgelegt, sofern sie nicht bereits durch die Anwendung spezifiziert wurden.
- Auf der Stromebene werden Geräte und zusätzlich benötigte Filter als Streamhandler instantiiert und die lokalen Datenpfade zwischen ihnen werden etabliert.

Die Methode *prepare* bildet demnach die erste Phase des Aufbaus und der Verhandlung von Strömen: Die Spezifikationen der Anwendung werden auf exakte Anforderungen übersetzt, Verhandlungen zwischen den Komponenten haben zunächst das Ziel, die zu verarbeitenden Daten zu definieren. Nach Abschluß dieser Phase hat die Anwendung die Möglichkeit, die ermittelten Werte zu überprüfen und ggf. zu modifizieren. In letzterem Fall muß die Konsistenz durch erneute Ausführung der Methode *prepare* sichergestellt werden.

Die zweite Phase des Aufbaus wird von der Anwendung mit der Methode *acquireResource* vollzogen. Durch sie wird von der Streamhandler- auf die RMS-Ebene abgebildet: benötigte Betriebsmittel werden bestimmt. Sofern Unterstützung durch das Transportsystem vorliegt, wird die Dienstgüte des Stroms zwischen Endsystemen verhandelt, nach einer Zugangskontrolle werden Betriebsmittel schließlich reserviert und Transportverbindungen aufgebaut.

Nach erfolgreicher Ausführung der beiden Methoden kann die Verarbeitung des Strom durch Aufruf der Methode *start* begonnen werden. Die einzelnen Aufbauphasen können mittels der Methoden *releaseResource* und *unprepare* rückgängig gemacht werden: sie geben die reservierten Ressourcen frei bzw. sorgen für die Beendigung aller instantiierten Streamhandler des Stroms.

6.5 Zusammenfassung

Das hier vorgestellte Dienstgütemodell definiert die Aspekte der Dienstgüte und ordnet sie Abstraktionsebenen zu. Es wird unterschieden zwischen Aspekten, die von der Anwendung beeinflußt werden können, und solchen, die während der Ermittlung des Ressourcenbedarfs von den DMO-Services abgeleitet werden. Die Aufteilung auf Abstraktionsebenen ermöglicht es Anwendungen, Dienstgüteanforderungen in einer Terminologie zu spezifizieren, die dem Grad der gewünschten Einflußnahme angemessen ist. Die Ableitung der Dienstgütespezifikationen höherer Ebenen sorgt dafür, daß die Dienstgüte auf allen Ebenen stets wohldefiniert ist.

Existierende Dienstgütearchitekturen betrachten den Begriff der Dienstgüte ausschließlich im Zusammenhang mit Kommunikationsdiensten. Bei der Verarbeitung multimedialer Daten bilden die Einflüsse des Endsystems jedoch einen ebenso wichtigen Faktor für die Qualität, die der Benutzer wahrnimmt. Das vorliegende Dienstgütemodell integriert daher Transportdienste wie alle anderen Verarbeitungselemente in Form von Streamhandlern. Derart können Dienstgüteanforderungen unabhängig davon, daß Transportdienste beteiligt sind, gestellt und berücksichtigt werden.

Neben den Funktionen zur Übersetzung der Dienstgüteanforderungen wurden notwendige Mechanismen zur Verhandlung auf verschiedenen Ebenen des Modells entwickelt:

- Auf Ebene der Betriebsmittelverwaltung wird überprüft, ob Betriebsmittelanforderungen des Stroms befriedigt werden können und die spezifizierte Gesamtverzögerung des Stroms eingehalten werden kann. Berechnungen für einen Lastausgleich zwischen den Endsystemen setzen ebenfalls hier an [Anderson 90b]; für die DMO-Services wurde die in [Wolf 95a] vorgestellte, auf dem Reservierungsprotokoll ST-II basierende Lösung integriert.
- Für den Aufbau von Strömen müssen Datenformate festgelegt werden, so daß der Austausch der Daten zwischen den Geräten, insbesondere zwischen unterschiedlichen Plattformen ermöglicht wird. Dieser Aspekt wird in DMOS durch Formatverhandlungen besonders berücksichtigt. Die vollständige Betrachtung aller Verarbeitungskomponenten eines Stroms bei der Verhandlung stellt sicher, daß der Strom etabliert wird, falls dies die Fähigkeiten der beteiligten Knoten erlauben.

TEIL III
Mechanismen

7 Datenverkehr zwischen Streamhandlern

Die Verarbeitung und Übertragung zeitabhängiger Medien innerhalb der DMO Services erfordert den Austausch von Daten und Ereignissen zwischen Streamhandlern der Datenschicht durch das Streamhandler Data Protocol (SDP). Streamhandler können als Knoten in einem gerichteten Verarbeitungsgraphen betrachtet werden: Konzeptionell arbeiten Streamhandler unabhängig, indem sie Daten von ihren Vorgängern erhalten und sie nach der Bearbeitung an ihre Nachfolger senden (siehe Bild 5.3). Neben den reinen Nutzdaten müssen Zusatzinformationen übertragen werden, um die korrekte Interpretation der Daten zu gewährleisten, da z. B. die Zeitbindung der Daten bei asynchroner Bearbeitung nicht aus dem Aufrufkontext hervorgeht. Nutzdaten und Beschreibungsinformation werden in Datenpaketen zusammengefaßt und zwischen Streamhandlern übermittelt.

Die Abbildung eines Verarbeitungsgraphen auf Instanzen von Streamhandlern führt zu einer Zuordnung von Streamhandlern zu Prozessoren und von Prozessoren zu Rechnerknoten (siehe Abschnitt 5.2.3). Die Kommunikation von Daten und Ereignissen zwischen Streamhandlern muß daher (1) innerhalb eines Prozesses, (2) über Grenzen von Adreßräumen und (3) über Grenzen von Rechnerknoten hinweg möglich sein. Ein Entwurfsziel ist es, eine einheitliche Schnittstelle für die drei Anwendungsfälle zu schaffen, um die Art der Kommunikationsverbindung für Streamhandler transparent zu machen. Während die Anwendungsfälle (1) und (2) mit den Kommunikationsmechanismen der Datenschicht umgesetzt werden (siehe Abschnitt 5.2.3), wird für die Übertragung über Kommunikationsnetze ein AV-Protokoll benötigt, das im folgenden entwickelt wird. Zunächst werden die funktionalen Elemente des AV-Protokolls aufgeführt und daraus der Aufbau der Protokolldateneinheiten abgeleitet. In Abschnitt 7.3 wird die Schnittstelle erläutert, über die sowohl Anwendungen als auch Objekte der Kontrollschicht die Protokollinstanzen steuern können.

7.1 Funktionale Einheiten des AV-Protokolls

Das AV-Protokoll realisiert die Kommunikation zwischen Streamhandlern über Rechnernetze, es kann daher als eine Ausprägung des SDP verstanden werden. Dementsprechend läßt sich die Funktionalität des AV-Protokolls in Elemente aufteilen, die

- der Kommunikation zwischen Streamhandlern an sich dienen und die
- durch die Benutzung von Kommunikationssystemen notwendig werden.

7.1.1 Kommunikationsbedarfe

Hauptaufgabe der Kommunikation zwischen Streamhandlern ist es, einen effizienten Transport der Daten zwischen den Verarbeitungsschritten zu gewährleisten. Neben der reinen Datenübertragung müssen jedoch durch das AV-Protokoll zusätzliche Funktionen unterstützt werden, um die für einen Strom spezifizierte Qualität einzuhalten (vgl. Kapitel 6). Erbracht werden diese Funktionen in der Regel von mehreren kooperierenden Streamhandlern. Das AV-Protokoll sorgt dafür, daß die dazu benötigten Informationen bereitstehen:

- In den DMO-Services wird die Zeitbindung der Daten im allgemeinen durch die Streamhandler an der Quelle eines Strom bestimmt. Zwischen Quelle und Senke werden die Daten verarbeitet und über Kommunikationsnetze transportiert. Da diese Vorgänge nicht für alle Datenpakete die gleiche Verzögerung verursachen, müssen vor der Präsentation der Daten an der Senke die Zeitbedingungen überprüft und ihre Einhaltung gegebenfalls durch Resynchronisationsmaßnahmen gesichert werden. Voraussetzung dafür ist die Übermittlung der Zeitbedingungen zwischen den Streamhandlern durch das AV-Protokoll.
- Die Skalierung von Datenströmen kann prinzipiell von Endsystemen ausgehen oder durch die Transport- oder Vermittlungsschicht realisiert werden (siehe auch Abschnitt 9.1). Die dabei verwendeten Mechanismen setzen Informationen über den Datenstrom voraus, die möglichst durch das AV-Protokoll bereitgestellt werden sollten. Skalierungsverfahren, die eine Modifikation der zu übertragenden Ströme an der Quelle vornehmen, benötigen einen Rückkopplungskanal, über den die Steuerinformation an die Quellstreamhandler übermittelt werden kann.

7.1.2 Einbettung in existierende Kommunikationssysteme

Gegenwärtig befinden sich eine Reihe von Transportprotokollen in der Entwicklung, die besonders für die Übertragung kontinuierlicher Datenströme geeignet sind [Delgrossi 92, Boecking 95, Cheriton 89]. Mittelfristig ist jedoch nicht zu erwarten, daß sich ein einzelnes Transportprotokoll als allgemein akzeptierter Standard durchsetzen wird. Um die Offenheit der DMO-Services sicherzustellen, wird das AV-Protokoll daher als Anwendungsprotokoll entworfen, das sich unterschiedlicher Transportdienste bedienen kann. Es sollen möglichst wenige Eigenschaften der Transportdienste vorausgesetzt werden und ihre Funktionalität soll flexibel durch das AV-Protokoll ergänzt werden.

Dies unterscheidet sich von anderen Ansätzen, beispielsweise von RTP (vgl. Kapitel 3.2.3). RTP-Instanzen bieten die Funktionalität eines Transportprotokolls und stellen zusätzlich anwendungsorientierte Dienste zur Verfügung. RTP kann sowohl auf der Vermittlungs- als auch auf der Transportschicht aufgesetzt werden, jedoch erhöht die Integration von Transport- und Anwendungsfunktionalität die Komplexität des Protokolls.

Zu den Informationen, die insbesondere wegen der Einbettung des AV-Protokolls in existierende Kommunikationssysteme gebraucht werden, zählen vor allem die folgenden:

- Da nicht alle durch das AV-Protokoll zu verwendenden Transportdienste eine zuverlässige Übertragung gewährleisten, müssen die Datenpakete durch zusätzliche Informationen ergänzt werden, um die Vertauschung der Reihenfolge oder den Verlust von Paketen erkennen zu können. Paketvertauschungen werden durch das AV-Protokoll behoben, durch die Erkennung von Paketverlusten werden flankierende Maßnahmen des Empfängers eingeleitet, um die Auswirkungen auf die Qualität des Stroms zu verringern.
- Da die maximale Größe einer Protokolldateneinheit (TSDU) bei vielen Transportprotokollen begrenzt ist, sind die zu versendenden Datenpakete gegebenenfalls aufzuteilen und mittels mehrerer TSDUs zu übertragen. Nur durch die Übertragung von Paketisierungsinformation können segmentierte Datenpakete beim Empfänger zuverlässig erkannt werden.
- Durch den Aufbau des Verarbeitungsgraphen innerhalb der Datenschicht wird gewährleistet, daß ein Streamhandler an einem Eingangsport immer nur Daten von genau einem Ausgangsport eines Vorgängerstreamhandlers empfängt. Die Absender eintreffender Datenpakete lassen sich daher eindeutig bestimmen. Durch Multiplexen von Datenströmen über Transportverbindungen ist es jedoch möglich, daß die Pakete mehrerer Sender am Transportzugangspunkt (TSAP) eines Empfängers ankommen, beispielsweise bei der Benutzung des IP-Multicast Dienstes. Die Zuordnung der Pakete zu den Absendern muß daher explizit durch eine Identifikation unterstützt werden.

7.2 Spezifikation der Protokollelemente

Die Protokolldateneinheiten (Protocol Data Unit, PDU) setzen sich aus mehreren Protokollelementen zusammen, welche die im folgenden spezifizierten Informationen enthalten.

7.2.1 Allgemeines

Die Versionsnummer dient der Unterscheidung verschiedener Versionen des Protokolls. Sender und Empfänger benutzen sie, um die konsistente Interpretation der Daten sicherzustellen. In der in dieser Arbeit beschriebenen Version nimmt sie stets den Wert 1 an.

Da die Größe der Datenpakete variieren kann, wird sie explizit angegeben. Sie ist als die Größe des Nutzdatenbereichs in Bytes definiert.

Alle Datenpakete werden fortlaufend mit einer Folgenummer versehen. Damit können fehlende Pakete leicht entdeckt und gegebenenfalls durch Einfügen von Leerpaketen in den Strom ersetzt werden (MT4). Leerpakete können beispielsweise bei Ton durch die Wiedergabe von Stille überbrückt werden. Im Fall von differentiellen Komprimierungsverfahren, beispielsweise MPEG, müssen die dekodierenden Streamhandler Fehlerreaktionsstrategien implementieren, um den Paketverlust auszugleichen.

Der Nutzdatenbereich enthält die multimedialen Daten. Ihre Struktur ist abhängig vom Format des Datenstroms bzw. des aktuellen Werts des Formatindikators. Für das AV-Protokoll werden die Daten jedoch als ein Block betrachtet, dessen Struktur nicht interpretiert werden muß.

7.2.2 Synchronisation (MT8)

Der absolute Zeitstempel gibt die Generierungszeit eines Datenpakets an. Sie wird sowohl bei der Intra- als auch bei der Intersynchronisation benötigt, um den Wiedergabezeitpunkt der Daten beim Empfänger festlegen zu können.

Wichtig für den Entwurf des Protokolls ist die Wahl eines geeigneten Zeitstempelformates. (siehe [Müller 94, Schu92] für eine Übersicht möglicher Formate.) Das Network Time Protocol (NTP) [Mills 92a], ein Protokoll zur Uhrensynchronisation in verteilten Systemen, nutzt einen 64 Bit Zeitstempel, dessen zwei 32 Bit Worte zum Zählen der Sekunden bzw. zur Unterteilung einer Sekunde verwendet werden. Die damit erreichbare Auflösung der Zeitachse von 2.33 ps wird für die Synchronisation nicht benötigt, eine Auflösung im Mikrosekundenbereich könnte bereits alle Anforderungen der

Synchronisation an Präzision erfüllen. Daher wird der Zeitstempel des AV-Protokolls als eine Teilmenge des NTP Zeitstempels definiert: Er besteht aus 32 Bit, die ersten 16 Bit zählen die Sekunden, und der zweite Teil teilt eine Sekunde gleichmäßig in Bruchteile auf. Damit ergibt sich eine Auflösung von 15 µs und ein Überlauf des Zeitstempels tritt nach 18h 12min 16s auf. Diese Auflösung ist ausreichend für die Synchronisationsverfahren, und die Periode des Überlaufs ist groß genug, um eine eindeutige Zuordnung der Zeit zu einer Tageszeit zuzulassen; mögliche Überläufe müssen allerdings bei der Implementierung berücksichtigt werden.

Der so definierte Zeitstempel läßt sich mit geringem Aufwand aus einem NTP-Zeitstempel bilden und kann die Bandbreite dabei effizienter nutzen als der NTP-Zeitstempel selbst (MT7, MT6). Eine Konvertierung anderer Zeitstempel, wie Systemzeit und Dateizeit, in das definierte Format ist erforderlich, jedoch ist eine Konvertierung generell nicht zu vermeiden, da Zeitdaten auf unterschiedliche Arten repräsentiert werden.

Die Zeitdauer eines Datenpakets wird verwendet, um die Gültigkeitsdauer der im Datenpaket enthaltenen Nutzdaten anzugeben. Für diskrete Medien kann daraus beim Empfänger abgeleitet werden, wie lange ein Einzelbild oder ein Text angezeigt werden soll. Auch für kontinuierliche Medien muß die Zeitdauer nicht für alle Datenpakete eines Stroms gleich sein. Beispielsweise wird durch die Veränderung der Geschwindigkeit, mit der eine Bewegtbildsequenz abgespielt wird, die Gültigkeitsdauer der einzelnen Bilder modifiziert. Derartige Ratenänderungen können durch Benutzerinteraktionen oder durch Skalierungsmechanismen verursacht werden. Das Format der Zeitdauer entspricht dem des absoluten Zeitstempels.

7.2.3 Qualitätsmodifikation (MT9)

Der Formatidentifikator wird zur Erkennung des Datenformats verwendet. Dabei stellt der Formatidentifikator einen Verweis in eine Formattabelle dar, die standardmäßig festgelegt ist. Generell werden die zwischen Streamhandlern zu übertragenden Datenformate a priori durch Verhandlung festgelegt. Durch Skalierungsverfahren kann es jedoch erforderlich werden, das Datenformat dynamisch zu verändern, um beispielsweise die benutzte Bandbreite zu verringern. In diesem Fall wird durch Formatidentifikatoren die Information über die Modifikation mit dem Strom übertragen, um zusätzliche Steuerkanäle und eine aufwendige Koordination zwischen Steuer- und Datenkanälen überflüssig zu machen.

Die Skalierungspriorität kennzeichnet die Wichtigkeit des Datenpakets relativ zu anderen Datenpaketen eines Stroms, um Strategien der Qualitätsmodifikation zu unterstützen. Einfache Skalierungsverfahren können als sofortige Reaktion auf Ressourcenmangel Datenpakete mit niedriger Priorität verwerfen. Diese Verfahren können sowohl auf den Endsystemen als auch in Gateways installiert werden. Dazu kann die Priorität auf das verwendete Transport- und Vermittlungsprotokoll abgebildet werden, insofern diese entsprechende Mechanismen anbieten [Wittig 94a].

7.2.4 Identifikation des Senders (MT5)

Mit einem Datenstromidentifikator wird die Unterscheidung zwischen mehreren Datenströmen beim Empfänger möglich. Er ist vom Sender eines Stroms eindeutig festzulegen, falls mehrere Datenströme einen gemeinsamen TSAP benutzen sollen.

Der Quellenidentifikator gibt an, von welcher Quelle ein Datenpaket stammt und besteht aus der Netzadresse des Rechners und dem für das Transportprotokoll spezifischen Wert; er entspricht damit einem TSAP. Zusammen mit dem Datenstromidentifikator sind damit alle eintreffenden Datenströme eindeutig unterscheidbar. Der Quellidentifikator ist optionales Element des Protokolls, da die meisten Transportprotokolle eine entsprechende Information zugänglich machen.

7.2.5 Protokollelemente zur Paketisierung (MT3)

Das Paketoffset wird für die Reassemblierung mehrerer PDUs zu einem Datenpaket verwendet. Der Wert gibt die genaue Byteposition der mit dieser PDU übertragenen Nutzdaten innerhalb des gesamten Datenpakets an, so daß auch in falscher Reihenfolge eingetroffene PDUs sofort an der richtigen Stelle eingefügt und so Kopieroperationen minimiert werden können.

Die Paketlänge gibt die Anzahl von Bytes der innerhalb einer PDU übertragenen Nutzdaten an. Innerhalb von segmentierten Datenpaketen dient diese Angabe zur Entdeckung von Paketverlusten (MT4).

7.2.6 Optionen

Die Mehrzahl der Protokollelemente sind optional. Enthält ein Datenpaket einen gültigen Wert für eine Option, so wird dies durch einen Indikator in einem Bitfeld angezeigt. Andernfalls wird der Protokollkopf wortweise um das entsprechende Element verkürzt, d. h., es werden jeweils 4 Byte des Protokollkopfs aufgenommen bzw. weggelassen (MT6). Die folgenden Indikatoren sind fest definiert:

- Das Datenbit (D) kennzeichnet alle Protokolldateneinheiten, die Daten enthalten. Rückmeldungen z. B. werden entgegen der Flußrichtung kontinuierlicher Medien übertragen und enthalten keine Daten. Ist das Datenbit nicht gesetzt, so fehlen neben dem Nutzdatenbereich auch die Gesamtlänge des Datenpakets und die Generierungszeit im Protokollkopf.
- Das Zeitbit (Z) kennzeichnet, daß die Zeitdauer des Datenpakets mit einem gültigen Wert belegt ist.
- Das Segmentierungsbit (S) wird gesetzt, wenn ein Datenpaket auf mehrere PDUs aufgeteilt wurde und die Informationen zur Paketisierung enthalten sind.
- Das Quellbit (Q) kennzeichnet das Vorhandensein einer gültigen Quellidentifikation.
- Das Identifikationsbit (I) zeigt an, daß die Datenstromidentifikation im Protokollkopf mit einem gültigen Wert belegt ist.
- Das Prioritätsbit (P) kennzeichnet, daß das Prioritätsfeld des Datenpakets belegt ist.
- Das Formatbit (F) kennzeichnet, daß das Datenpaket eine Formatbeschreibung enthält.
- Das Fehlerbit (E) zeigt an, daß die Nutzdaten mit Fehlern behaftet sind.

Die mögliche Erweiterung des AV-Protokolls durch die Vereinbarung zusätzlicher Optionen wird bereits bei seiner Definition berücksichtigt, um es leicht an zukünftige Anforderungen anpaßbar zu machen (GW1). Fünf weitere Positionen des Indikatorenfeldes können das Vorhandensein zusätzlicher Optionen anzeigen. Die letzte Position des Bitfeldes ist als Indikator für ein zusätzliches Bitfeld reserviert, so daß auch eine größere Anzahl von Optionen mit einem Paket versendet werden kann. Dieser Erweiterungsmechanismus ermöglicht einfache Experimente mit Protokollerweiterungen, ohne daß existierende Implementierungen des AV-Protokolls davon betroffen sind. Die Skalierungsmechanismen der DMO Services nutzen zusätzliche Optionen für die Rückkopplungsnachrichten und übertragen so Steuerinformation für die Adaption der von Streamhandlern ausgehenden Last (siehe Kapitel 9).

Optionenfelder sind wie folgt aufgebaut:

- Jede Option enthält ein Längenfeld, das die Größe des durch die Daten der Option belegten Bereichs in Bytes angibt.

- Optionen sind in Typen eingeteilt, um eine einfache Erkennung und Verarbeitung zu erleichtern (MT7). Die Typisierung ermöglicht es, unbekannte Optionen auf einfache Art zu übergehen.
- Die Daten der Option sind typspezifisch, ihre Länge und Struktur wird für den jeweiligen Anwendungsfall spezifiziert und ist beispielsweise von den implementierten Skalierungsverfahren abhängig.

7.2.7 Aufbau der Protokolldateneinheit

In Tabelle 7.1 werden die Protokollelemente zusammenfassend dargestellt, als obligatorisch und optional gekennzeichnet und mit Hinweisen zu den unterstützten Anforderungen versehen.

Protokollelement	Länge	optional	Anforderung
Versionsnummer	3 Bit	nein	GW1
Optionenindikator	13 Bit	nein	MT6, MT7, MT8, MT3, GW1
Folgenummer	16 Bit	nein	MT8, MT4
Länge des Datenpakets	32 Bit	ja	
Generierungszeitpunkt	32 Bit	ja	MT8
Gültigkeitsdauer	32 Bit	ja	MT8
Paketoffset	32 Bit	ja	MT3
Nutzdatenlänge	32 Bit	ja	MT3
Quellenidentifikation	64 Bit	ja	MT5
Datenstromidentifikation	8 Bit	ja	MT5
Priorität	8 Bit	ja	MT9
Formatidentifikation	16 Bit	ja	MT9
Optionenlänge	8 Bit	ja	GW1
Typ der Option	8 Bit	ja	GW1
Daten der Option	variabel	ja	MT9
Nutzdaten	variabel	ja	MT1

Tabelle 7.1: Protokollelemente in der Übersicht

Bild 7.1 zeigt den prinzipiellen Aufbau einer Protokolldateneinheit (PDU). Nur die ersten 32 Bit des Protokollkopfes sind obligatorisch. Das Vorhandensein der übrigen Felder wird durch die Indikatoren gekennzeichnet. Die Abbildung zeigt, welche 32-Bit-Worte des Protokollkopfes miteinander assoziiert sind, d. h., entweder gemeinsam auftreten oder gemeinsam nicht im Kopf enthalten sind.

Sowohl die Datenpakete in Richtung des Datenflusses als auch die Rückmeldenachrichten werden durch geeignete Kombinationen von Optionen unterstützt.

Alle 16- und 32-Bit Werte vom Typ integer werden mit den höherwertigen Bytes voran übertragen (engl. network byte order) und sind auf Wortgrenzen bzw. Langwortgrenzen ausgerichtet. Daher müssen vor ihrer Bearbeitung keine Kopierbefehle ausgeführt werden, wodurch die Geschwindigkeit der Bearbeitung erhöht wird.

<table>
<tr><td>00</td><td>01</td><td>02</td><td>03</td><td>04</td><td>05</td><td>06</td><td>07</td><td>08</td><td>09</td><td>10</td><td>11</td><td>12</td><td>13</td><td>14</td><td>15</td><td>16</td><td>17</td><td>18</td><td>19</td><td>20</td><td>21</td><td>22</td><td>23</td><td>24</td><td>25</td><td>26</td><td>27</td><td>28</td><td>29</td><td>30</td><td>31</td></tr>
<tr><td colspan="3">Vers</td><td>D</td><td>Z</td><td>S</td><td>Q</td><td>I</td><td>P</td><td>F</td><td>E</td><td colspan="5">Optionen</td><td colspan="16">Folgenummer</td></tr>
<tr><td colspan="32">Gesamtlänge des Datenpakets</td></tr>
<tr><td colspan="32">absolute Generierungszeit</td></tr>
<tr><td colspan="32">Zeitdauer</td></tr>
<tr><td colspan="32">Paketoffset</td></tr>
<tr><td colspan="32">Datenlänge</td></tr>
<tr><td colspan="32">Quellenidentifikator 1</td></tr>
<tr><td colspan="32">Quellenidentifikator 2</td></tr>
<tr><td colspan="8">Datenstrom ID</td><td colspan="8">Priorität</td><td colspan="16">Formatidentifikator</td></tr>
<tr><td colspan="8">Länge</td><td colspan="8">Typ der Option</td><td colspan="16">Daten der Option</td></tr>
<tr><td colspan="32">Nutzdaten</td></tr>
</table>

Bild 7.1: Aufbau einer Protokolldateneinheit

Die ausgiebige Verwendung von optionalen Feldern bei der Definition einer PDU führt dazu, daß die kürzeste Datennachricht nur 12 Byte für den Protokollkopf benötigt (Version, Optionenindikator, Folgenummer, Länge, Zeitstempel). Die kürzeste Rückmeldenachricht für die Skalierung hat inklusive der 16 Bit des Datenbereichs der Option einen Speicherbedarf von nur 8 Byte. Eine einfache Beispielrechnung zeigt, daß dieser effiziente Umgang mit der verfügbaren Bandbreite notwendig ist (MT6): Bei einer Übertragung von Audiodaten für Telekonferenzen ist eine Paketrate von 50 Hz der Normalfall; daher entsprechen bei Telefonqualität bereits die genannten 12 Byte für den kürzesten Protokollkopf einer zusätzlich genutzten Bandbreite von 7,5 Prozent der Nutzdatenrate. Der Zusatzaufwand für die Analyse einer PDU beim Empfänger wird durch den einfachen linearen Aufbau des Optionenindikators gering gehalten (MT7).

7.3 Verhalten der Protokollinstanzen

7.3.1 Art der Dienste

Das AV-Protokoll wird benutzt, um einen verbindungsorientierten Anwendungsdienst bereitzustellen: Die mit einem Strom assoziierte Qualität wird mit einer logischen Verbindung verknüpft, die auf Verbindungen des benutzten Transportdienstes abgebildet wird. Soweit nicht näher bezeichnet, bezieht sich der Begriff Verbindung im folgenden auf das AV-Protokoll.

Eine Verbindung ermöglicht es, Daten von einer Quelle an mehrere Senken zu senden (1:N Verbindung). Die Datenverbindungen des AV-Protokolls sind simplex, Steuerinformation kann jedoch auch entgegen der Datenflußrichtung übertragen werden. Diese Charakteristika entsprechen den Anforderungen der DMO-Services, da ein Streamhandler im Verarbeitungsgraphen potentiell an mehrere Nachfolger Daten zur Weiterverarbeitung übermittelt und Ereignisse zwischen Streamhandlern auch als Rückkopplungsnachrichten ausgetauscht werden.

Die Qualität einer Verbindung ist von der Verfügbarkeit der Transportprotokolle abhängig, da nicht alle Transportsysteme die spezifizierbaren Qualitätsparameter unterstützen können. Gemäß den in Abschnitt 6.3.5 beschriebenen Verfahren wird daher ein Transportdienst ausgewählt, der die eingestellte Qualität möglichst gut unterstützt. Das AV-Protokoll ergänzt ggf. die durch die Transportschicht bereitgestellte Funktionalität zur Erkennung von Reihenfolgevertauschung, Duplizierung und Verlust sowie zur Segmentierung/Reassemblierung von Datenpaketen.

Die Schnittstelle zur Steuerung der Protokollinstanzen ist auf den Einsatz innerhalb der DMO-Services zugeschnitten: Endpunkte von Verbindungen werden als Geräte vom Typ NetworkDevice repräsentiert. NetworkSource-

Device und NetworkSinkDevice sind Unterklassen für Quelle und Senke einer Verbindung, durch Instanzen dieser Klassen wird der Aufbau von Verbindungen gesteuert.

Geräte werden auf Streamhandler abgebildet, wobei für jeden Transportdienst spezifische Streamhandler existieren. Streamhandler an der Quelle einer Verbindung besitzen nur Eingangsports, Streamhandler an der Senke nur Ausgangsports. Die Schnittstelle für die Datenübertragung wird indirekt mittels der existierenden Schnittstelle zur lokalen Übertragung von Datenpaketen zwischen Streamhandlern verwendet: Der Vorgänger eines Quellstreamhandlers sendet zu übertragende Daten an den Quellstreamhandler, der Streamhandler an der Senke leitet sie an seine Nachfolger weiter. Die Tatsache, daß spezielle Netzstreamhandler den Strom zwischen Rechnerknoten übermitteln, bleibt den übrigen Verarbeitungskomponenten verborgen.

7.3.2 Auf- und Abbau von Verbindungen

Aus Sicht der Anwendung können rechnerübergreifende Ströme auf unterschiedliche Arten aufgebaut werden, eine Anforderung, die beim Entwurf der Schnittstelle für die Protokollinstanzen zu berücksichtigen ist (AA4):

- Wenn eine Anwendung selbst verteilt ist und DMOS verteilt steuert (siehe auch Bild 2.1b), so werden Verbindungen zwischen Endsystemen explizit durch die Anwendung ausgehandelt. Daher muß Adreßinformation zwischen den Teilen der Anwendung ausgetauscht werden, die dazu bei den Protokollinstanzen erfahrbar und ggf. modifizierbar sein muß.
- Baut eine Anwendung rechnerübergreifende Ströme auf, in die sie Netzwerkgeräte aufnimmt, um beispielsweise den Transportdienst selbst auszuwählen, so muß sie ebenfalls die Verknüpfung der Netzwerkgeräte selbst durchführen (siehe Bild 2.1a). Dies ist allerdings einfach, da die Netzwerkgeräte durch Proxyobjekte im Anwendungsadreßraum gesteuert werden können.
- Durch Instanzen der Klasse Connection lassen sich Geräte verbinden, auch wenn sie auf verschiedene Knoten verteilt sind. In diesem Fall werden Netzwerkgeräte transparent für die Anwendung vom Connection-Objekt eingefügt und verwaltet, d. h., die Protokollinstanzen werden von innerhalb der DMO-Services gesteuert.

Tabelle 7.2 zeigt, welche Methoden zur Steuerung der Protokollinstanzen relevant sind und durch welche Klassen sie definiert werden (siehe auch die Abbildung der Operationen auf Transportdienste in Anhang C).

Klasse	Methode	Funktion
NetworkDevice	get_tsap	Erfrage Transportzugangspunkt
	set_tsap	Setze Transportzugangspunkt
	disconnect	Löse Verbindung
	set_transportType	Setze Transportdienst
	get_transportType	Erfrage Transportdienst
	event Type DISC	Verbindung wurde abgebaut
NetworkSourceDevice	connect	Füge Empfänger hinzu
NetworkSinkDevice	accept	Bereite Empfang vor
Stream	prepare	Kreiere Streamhandlergraphen
	unprepare	Lösche Streamhandlergraphen
	acquireResource	Reserviere Ressourcen
	releaseResource	Gebe Ressourcen frei
	start	Starte Strom
	stop	Stoppe Strom
OutPort	sendData	Sende Daten an Nachfolger
InPort	receiveData	Empfange Daten von Vorgänger
PhysicalObject	sendDownstreamEvent	Sende Ereignisdaten an Nachfolger
	sendUpstreamEvent	Sende Ereignisdaten an Vorgänger

Tabelle 7.2: Operationen zur Steuerung der Protokollinstanzen

Die folgenden Statusdiagramme veranschaulichen die Zustandsübergänge der Sende- bzw. Empfangsendpunkte des AV-Protokolls beim Verbindungsauf- und -abbau. Zustände sind fett gedruckt und Zustandsübergänge werden durch Pfeile dargestellt, die mit den auslösenden Methoden und Ereignissen beschriftet sind (siehe Bild 7.2 und Bild 7.3).

Methodenaufrufe bei der Senderinstanz

Im Zustand *init* sind alle Objekte der Kontrollschicht, aus denen sich der Strom zusammensetzt, d. h. Geräte, E/A-Punkte und Verbindungen, bereits erzeugt. In der Datenschicht wird der Strom allerdings noch nicht repräsentiert. Durch Ausführung der Methode *prepare* auf den Strom werden die

Objekte der Kontrollschicht auf die Datenschicht abgebildet und der Graph von Streamhandlern erzeugt. Der zu benutzende Transportdienst wird aus den Qualitätsanforderungen für den Strom bestimmt, und ein Streamhandler, der das AV-Protokoll mit Hilfe des ausgewählten Transportdienstes implementiert, wird in den Streamhandlergraphen eingefügt. Alternativ kann eine Anwendung die Methode *set_transportType* verwenden, um den Transportdienst selbst festzulegen.

Handelt es sich bei der Anwendung z. B. um eine Dienstleistung, die auf eine extern definierte Adresse angewiesen ist, so kann sie diese im Zustand *created* bestimmen (*set_tsap*). Ansonsten wird ein freier TSAP durch den Streamhandler ermittelt und kann von der Anwendung durch die Methode *get_tsap* erfragt werden. Bis zu diesem Punkt sind die Aufrufe auf Seite des Senders und Empfängers dieselben. Dem Sender können an dieser Stelle durch die Methode *connect* Empfängeradressen, bestehend aus TSAPs, mitgeteilt werden. Die Adressen werden zwischengespeichert, der Aufbau von Transportverbindungen findet zu diesem Zeitpunkt allerdings noch nicht statt.

Durch den Aufruf von *acquireResource* auf einen Strom wird, falls dies die spezifizierte Qualität erforderlich macht, die Reservierung von Betriebsmitteln vorgenommen (siehe [Wolf 95a] für eine exakte Analyse der notwendigen Abläufe). Dazu wird der Verarbeitungsgraph von Streamhandlern in zwei aufeinanderfolgenden Phasen abgearbeitet: Zunächst informieren die Streamhandlern den ResourceManager über die von ihnen benötigten Betriebsmittel. Der ResourceManager prüft, ob die angegebene Qualität, insbesondere bezogen auf die Verzögerung, eingehalten werden kann, berechnet die durch den Streamhandlergraphen als Ganzes benötigten Ressourcen und teilt diese auf die einzelnen Streamhandler auf. In einem zweiten Schritt reservieren die Streamhandler die benötigten Betriebsmittel.

Der Aufbau einer Transportverbindung wird beim Sender angestoßen, bevor der Streamhandler den ResourceManager über die benötigten Betriebsmitteln informiert. Hat das Transportprotokoll die Fähigkeit durch den Austausch von Flußbeschreibungen und die Reservierung von Betriebsmitteln eine Dienstgüte zu garantieren, so können durch dieses Vorgehen die Betriebsmittel des gesamten Datenstroms inklusive der Endsysteme in einem Durchlauf reserviert werden. Ein Resultat des Verbindungsaufbaus ist in diesem Fall die Verzögerung, die durch alle nach dem Netzwerkstreamhandler liegenden Verarbeitungsvorgänge verursacht wird. Damit läßt sich die maximal zur Verfügung stehende Verarbeitungszeit auf den Endsystemen bestimmen und auf die Streamhandler aufteilen. Kann das Transportsystem keine

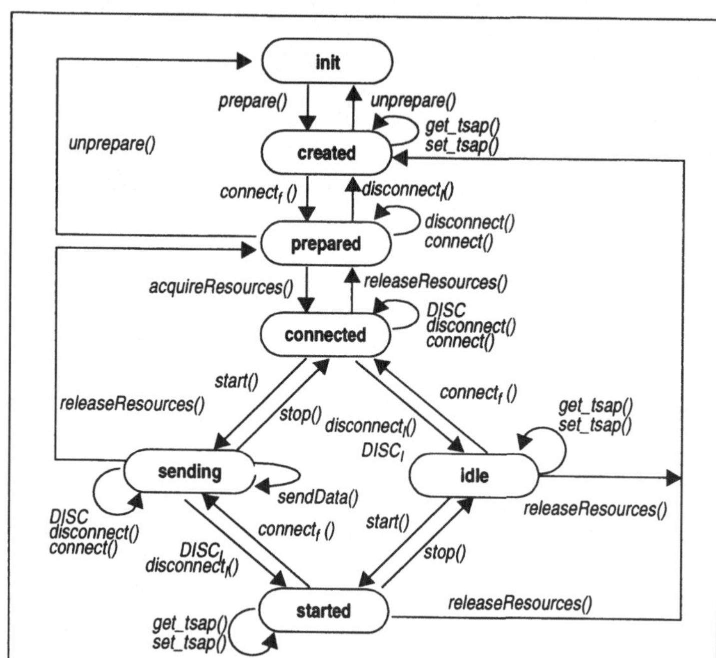

Bild 7.2: Zustandsübergänge der Senderprotokollinstanz

Verhandlung von Dienstgüten unterstützen, so werden Betriebsmittel nur auf den Endsystemen reserviert; eine Garantie für die Dienstgüte des Stroms von der Quelle bis zur Senke kann in diesem Fall natürlich nicht gegeben werden.

Das Hinzufügen weiterer Empfänger durch *connect* beläßt den Endpunkt im Zustand *connected*. Ändert sich die Menge der vom Streamhandler benötigten Betriebsmittel, so wird eine zusätzliche Reservierung beim ResourceManager vorgenommen. Durch Aufruf der Methode *start* geht der Sender in den Zustand *sending* über, in dem Daten und Ereignisse durch *sendData* bzw. *sendDownstreamEvent* an die verbundenen Empfänger gesendet werden können.

Durch die Methode *disconnect* lassen sich Empfänger aus einer bestehenden Verbindung entfernen. Das Entfernen des letzten Empfängers, in Bild 7.2 gekennzeichnet durch *disconnect$_l$*, überführt den Sender von den Zuständen *connected* nach *idle* bzw. von *sending* nach *started*. In diesen

Zuständen existiert keine aktive Transportverbindung. Das gleiche gilt, falls der letzte Empfänger seinerseits die Verbindung abbaut, was durch ein Ereignis ($DISC_l$) indiziert wird. Die umgekehrten Zustandübergänge werden durch das erste *connect* eingeleitet, das einen Empfänger hinzufügt ($connect_f$).

Beim weiteren Abbau des Strom führt der Aufruf von *releaseResource* aus den Zuständen *idle* und *started* nach *created* bzw. von *sending* und *connected* nach *prepared*. Aufrufe der Methode *unprepare* führen von dort auf den Initialzustand zurück.

Methodenaufrufe bei der Empfängerinstanz

Die Vorgänge bis zum Zustand *created* sind für Empfänger und Sender gleich. Durch die Methode *accept* wird der Empfänger auf eingehende Verbindungswünsche vorbereitet. Optional können zugelassene Sender durch ihre TSAPs spezifiziert werden. Ohne diese Einschränkung werden Verbindungswünsche von beliebigen Sendern akzeptiert.

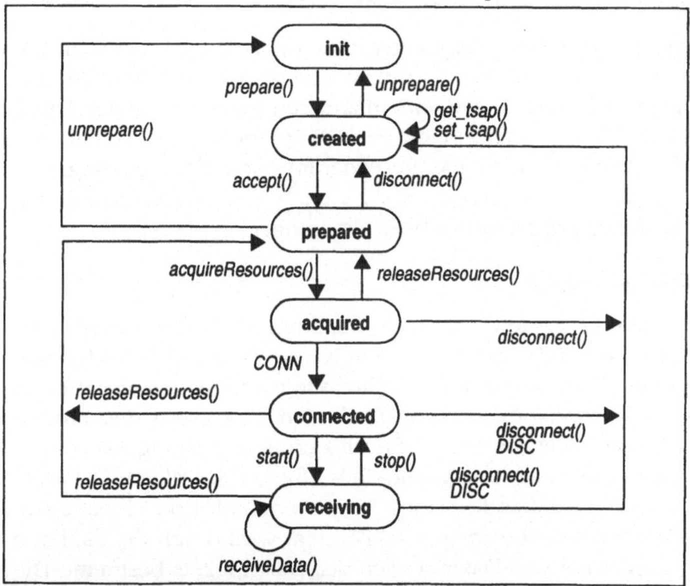

Bild 7.3: Zustandsübergänge der Empfängerprotokollinstanz

Die Reservierung von Betriebsmitteln auf dem Empfängerknoten wird ebenfalls durch den Aufruf von *acquireResource* eingeleitet. Die Bearbeitung dieses Aufrufs wird asynchron ausgeführt, da für die Reservierung von Betriebsmitteln auf eintreffende Verbindungswünsche gewartet werden muß. Erreicht im Zustand *acquired* ein Verbindungswunsch den Empfängerknoten (CONN), so wird die Betriebsmittelreservierung lokal durchgeführt, wobei die übertragene Flußbeschreibung zur Bestimmung der tatsächlichen Dienstgüte des Stroms dient. Wenn die geforderte Dienstgüte eingehalten werden kann und die Betriebsmittel auf dem Empfängerknoten zugeteilt sind, wird der Verbindungswunsch angenommen und eine ggf. modifizierte Flußbeschreibung zum Sender übermittelt. Andernfalls wird die Verbindung abgelehnt, und ein Zustandsübergang findet nicht statt.

Vom Zustand *connected* wird der Empfänger durch die Methode *start* in den Zustand *receiving* überführt. Daten werden in diesem Zustand von der Transportdienstschnittstelle gelesen, ggf. zu vollständigen Datenpaketen reassembliert und an die Nachfolgestreamhandler weitergeleitet. Ereignisse, die durch *sendUpstreamEvent* beim Empfänger eintreffen, werden über die Transportverbindung zum Sender übertragen.

Durch *releaseResource* geht der Empfänger in den Zustand *prepared* zurück. Der Aufruf der Methode *disconnect* führt in den Zustand *created*. Da der Aufbau einer neuen Verbindung von einem anderen Sender ausgehen kann, und damit andere Flußbeschreibungen beim Empfänger zum Aufbau des Stroms eintreffen können, wird die Reservierung und Balancierung von Betriebsmitteln erneut durchgeführt. Ein Neuaufbau erfordert daher den Aufruf der Methode *acquireResource* beim Empfänger.

7.3.3 Datenübertragungsphase

Kontinuierliche Medien werden zusammen mit ihren Beschreibungsinformationen (siehe Abschnitt 7.2) übertragen. Die Klasse DataPacket bildet eine Kapsel, die multimediale Daten und Beschreibungsinformation gemeinsam verwaltet und sie Streamhandlern durch Methoden zum Lesen und Modifizieren zur Verfügung stellt (siehe die Spezifikation in Anhang D). Derart wird beispielsweise die Generierungszeit eines Objekts der Klasse DataPakket durch den Quellstreamhandler eines Stroms ermittelt und eingetragen. Um Daten des Datenpakets bearbeiten zu können, wird durch die Methode *getDataPtr* ein Zeiger auf den Datenbereich des Datenpakets bestimmt. Die Struktur der Daten ist für Objekte der Klasse DataPacket unsichtbar.

Die Netzwerkstreamhandler sind für andere Streamhandler völlig transparent. Um Datenpakete zur Weiterverarbeitung auf einen anderen Rechnerknoten zu übertragen, werden sie mit der Methode *sendData* eines Ausgangsports dem Netzwerkstreamhandler übergeben (siehe Tabelle 7.2).

Dieser wandelt innerhalb seiner Arbeitsprozedur das Datenpaket in eine oder mehrere PDUs um und sendet sie an den Netzwerkstreamhandler auf dem Empfängerknoten. Dort werden sie gegebenenfalls reassembliert und wiederum über alle Ausgangsports weitergegeben. Die Benutzung des Buffer Management System (vgl. Abschnitt 5.2.3) verringert die dazu notwendigen Kopieroperationen. Nachfolgestreamhandler empfangen die Datenpakete, indem sie die Methode *receiveData* ihrer Eingangsports aufrufen. Entsprechend werden auch Ereignisse zwischen Netzwerkstreamhandlern übermittelt und an ihre Nachfolger bzw. Vorgänger weitergeleitet.

Neben der Segmentierung und Reassemblierung hat der Netzwerkstreamhandler beim Empfänger die Aufgabe, duplizierte Pakete auszusortieren. Durch den Transportdienst in vertauschter Reihenfolge ausgelieferte PDUs werden unverändert an die Nachfolgestreamhandler zur Bearbeitung weitergegeben, sofern sie nicht zu einem Datenpaket reassembliert werden müssen, d. h., Streamhandler müssen zu jeder Zeit mit einer Reihenfolgevertauschung von Datenpaketen rechnen, die sie jedoch anhand der Sequenznummern leicht erkennen können. Soll der Datenstrom einem Benutzer präsentiert werden, so müssen die Pakete ohnehin zur Synchronisation in einen Puffer einsortiert werden. Derart können vielfach auch in vertauschter Reihenfolge eintreffende Datenpakete noch genutzt werden. Geht eine PDU eines segmentierten Datenpakets verloren, so werden die bereits eingetroffenen Teile nicht ausgeliefert.

7.4 Zusammenfassung

Die Verarbeitung multimedialer Daten in einer verteilten Umgebung erfordert, daß Daten und zusätzliche Beschreibungsinformation zwischen Streamhandlern übertragen werden. Das AV-Protokoll implementiert diese Kommunikation zwischen Rechnerknoten, indem es verschiedenartige Transportdienste einbindet und die Daten mit zusätzlichen Informationen anreichert, die von den Streamhandlern zur zeitlichen und qualitativen Steuerung des Stroms genutzt werden können. Es wurde gezeigt, daß neben diesem eigentlichen Kommunikationsbedarf weiterer Informationsaustausch notwendig ist, um die Daten mittels existierender Transportsysteme zu übertragen.

Die Fähigkeit des AV-Protokolls, auf verschiedenen Transportdiensten aufzusetzen, unterstützt die Berücksichtigung unterschiedlicher Qualitätsanforderungen der Ströme. Außerdem wird sie der Tatsache gerecht, daß spezialisierte Multimedia-Transportsysteme bisher nicht weit verbreitet sind, ihre Verfügbarkeit daher nicht vorausgesetzt werden kann (GW3).

Die Einbettung der Schnittstelle zu den Protokollinstanzen in spezielle Geräteklassen ermöglicht es Anwendungen, auf das Protokoll Einfluß zu nehmen, um z. B. ein Transportsystem oder einen TSAP auszuwählen. Andererseits kann die Übertragung über Rechnernetze für die Anwendung völlig transparent bleiben, indem die notwendigen Schritte durch eine Instanz der Klasse Connection übernommen werden (AA4).

In der Datenschicht wird durch die Kapselung der Informationen in Instanzen der Klasse DataPacket und die Integration des Protokolls durch Streamhandler erreicht, daß die Übertragung der Daten auf den Rest eines Streamhandlergraphen keinen Einfluß hat. Streamhandler exportieren und importieren Information ausschließlich durch Datenpakete und Ereignisse und können nicht erkennen, ob sie über ein Rechnernetz oder über Prozeßgrenzen hinweg transportiert wurden.

8 Synchronisation

Die integrierte Verarbeitung multimedialer Daten erfordert Mechanismen zur Synchronisation kontinuierlicher und diskreter Medien. Nach einer Klärung der Synchronisationsbegriffe und -anforderungen wird ein Modell entwikkelt, in dem die in DMOS eingesetzten Verfahren formalisiert werden. Implementierungsaspekte des Modells werden in Anhang E behandelt.

8.1 Voraussetzungen

8.1.1 Synchronisationbegriff

Synchronisation wird allgemein definiert als

> *"Herstellung des Gleichlaufs zwischen Vorgängen, Maschinen oder Geräten bzw. -teilen" [Meyers 75].*

Für die Verarbeitung multimedialer Daten sind Synchronisationsbeziehungen verschiedener Arten von Bedeutung [Steinmetz 93]:

- Inhaltliche Beziehungen existieren in multimedialen Dokumenten, bei denen ein Sachverhalt unter verschiedenen Aspekten durch unterschiedliche Medien ausgedrückt wird, z. B. durch eine Tabelle und eine Graphik. Werden Inhalte eines Mediums verändert, so wird durch die Beziehungen die Konsistenz des gesamten Dokuments sichergestellt.
- Örtliche Beziehungen definieren traditionell die Anordnung aller visuell dargestellten Elemente eines Dokuments, sein Layout. Für die Übertragung örtlicher Beziehungen auf das Medium Audio läßt sich das räumliche Hörvermögen des Menschen ausnutzen, das, wie in [Ludwig 90] gezeigt, die Zuordnung von Tönen zu Objekten auf einem Bildschirm ermöglicht.
- Zeitliche Beziehungen sind für die Verarbeitung multimedialer Daten besonders wichtig, da bereits ein einzelnes kontinuierliches Medium durch seine Zeitabhängigkeit eine Menge von impliziten Zeitbeziehungen zwischen den Elementen des Datenstroms definiert. Nur wenn diese Beziehungen bei der Präsentation der Daten eingehalten werden, kann die Information vom Benutzer korrekt aufgenommen werden. Zusätzlich existieren Beziehungen zwischen verschiedenen Medien, z. B. bei einer Multimediapräsentation. Es kann sich dabei um Beziehungen zwischen Zeitpunkten handeln, z. B. zum Beginn der Darstellung von Medien,

oder auch um Bezüge, die eine kontinuierliche Synchronisation z. B. zwischen Bewegtbild und Ton erfordern.

Örtliche Beziehungen zwischen Objekten eines Multimediadokumentes lassen sich in Architekturen wie ODA und SGML [ISO 86b, Goldfarb 91b] ausdrücken. Neuere Entwicklungen wie HyTime [Goldfarb 91a], MHEG [ISO 93] und SkriptX [Kaleida 95] ermöglichen es, auch inhaltliche und zeitliche Beziehungen zwischen Medien zu kodieren. Die Beziehungen innerhalb eines Dokuments werden mittels spezieller Autorensysteme definiert, die als Anwendung gegenüber den DMO-Services auftreten. DMOS muß in der Lage sein, die Einhaltung der Beziehungen bei der Präsentation des Dokuments zu unterstützen:

- Inhaltliche Beziehungen sind anwendungsspezifisch und können daher in generischer Form nur eingeschränkt unterstützt werden. In DMOS z. B. erzeugt die Zusammenfassung von Strömen zu Gruppen (siehe Abschnitt 4.5) einen Kontext, in dem die Reservierung von Betriebsmitteln und die Steuerung für mehrere Ströme atomar erfolgt.
- Örtliche Beziehungen können von der Anwendung frei definiert werden. Das Layout von Fenstern an der Benutzerschnittstelle wird von den DMO-Services nicht beeinflußt. Für den Einsatz räumlichen Klangs stehen Attribute zur Verfügung, mit denen z. B. die Balance zwischen mehreren Kanälen gesteuert werden kann.
- Zeitliche Beziehungen werden von den DMO-Services in besonderer Weise unterstützt. Anwendungen definieren Dienstgüteparameter der Synchronisation, die zur Darstellungszeit der Medien durch DMO-Server eingehalten werden. Das Modell zur zeitlichen Synchronisation und die Mechanismen seiner Realisierung stehen im Mittelpunkt dieses Kapitels. Im weiteren Verlauf wird daher der Begriff der Synchronisation immer auf die Einhaltung zeitlicher Restriktionen bezogen.

8.1.2 Grundlagen der Synchronisation

Um die folgende Diskussion zu präzisieren, werden zunächst einige Begriffe zur Synchronisation eingeführt. Wenn zeitliche Zusammenhänge zwischen Informationseinheiten dargestellt werden sollen, muß eine Zeitquelle existieren, die ein Zeitsystem liefert. Handelt es sich bei der Zeitquelle um eine lokale Uhr, können bei rechnerübergreifenden Strömen Zeitbezüge zwischen Sender und Empfänger wegen der in der Regel nicht deterministischen Übertragungsverzögerungen nicht hergestellt werden. Durch die Synchronisation aller beteiligten Uhren zu einer gemeinsamen Zeitquelle läßt sich auch in einer verteilten Umgebung ein gemeinsames Zeitsystem erzeugen [Mills 91, Mills 92b], man spricht von global synchronisierten Uhren.

Die Zeit einer Uhr bildet eine absolute Zeit. Als relative Zeit bezeichnet man einen Zeitpunkt, der als Differenz zu einer Referenzzeit ausgedrückt wird, z. B. zum Beginn eines kontinuierlichen Datenstroms. Für die Unterteilung eines Datenstroms in logische Dateneinheiten gibt es, je nach Betrachtungsweise, verschiedene Möglichkeiten; die folgenden sind zweckmäßig für die Diskussion von Synchronisationsmechanismen:

- Die Wiedergabeeinheit (WE) entspricht der Auflösung des digitalen Mediums entlang der Zeitachse, d. h., sie bildet die kleinste Informationseinheit eines Datenstroms, der eine eigenständige Zeit zugeordnet werden kann. Es handelt sich hierbei um einen einzelnen Abtastwert bei Ton oder ein Einzelbild bei einer Videosequenz. Die Wiedergabeeinheit bildet die Granularität der Synchronisation.
- Eine Synchronisationseinheit (SE) besteht aus einer oder mehreren Wiedergabeeinheiten. Sie besitzt einen Zeitstempel, der sich auf die erste enthaltene Wiedergabeeinheit bezieht. Synchronisationseinheiten bilden die Granularität der Bearbeitung durch Verarbeitungskomponenten, d. h., im Kontext von DMOS entsprechen sie den Datenpaketen.
- Eine Adaptionseinheit (AE) setzt sich aus mehreren Synchronisationseinheiten zusammen. Sie beschreibt das Intervall, nach dem bei der Synchronisation eine Überprüfung der Synchronisationsbeziehungen der beteiligten Datenströme erfolgt.

8.1.3 Quantitative Anforderungen

Neben den qualitativ unterschiedlichen Anforderungen der Synchronisationsarten (siehe Abschnitt 6.3.4) müssen auch quantitative Anforderungen an die Synchronisation berücksichtigt werden. Um Werte für akzeptable Abweichungen von Synchronisationsbeziehungen zu ermitteln, muß die Wirkung von Abweichungen auf den Benutzer ermittelt werden. Die Subjektivität der menschlichen Wahrnehmung erklärt die großen Unterschiede zwischen den in bisherigen Arbeiten für tolerabel erklärten Abweichungen.

Audiodaten werden in der Regel mittels spezieller Hardware wiedergegeben. Die Rate dieser Verarbeitung kann im allgemeinen nicht angepaßt werden, da Schwankungen von mehr als 1% bereits deutlich hörbar sind [Köhler 94]. Unterschiede zwischen den Raten zweier Audiogeräte wirken sich nach einiger Zeit wie Veränderungen der Verarbeitungszeiten aus. Sie resultieren in zu früh oder zu spät eintreffenden Paketen. Zu früh eintref-

media		mode, application	skew
video	animation	correlated	+/- 120 ms
	audio	lip synchronization	+/- 80 ms
	image	overlay	+/- 240 ms
		non overlay	+/-500 ms
	text	overlay	+/- 240 ms
		non overlay	+/-500 ms
audio	animation	event correlation (e.g. dancing)	+/- 80 ms
	audio	tightly coupled (stereo)	+/- 11 µs
		loosely coupled (dialog mode with various participants)	+/- 120 ms
		loosely coupled (e.g. background music)	+/- 500 ms
	image	tightly coupled (e.g. music with notes)	+/- 5 ms
		loosely coupled (e.g. slide show)	+/- 500 ms
	text	text annotation	+/- 240 ms
	pointer	audio relates to showed item	-500 ms, + 750 ms

Tabelle 8.1: Tolerable Abweichungen zwischen Medien [Steinmetz 96]

fende Pakete werden gepuffert, während zu spät eintreffende Pakete zu Lücken im Strom führen. In [Köhler 94] wird angemerkt, daß das Einfügen und Weglassen von Datenpaketen im Audiobereich nur dann als weiches Knacken bemerkt wird, wenn es häufig auftritt, dabei jedoch stets toleriert wird. Bei vielen Wiedergabemechanismen werden zu spät eintreffende Datenpakete verworfen, um die Wiedergabe nachfolgender Pakete nicht zu verzögern. Nach [Jayant 80] ist das das Verwerfen von bis zu 10% der Pakete tolerabel, wenn es durch geeignete Fehlerbehandlungsmechanismen unterstützt wird. Das Vermögen, verworfene bzw. duplizierte Daten wahrzunehmen, ist u. a. vom Inhalt des Stroms und seiner Lautstärke abhängig.

Wenige Arbeiten beschäftigen sich bisher mit den tolerablen Verzögerungsschwankungen eines Bewegtbildstroms. Generell hängt die Grenze von der nominalen Rate der Bilddarstellung und dem Bewegungsanteil innerhalb der Szene ab. Bei Raten von mehr als 25 Bildern pro Sekunde wird das Weglassen oder Wiederholen eines Einzelbildes im allgemeinen nicht bemerkt [Steinmetz 96].

In [Steinmetz 96] wurden ebenfalls die Anforderungen bezüglich der Intersynchronisation verschiedener Medien untersucht; Tabelle 8.1 zeigt als Ergebnis dieser Studie maximal tolerierte Abweichungen von den zeitlichen Beziehungen in Abhängigkeit von den zu synchronisierenden Medien.

8.2 Intrasynchronisation

8.2.1 Problemstellung

Die Zeitabhängigkeit eines Audio- oder Bewegtbildstroms wird durch die Zuordnung von Zeitpunkten zu jeder Synchronisationseinheit explizit gemacht. In den meisten Fällen handelt es sich bei der Folge von Synchronisationseinheiten um einen isochronen Strom, d. h., die Synchronisationseinheiten werden mit einer konstanten Rate verarbeitet. Die Rate eines Stroms kann sich jedoch, z. B. durch Skalierungsmaßnahmen, auch dynamisch verändern. Ein Modell, in dem jeder Synchronisationseinheit ein Gültigkeitszeitpunkt, ein sogenannter Zeitstempel zugewiesen wird, ist diesbezüglich flexibel.

Es wird im folgenden angenommen, daß die Zeitstempel an der Quelle eines Stroms mit der Synchronisationseinheit verknüpft werden. Dabei kann es sich um absolute Zeitpunkte handeln, z. B. die aktuelle Zeit innerhalb eines Konversationskontextes, oder um relative Zeitpunkte, die bei einem Präsentationskontext aus den abgespeicherten Daten abgelesen werden.

Während der Verarbeitungsschritte innerhalb eines Stroms erfahren die Synchronisationseinheiten im allgemeinen unterschiedliche Verzögerungen (vgl. Abschnitt 3.2.2). Insbesondere die Dauer der Übertragung von Synchronisationseinheiten mittels paketorientierter Kommunikationsnetze ist durch viele Faktoren bestimmt und kann in der Regel nur grob abgeschätzt werden. Aufgabe der Intrasynchronisation ist es, die zeitlichen Beziehungen, die zwischen den Synchronisationseinheiten an der Quelle herschten, an anderer Stelle, i. allg. nahe der Senke, zu reproduzieren, um die Daten gegenüber einem Benutzer darzustellen oder sie in Kombination mit anderen Medien weiterzuverarbeiten.

8.2.2 Synchronisation durch Pufferung

Durch Zwischenspeicherung von Synchronisationseinheiten können ihre unterschiedlichen Verarbeitungszeiten ausgeglichen werden. Die Synchronisationseinheiten werden in diesem Fall ihrem Zeitstempel entsprechend aus dem Puffer entnommen und weiterverarbeitet. Ein prinzipieller Nachteil dieses Verfahrens ist, daß die Durchlaufzeit einer Synchronisationseinheit von der Quelle bis zur Senke eines Stroms sich um die Dauer der Zwischenspeicherung erhöht. Die Gesamtverzögerung des Stroms ist jedoch bei der Live-Synchronisation mit örtlichem Versatz ein kritischer Faktor. Daher muß die Verweilzeit der Synchronisationseinheiten im Puffer und damit die Anzahl der für die Glättung des Datenstroms zwischenzuspeichernden Synchronisationseinheiten minimiert werden.

Bei einer statischen Festlegung dieser Anzahl kann eine veränderliche System- und Kommunikationsnetzbelastung nicht berücksichtigt werden. Eine zu gering gewählte Anzahl führt dazu, daß Synchronisationeinheiten zum Zeitpunkt ihrer Weiterverarbeitung den Puffer noch nicht erreicht haben, die Synchronisationsbeziehungen also verletzt werden. Andererseits verursacht ein zu groß gewählter Puffer eine unnötig hohe Gesamtverzögerung. Im folgenden wird daher eine dynamische Anpassung vorgeschlagen, durch die in Abhängigkeit von der aktuellen System- und Kommunikationsnetzbelastung die Anzahl der zu puffernden Synchronisationseinheiten bestimmt wird.

Bei der Betrachtung der Verfahren wird auf die in Bild 8.1 eingeführte Notation zurückgegriffen. Jeder Synchronisationseinheit wird an der Quelle eines

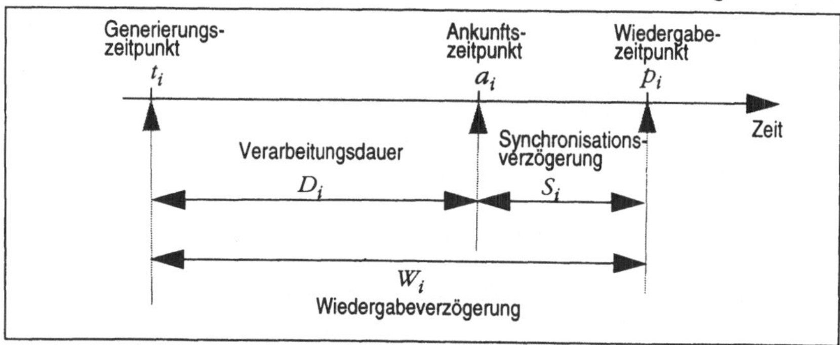

Bild 8.1: Zeitbegriffe der Intrasynchronisation

Stroms ein Zeitstempel t_i zugewiesen. Während der Verarbeitung der Daten, z. B. ihrer Digitalisierung, Kodierung und Übertragung, fallen Verarbeitungszeiten an, die in der Dauer D_i zusammengefaßt werden. Die Datenpakete erreichen den Synchronisationspuffer zur Ankunftszeit a_i. Für die Dauer S_i werden sie dort gepuffert, um dann zur Wiedergabezeit p_i – der Name ist im Hinblick auf den häufigsten Anwendungsfall gewählt – weiterverarbeitet zu werden. Die Differenz $W_i = p_i - t_i$ wird als Wiedergabeverzögerung bezeichnet.

8.2.3 Beziehungen zu früheren Arbeiten

Naylor und Kleinrock haben bereits in den 80er Jahren Strategien untersucht [Naylor 82], mit denen dynamisch auf Änderungen der Übertragungsverzögerungen eines Stroms digitalisierter Sprache reagiert wird. Sie identifizieren zwei Methoden, Synchronisationseinheiten zu behandeln, die zu spät beim Empfänger eines Datenstroms eintreffen:

- die I-Methode (ignore late packets) plant die Wiedergabezeitpunkte p_i für alle Pakete nach einer anfänglichen Einschätzung der Übertragungsverzögerung ein und verwirft diejenigen Datenpakete, die nach ihrem geplanten Wiedergabezeitpunkt eintreffen. Dies entspricht einer statischen Festlegung der Größe des Synchronisationspuffers.
- die E-Methode (expand the time-axis) verschiebt den Wiedergabezeitpunkt eines zu spät eintreffenden und damit auch aller nachfolgenden Datenpakete. Die Verschiebung entspricht einer dynamischen Veränderung der Puffergröße beim Empfänger.

Der Anteil der nach ihrem geplanten Wiedergabezeitpunkt eintreffenden Datenpakete wird im folgenden als Verspätungsanteil bezeichnet. Naylor und Kleinrock haben erstmals die inverse Korrelation von Verspätungsanteil und Wiedergabeverzögerung eines Stroms untersucht. Die beiden Methoden wurden bezüglich ihrer Auswirkungen auf Verzögerung des Stroms und Verspätungsanteil analysiert und als zwei Extrema eines Spektrums möglicher Strategien betrachtet. Ihre Charakteristika wurden im Kontext zuverlässiger Transportdienste mit exponentiell verteilten Übertragungsverzögerungen analytisch untersucht.

Die Voraussetzung, daß die Verteilung der Übertragungsverzögerung konstant und bekannt ist, wird auch in [Alvarez-Cuevas 93] verwendet, um aufgrund einer gegebenen Schranke für den Verspätungsanteil, eine Verzögerung für den Strom festzulegen. Die Einplanung der Wiedergabezeitpunkte für alle Datenpakete beim Empfänger setzt jedoch zusätzlich global synchronisierte Uhren voraus.

Da Verteilungen für die Übertragungsverzögerungen in der Regel unbekannt sind und darüber hinaus in Weitverkehrsnetzen auch kurzfristig erheblich variieren können [Bolot 93], wird in [Ramjee 94] ein Verfahren entwickelt, das mittels aktueller Messungen Schätzwerte für Mittelwert und Standardabweichung der Übertragungsverzögerung ermittelt und daraufhin die Wiedergabezeitpunkte von Datenpaketen festlegt. Das Verfahren wird zur Übertragung von Sprache in Konferenzen eingesetzt und setzt eine Einteilung des Stroms in aktive Sprechphasen (talk spurt) durch die Unterdrükkung von Sprechpausen voraus. Für die Dauer einer Sprechphase werden Übertragungsverzögerungen gemessen, die statistischen Parameter geschätzt und zur Festlegung einer Gesamtverzögerung für die nächste Sprechphase herangezogen. Während einer Sprechphase wird die I-Methode eingesetzt, d. h., zu spät eintreffende Datenpakete führen zu einer Lücke im Strom.

Während die E- und I-Methoden eine einmal festgelegte Wiedergabeverzögerung niemals verringern, wird im Pandora System eine Abwandlung der E-Methode für Audiodaten implementiert [Jones 93], bei der die Anzahl der im Synchronisationspuffer befindlichen Datenpakete überwacht und unter bestimmten Bedingungen reduziert wird: Sind für einen Zeitraum von mehr als 8 Sekunden ständig mehr als zwei Datenpakete gepuffert, so wird ein Paket verworfen. Dadurch werden nachfolgende Synchronisationseinheiten früher dargestellt, die Wiedergabeverzögerung also um die Dauer eines Datenpaketes, im Pandora System 4 Millisekunden, verringert.

In [Stone 80] wird diese Pufferüberwachung durch eine Zuordnung von Schwellwerten zu Pufferfüllständen flexibilisiert: Jeder Schwellwert drückt eine Zeitdauer durch eine Anzahl von Paketen aus. Ist der Puffer über diesen Zeitraum mindestens bis zum zugeordneten Maß gefüllt, so wird ein Datenpaket aus dem Strom entfernt. Um einen Schwellwert in eine Zeitdauer umrechnen zu können, muß eine konstante Paketrate für jeden Strom vorausgesetzt werden. Ein generelles Problem der Pufferüberwachung ist die Genauigkeit der Verfahren. Da die Granularität der zeitlichen Verschiebungen durch die Paketdauer vorgegeben ist und in [Stone 80] mindestens zwei Synchronisationseinheiten gepuffert werden, ist eine zusätzliche Verzögerung von minimal 66 Millisekunden, z. B. für die Synchronisation von Videoströmen mit einer Bildrate von 30 Hz, durch das Verfahren vorgegeben. Die Möglichkeit, das Verfahren durch Grenzwerte zu konfigurieren, soll es an unterschiedliche Anwendungsbedürfnisse und Kommunikationsparameter anpaßbar machen. Eine eindeutige Abbildung von resultierenden Verspätungsanteilen und Wiedergabeverzögerungen zu den zu konfigurierenden Grenzwerten kann jedoch nicht angegeben werden.

In [Käppner 94b] wird eine Klasse von Algorithmen vorgestellt, bei der, unter Vorgabe von Verspätungsanteil oder Wiedergabeverzögerung eines Stroms, der angegebene Parameter als obere Schranke interpretiert und eingehalten, der andere Parameter dagegen minimiert wird. Die Algorithmen sind für Ton und Bewegtbild gleichermaßen anwendbar und basieren auf einer Einteilung des Stroms in Adaptionsintervalle, deren Größe ebenfalls vorgegeben werden kann. Während eines Adaptionsintervalls werden Messungen der Verarbeitungsdauer und des Verspätungsanteils vorgenommen;

Vergleiche mit den vorgegebenen Parametern führen gegebenenfalls zu einer Anpassung der Wiedergabeverzögerung für das nächste Intervall. Während alle oben genannten Verfahren auf Telekonferenzen zugeschnitten sind, berücksichtigt die Einführung der Parameter in [Käppner 94b] die Anforderungen unterschiedlicher Anwendungen (vgl. Abschnitt 6.3.1)(AA1).

Die im folgenden vorzustellenden Verfahren bilden Erweiterungen der in [Käppner 94b] eingeführten Algorithmen: Während in [Käppner 94b] die Verschiebung der Wiedergabezeitpunkte iterativ mit einer konstanten Schrittweite erfolgt, kann in den erweiterten Algorithmen mittels der ausgewerteten Information eine optimale Wiedergabeverzögerung bestimmt werden, ohne eine durch das Verfahren vorgegebene Granularität berücksichtigen zu müssen. Eine konstante Schrittweite schränkt durch ihre Größe die Genauigkeit des Verfahrens ein (s. o.). Andererseits verringert eine zu geringe Schrittweite die Geschwindigkeit, mit der auf veränderte Bedingungen reagiert werden kann.

Die in [Käppner 94b] eingesetzte I-Methode kann bei größeren Schwankungen der Verarbeitungszeiten innerhalb eines Adaptionsintervalls dazu führen, daß der Verspätungsanteil nicht in jedem Fall eingehalten wird. Bei den hier vorzustellenden Verfahren wird daher die Methode unter bestimmten Bedingungen variiert: Erreicht ein Strom während eines Adaptionsintervalls den vorgegebenen Verspätungsanteil, werden die Wiedergabezeitpunkte mittels der E-Methode verschoben, wodurch weitere Auslassungen von Daten vermieden werden. Derart werden die Charakteristika der Ströme sehr genau an die spezifizierten Kennwerte angepaßt.

8.2.4 Prinzip der Intrasynchronisation

Der prinzipielle Zusammenhang zwischen der Wiedergabeverzögerung eines Stroms und des Verspätungsanteils wird durch die statistische Verteilung der Verarbeitungsdauern D_i definiert. Sei $f(x)$ die Dichte zu dieser Verteilung, dann gilt für den Verspätungsanteil L:

$$L = P(D > X) = 1 - P(D \leq X) = 1 - F(D) = 1 - \int_0^D f(x)\,dx$$

In Bild 8.2 sind die Dichte für exponentiell verteilte Verarbeitungsdauern und der Verspätungsanteil L in Abhängigkeit einer gewählten Wiedergabeverzögerung angegeben. Sie dienen hier nur zur Veranschaulichung des prinzipiellen Zusammenhangs, da die Verteilung in aller Regel unbekannt und darüber hinaus veränderlich ist.

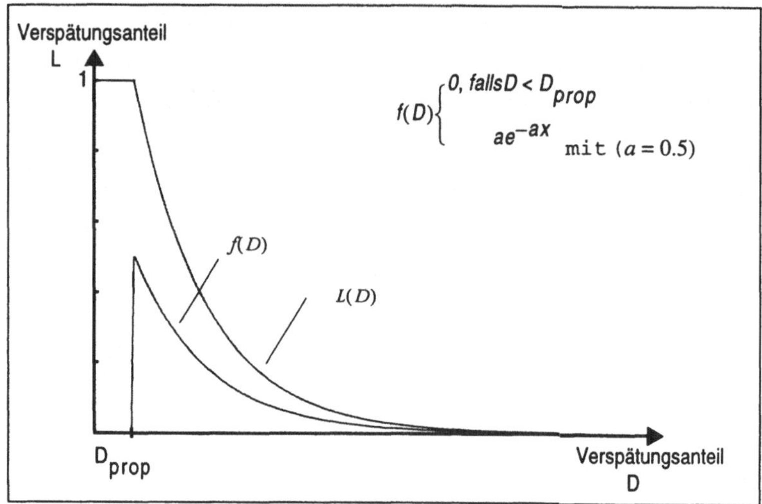

Bild 8.2: Dichte der Verarbeitungsverzögerungen und resultierender Verspätungsanteil

Die Funktion L(D) illustriert, daß Wiedergabeverzögerung und Verspätungsanteil in einem Spannungsverhältnis stehen: Minimiert man einen der beiden Parameter, wird dadurch der andere vergrößert. Als Konsequenz daraus werden zwei Verfahren vorgestellt, mit denen je einer der Parameter Wiedergabeverzögerung und Verspätungsanteil minimiert wird; gleichzeitig wird für den anderen Parameter eine spezifizierte obere Schranke eingehalten. Die beiden Verfahren berücksichtigen die Anforderungen unterschiedlicher Anwendungen:

- Die *Minimierung des Verspätungsanteils* dient dazu, die Qualität der Datenströme im Präsentations- und Konservierungskontext zu erhöhen, und gleichzeitig eine obere Grenze für die Gesamtverzögerung einzuhalten (siehe Abschnitt 6.3.1).
- Die *Minimierung der Wiedergabeverzögerung* hat besondere Bedeutung für Ströme im Konversationskontext. Da die Häufigkeit hoher Verarbeitungsdauern sehr gering ist – die Funktionen $f(x)$ und $L(D)$ nähern sich asymptotisch der Nullinie [Coviello 93, Kim 94] – läßt sich bereits bei einem geringen zugelassenen Verspätungsanteil eine deutliche Reduktion der Wiedergabeverzögerung erreichen.

Beide Verfahren basieren darauf, die Verarbeitungsdauern aller beim Synchronisationspuffer eintreffenden Datenpakete zu beobachten. Der Strom wird entlang der Zeitachse in Adaptionsintervalle aufgeteilt. Alle Meßwerte eines Adaptionsintervalls bilden die Grundlage zur Festlegung einer Wiedergabeverzögerung für das nachfolgende Intervall. Die Beurteilung aufgrund vieler Meßwerte dient dazu, die Informationen statistisch zuverlässig zu machen. Andererseits berücksichtigt der Ablauf in Iterationen, daß die Verteilung der Verarbeitungsdauern veränderlich sind. Änderungen der Verteilung werden zwischen den Adaptionsintervallen erkannt und zur Optimierung der Parameter Wiedergabeverzögerung und Verspätungsanteil ausgenutzt.

Da sich Entscheidungen immer nur auf Meßwerte eines Adaptionsintervalls beziehen, können Fehler, die durch Gleichlaufschwankungen der Zeitgeber verursacht werden (vgl. Abschnitt 3.2.2), nicht kumulieren. Relative Verschiebungen der benutzten Zeitsysteme werden dagegen wie eine Veränderung der Verarbeitungsdauern interpretiert und führen derart zu einer gewünschten Anpassung des Datenstroms.

8.2.5 Minimierung der Wiedergabeverzögerung

Sei k die Anzahl der Synchronisationseinheiten eines Adaptionsintervalls und bezeichne $D_1^j \dots D_k^j$ die Verarbeitungsdauern der Synchronisationseinheiten im Adaptionsintervall j. Zur Initialisierung des Verfahrens wird die Wiedergabeverzögerung der ersten Synchronisationseinheit als $W_1^1 = D_1^1$ bestimmt, d. h., die Synchronisationseinheit wird nicht gepuffert, sondern sofort weitergegeben. Die initiale Verzögerung des Stroms wird somit durch die zufällige Verarbeitungsdauer der ersten Synchronisationseinheit festgelegt.

Wichtigster Parameter des Verfahrens ist der maximale Verspätungsanteil L_{max}. Da sich L_{max} immer auf ein Adaptionsintervall bezieht, wird die maximale Anzahl von Synchronisationseinheiten berechnet, die innerhalb einer Adaptionseinheit nach ihrem nominalen Wiedergabezeitpunkt eintreffen können, ohne den Verspätungsanteil zu verletzen:

$$N_{max} = \lfloor k \times L_{max} \rfloor$$

Während eines Adaptionsintervalls wird jeder Synchronisationseinheit, unabhängig vom Ankunftszeitpunkt d_i^j, eine nominale Wiedergabezeit zugewiesen:

$$\forall (j > 0), \forall (i > 1) p_i^j = t_i^j + W_{i-1}^j$$

Trifft ein Paket nach seinem nominalen Wiedergabezeitpunkt ein, d. h., $d_i^j > p_i^j$, so wird ein Zähler N_{late} inkrementiert. Für die Behandlung verspätet eintreffender Synchronisationseinheiten sei zunächst folgende Strategie angenommen: Hat der Zähler N_{late} den Wert N_{max} noch nicht überschritten, so wird das Paket verworfen. In diesem Fall wird die Wiedergabeverzögerung des Vorgängerpaketes als Berechnungsgrundlage für nachfolgende Synchronisationseinheiten übernommen: $W_i^j = W_{i-1}^j$. Andernfalls wird das verspätete Paket ohne weitere Pufferung weitergeleitet, und die Wiedergabeverzögerung ergibt sich aus der Ankunftszeit: $W_i^j = d_i^j - p_i^j$.

Mit Bezug auf die von Naylor und Kleinrock eingeführten Methoden heißt das, daß die I-Methode angewendet wird, solange der vorgegebene Verspätungsanteil durch den Strom eingehalten wird; danach wird auf die E-Methode zur Verschiebung der Wiedergabezeitpunkte gewechselt.

Nach Empfang der letzten Sychronisationseinheit eines Adaptionsintervalls wird eine initiale Wiedergabeverzögerung für das folgende Datenpaket festgelegt. Sei dazu die Zahlenfolge A gebildet aus den Verarbeitungsdauern $D_i^j = d_i^j - t_i^j$ aller Synchronisationseinheiten eines Adaptionsintervalls durch Sortierung nach abnehmender Größe. Dann gibt der Wert $A_{N_{max}+1}$ die minimale Wiedergabeverzögerung an, mit der für das abgelaufene Adaptionsintervall der Verspätungsanteil L_{max} eingehalten worden wäre. Alle möglichen Wiedergabeverzögerungen, die zu dem resultierenden Verspätungsanteil L_{max} geführt hätten, liegen innerhalb des Intervalls[1]:

$$I = [A_{N_{max+1}}, A_{N_{max}}]$$

Es wird angenommen, daß die Verarbeitungsdauern während des letzten Adaptionsintervalls ein guter Indikator für die nähere Zukunft sind, d. h., daß die Wiedergabeverzögerung für das nächste Adaptionsintervall innerhalb des Intervalls I liegen sollte. Gilt dies bereits für die aktuelle Wiedergabeverzögerung W_k^j, so wird keine Anpassung vorgenommen, d. h., $W_1^{j+1} = W_k^j$, ansonsten wird die Wiedergabeverzögerung für den Beginn des nächsten Adaptionsintervalls als Mitte des Intervalls I festgelegt:

$$W_1^{j+1} = \frac{A_{N_{max}} + A_{N_{max+1}}}{2}$$

Der Verzicht auf die Anpassung der Wiedergabeverzögerung ist wichtig, da jede Veränderung die Intrasynchronisationsbeziehungen zwischen Datenpaketen modifiziert. Es ist das Ziel der Verfahren, eine möglichst konstante Wiedergabeverzögerung für alle Synchronisationseinheiten zu gewährlei-

1 Für den Fall $N_{max} = 0$ wird definiert: $A_0 = A_1 - (A_2 - A_1)$

sten. Unter diesem Gesichtspunkt wird im folgenden die Behandlung verspäteter Synchronisationseinheiten nochmals genauer betrachtet.

Der Wechsel von der I-Methode zur E-Methode, falls der zulässige Verspätungsanteil überschritten wird, ist motiviert von dem Bestreben, den Verspätungsanteil nicht weiter ansteigen zu lassen. Die E-Methode führt dazu, daß die Wiedergabeverzögerung durch zu spät eintreffende Pakete erhöht wird und zwar exakt bis zum Maximum ihrer Verarbeitungsdauern. Da jedoch aller Wahrscheinlichkeit nach erst relativ spät während einer Adaptionseinheit der Verspätungsanteil überschritten wird, die E-Methode also nur für einen geringen Anteil der Synchronisationseinheiten angewandt wird, ist die resultierende Wiedergabeverzögerung mehr oder weniger zufällig. Werden Synchronisationseinheiten mit sehr hohen Verarbeitungsdauern von der E-Methode verarbeitet, führt dies zu einer hohen Wiedergabeverzögerung, die nach Abschluß der Adaptionseinheit wieder angepaßt werden muß. Die Darstellung dieser Einheiten wird somit durch eine zweifache Veränderung der Wiedergabeverzögerungen in unterschiedliche Richtungen erkauft.

Diese Beobachtungen führen zu einer bedingten Anwendung der E-Methode: Ist bei einem zu spät eintreffenden Datenpaket der Verspätungsanteil bereits erreicht, so wird zunächst die Wiedergabeverzögerung nach der E-Methode ermittelt: $W_i^j = a_i^j - t_i^j$. Dann wird ausgewertet, ob, unter Berücksichtigung der bis dahin gesammelten Meßwerte, die zusätzliche Verzögerung des Stroms zur Darstellung der Synchronisationseinheit am Ende des Adaptionsintervalls eine Anpassung in die Gegenrichtung auslöst, d. h., ob gilt:

$$W_i^j \geq A_{N_{max}}$$

Ist dies nicht erfüllt, so wird die Wiedergabeverzögerung verwendet und das Datenpaket weitergegeben, andernfalls wird gemäß der I-Methode das Paket verworfen, und die Wiedergabeverzögerung bleibt unverändert.

Die bedingte Anwendung der E-Methode führt bei einer erhöhten Rate von Verspätungen ebenfalls zu einer Vergrößerung der Wiedergabeverzögerung. Allerdings geschieht dies robuster als bei der unbedingten Anwendung nach Überschreiten des erlaubten Verspätungsanteils. Insbesondere werden diejenigen Anpassungen der Wiedergabeverzögerung vermieden, die nach kurzer Zeit rückgängig gemacht werden müßten. Die Wahrscheinlichkeit, daß am Ende des Adaptionsintervalls die Wiedergabeverzögerung nicht angepaßt werden muß, wird dadurch deutlich erhöht.

8.2.6 Minimierung des Verspätungsanteils

Der wichtigste Parameter dieses Verfahrens ist die maximale Wiedergabeverzögerung W_{max}. Während die Verzögerungsminimierung dem absoluten Wert der Wiedergabeverzögerung keine Bedeutung zumißt – die Optimierung ist unabhängig von der absoluten Größe – wird sie bei der Minimierung des Verspätungsanteils als absolute Dauer interpretiert, die einen Grenzwert nicht überschreiten darf. Die Interpretation der Zeitdifferenz $d_i^j - t_i^j$ als absolute Dauer ist nur dann sinnvoll, wenn beide Zeiten von einer gemeinsamen Zeitbasis stammen, d. h., für eine korrekte Minimierung des Verspätungsanteils müssen global synchronisierte Uhren vorausgesetzt werden.

Zu Beginn des Verfahrens wird die Wiedergabeverzögerung mit dem Maximalwert initialisiert. Dies dient dazu, gleich zu Beginn der Verarbeitung den Verspätungsanteil möglichst gering zu halten. Während eines Adaptionsintervalls werden die Synchronisationseinheiten prinzipiell nach der E-Methode ausgegeben. Allerdings wird bei jedem verspätet eintreffenden Datenpaket überprüft, ob die Verzögerung bei einer Verschiebung des Wiedergabezeitpunktes den Maximalwert übersteigen würde. Ist das der Fall, so wird das Paket verworfen und die Wiedergabeverzögerung nicht angepaßt.

Während bei der Verzögerungsminimierung die Verzögerung immer größer Null ist, kann der Verspätungsanteil bei ihrer Minimierung den Wert Null annehmen. In Abhängigkeit von der Größe der maximalen Verzögerung können wir verschiedene Arbeitspunkte des Verfahrens ausmachen, die sich anhand von Bild 8.2 veranschaulichen lassen:

- Liegt W_{max} unterhalb der Funktion $L(D)$, dann liefert die Einstellung dieses Maximalwertes einen optimalen Wert für den Verspätungsanteil, der ungleich Null ist.
- Liegt W_{max} oberhalb des Bereichs auf dem $L(D)$ definiert ist, so wird der Verspätungsanteil gegen Null gehen. In diesem Fall wird versucht, die Verzögerung zu minimieren, ohne den Verspätungsanteil dabei zu erhöhen.

Am Ende eines Adaptionsintervalls wird die Anzahl der verspätet eingetroffenen Synchronisationseinheiten überprüft. Gilt $N_{late} > 0$, so bleibt die Wiedergabeverzögerung unverändert. Sind während des letzten Adaptionsintervalls keine Synchronisationseinheiten zu spät eingetroffen, so wird überprüft, ob die Wiedergabeverzögerung verringert werden kann. Dazu wird ein Maß V zur Variabilität der Verarbeitungsdauern eingeführt, das ähnliche Charakteristika besitzt, wie die Standardabweichung (erstmals eingesetzt von [Jacobson 88] für die Implementierung von TCP). Zunächst wird aus der Folge aller Verarbeitungsdauern mit Hilfe eines rekursiven Filters erster Ordnung eine Schätzung für den Mittelwert bestimmt:

$$D_i^{med} = \alpha D_{i-1}^{med} + (1-\alpha) D_i, \text{ mit } \alpha = 0{,}99$$

Die Benutzung eines einfachen Index deutet an, daß Grenzen der Adaptionsintervalle für diese Folge unberücksichtigt bleiben. Das Maß V_i ergibt sich als:

$$V_i = \alpha V_{i-1} + (1-\alpha) \left| D_i^{med} - D_i \right|$$

Die Berechnungen fungieren als Tiefpaßfilter, um die Maße vor Einflüssen kurzfristiger Veränderungen zu schützen (siehe [Jacobson 88] für eine Diskussion der Filterdimensionierung und der Beziehung von V zur Standardabweichung). Sei nun D_{max} die größte gemessene Verarbeitungsdauer im letzten Intervall. Die Wiedergabeverzögerung wird nur angepaßt, wenn sie während des letzten Intervalls den Wert D_{max} um mehr als V überschrittten hat:

$$W_1^{j+1} = \begin{cases} D_{max} + V, \text{ falls } W_k^j > D_{max} + V \\ W_k^j, \text{ sonst} \end{cases}$$

Das Maß V dient demnach als "Sicherheitsabstand" zur maximal gemessenen Verarbeitungsdauer. Da bei diesem Verfahren der geringe Verspätungsanteil im Vordergrund steht, wird das Risiko, daß bei einer Verringerung der Wiedergabeverzögerung der Verspätungsanteil wieder ansteigt, durch diesen zusätzlichen Abstand V reduziert. Das verwendete Maß der maximalen Verarbeitungsdauer D_{max} wird durch den Wert V stabilisiert. Ist der Wertebereich der betrachteten Verarbeitungsdauern D_i^j sehr klein, gilt dies auch für den Wert V, d. h., in einer Umgebung mit konstanter Verarbeitungdauer wird V gegen Null gehen. Bei einer Verteilung der Verarbeitungsdauern mit hoher Varianz schützt ein großer Wert V vor einer fälschlichen Reduktion der Wiedergabeverzögerung.

Zu betonen ist, daß keine Anpassung erfolgt, wenn die aktuelle Wiedergabeverzögerung $D_{max} + V$ unterschreitet. Die Wiedergabeverzögerung wird erst dann erhöht, wenn tatsächlich Synchronisationseinheiten verspätet eintreffen, da (1) die Verspätung zukünftiger Synchronisationseinheiten nicht sicher ist und (2) eine Anpassung an der Grenze der Adaptionsintervalle die gleichen Auswirkungen auf den Datenstrom hätte, wie ein verspätet eintreffendes Datenpaket.

8.3 Intersynchronisation

8.3.1 Problemstellung

Bei der Intersynchronisation gilt es, die zeitlichen Beziehungen zwischen mehreren Medien einzuhalten. Während man bei der Intrasynchronisation davon ausgeht, daß die zeitlichen Beziehungen innerhalb des Mediums an der Quelle korrekt sind, müssen die verschiedenen Medien bei der Intersynchronisation erst künstlich zueinander in Bezug gesetzt werden. Dazu sind Probleme aus zwei unterschiedlichen Bereichen zu lösen:

- Synchronisationsbeziehungen müssen für die Anwendung ausdrückbar gemacht werden. Beziehungen zwischen kontinuierlichen und diskreten Medien sind dabei zu berücksichtigen (siehe Kapitel 4).
- Die spezifizierten Beziehungen müssen zur Laufzeit eingehalten werden. Startzeiten kontinuierlicher Ströme sind aufeinander abzustimmen, und die Beziehungen der Ströme zueinander sind, z. B. bei der Lippensynchronisation, kontinuierlich zu überprüfen.

Die Beziehungen zwischen Medien werden auch für die Intersynchronisation immer auf zeitliche Beziehungen zwischen Synchronisationseinheiten, d. h., auf Zeitstempel und ihre Differenzen abgebildet. Die korrekte Bestimmung und Interpretation der Zeitstempel setzt jedoch eine gemeinsame Zeitbasis voraus. Bild 8.3 zeigt alle prinzipiellen Möglichkeiten, zwei Ströme

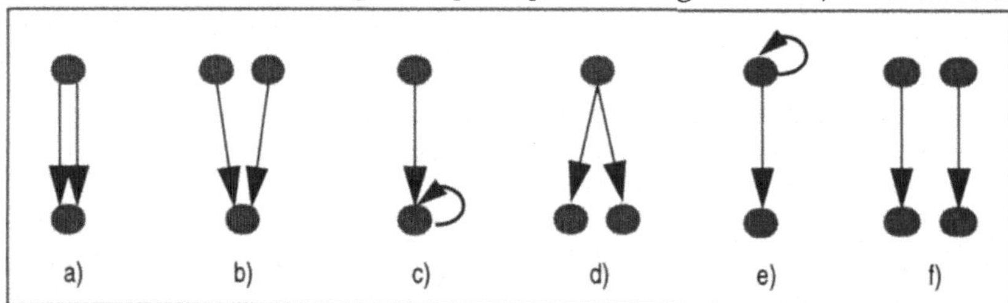

Bild 8.3: Relevante Konfigurationen von Quellen und Senken

zwischen mehreren Rechnerknoten zu verarbeiten und somit ggf. zu synchronisieren. In der Situation in Teilbild a) existiert für beide Ströme eine gemeinsame Zeitbasis sowohl an der Quelle als auch an der Senke. Relationen zwischen den Strömen lassen sich daher mittels Zeitstempeln an der Quelle herstellen und zur Senke übermitteln.

In Situation b) und c) existiert kein gemeinsames Zeitsystem an der Quelle, d. h., Beziehungen zwischen den Strömen lassen sich an den Quellen nicht herstellen. Prinzipiell ist es möglich, z. B. bei einer Multimediapräsentation, die Beziehungen zwischen Strömen an ihren Quellen außer Acht zu lassen und die richtigen zeitlichen Relationen erst an der Senke sicherzustellen. Dies würde implizieren, daß die Zeitstempel eine Zeit relativ, z. B. zum Beginn eines Mediums, ausdrücken, die unabhängig von einer absoluten Zeit an der Senke interpretiert werden kann. Da jedoch gerade Ströme kontinuierlicher Medien sehr großvolumig sind, kommt eine längere Zwischenspeicherung beim Empfänger in der Regel nicht in Frage, d. h., die Ströme müßten zum richtigen Zeitpunkt beim Sender gestartet werden. Die Synchronisation der Startzeitpunkte ist ohne eine gemeinsame Zeitbasis aufgrund der nicht deterministischen Verzögerung bei der Kommunikation schwierig; ihre Komplexität entspricht der Synchronisation der Zeitquellen selbst. Es werden daher für die Quellen in Situation b) und c) synchronisierte Uhren vorausgesetzt.

In Situation d) und e) existiert keine gemeinsame Zeitbasis an den Senken. Konfigurationen dieser Art haben bisher keine praktische Bedeutung erlangt, da die Wiedergabe an verschiedenen Rechnerknoten im allgemeinen auch eine räumliche Trennung bedeutet und nur wenige Anwendungen, wie eine verteilte Orchesterprobe, derartige Synchronisationsbeziehungen erfordern. In den meisten realisierten Systemen wurden sie daher nicht berücksichtigt [Anderson 91b, Hoffert 92, Miller 92, Angebranndt 91, Levergood 93]. Einige Protokollvorschläge zur Synchronisation solcher Konfigurationen existieren, die jedoch entweder global synchronisierte Uhren auf den beteiligten Rechnern voraussetzen [Escobar 92, Rothermel 95] oder bestimmte Annahmen über die möglichen Schwankungen der Übertragungsverzögerungen machen [Rangan 95]. Die im folgenden vorzustellenden Verfahren zur Intersynchronisation unterstützen die Konfiguration d) und e) durch Abgleich der Wiedergabeverzögerungen, setzen dazu jedoch ebenfalls eine gemeinsame Zeitbasis der Senken voraus.

Für Situation f) lassen sich die obigen Betrachtungen kombinieren. Zur Herstellung der korrekten zeitlichen Beziehungen an den Quellen müssen synchronisierte Uhren vorausgesetzt werden, die Einhaltung der Beziehungen bei verteilten Senken macht ebenfalls ein gemeinsames Zeitsystem erforderlich.

Für die Entwicklung der Intersynchronisationsverfahren wird daher im folgenden angenommen, daß die zeitlichen Beziehungen der Ströme an der Quelle korrekt in Zeitstempel umgesetzt werden und zu ihrer Interpretation an den Senken eine gemeinsame Zeitbasis zur Verfügung steht.

8.3.2 Prinzip der Intersynchronisation

Unter den genannten Voraussetzungen zerfällt die Intersynchronisation in zwei unabhängige Phasen:

- Bei der Wiedergabe multimedialer Dokumente im Sinne eines Präsentationskontextes muß der Zeitbezug zunächst korrekt initialisiert werden. Die Startzeitpunkte der einzelnen Medien werden dazu aufgrund der Synchronisationsbeziehungen errechnet und den Quellen mitgeteilt. Startzeitpunkte sind eine wesentliche Information für eine Quelle, da sie dadurch in die Lage versetzt wird, jederzeit die korrekten Synchronisationseinheiten zu erzeugen, auch wenn sie den Startzeitpunkt selbst nicht einhalten konnte. Mit Hilfe des Startzeitpunktes läßt sich zu jeder absoluten Zeit der Quelle die Synchronisationseinheit des Mediums errechnen, die zu dieser Zeit generiert werden muß.
- Um die Synchronisationsbeziehungen an anderer Stelle wiederherzustellen, z. B. vor der Darstellung gegenüber einem Benutzer, müssen die unterschiedlichen Verarbeitungszeiten der Ströme ausgeglichen werden. Die Intrasynchronisation löst bereits einen Teil des Problems, da sie unterschiedliche Verarbeitungszeiten der Synchronisationseinheiten innerhalb eines Stroms ausgleicht. Das Ergebnis der Intrasynchronisation ist eine, bis auf die beschriebenen Anpassungen, konstante Wiedergabeverzögerung. Die Intersynchronisation baut darauf auf, indem sie die Intrasynchronisation voraussetzt und nur die Wiedergabeverzögerungen der einzelnen Ströme auf einen gemeinsamen Wert, die Referenzverzögerung, abbildet.

Die Festlegung der korrekten Startzeitpunkte wird in Anhang E.4 beschrieben. Die Festlegung der Referenzverzögerung wird im folgenden näher betrachtet.

8.3.3 Ermittlung der Referenzverzögerung

Die Referenzverzögerung ist ein Wert für die Wiedergabeverzögerung, der von allen Strömen eingehalten werden muß, damit die zeitlichen Beziehungen an den Resynchronisationspunkten denjenigen an den Quellen entsprechen. Da die Wiedergabeverzögerung bisher vom Intrasynchronisationsverfahren ermittelt wird, müssen die beiden Verfahren miteinander verzahnt ablaufen. Zur Intersynchronisation werden die Adaptionsintervalle für die einzelnen Ströme zeitlich aufeinander abgestimmt. Die Wiedergabeverzögerungen werden zunächst separat nach den beschriebenen Verfahren ermittelt. Wenn alle Werte zur Verfügung stehen, werden sie auf die Referenzverzögerung abgebildet, die dann als Wiedergabeverzögerung für das folgende Adaptionsintervall bei allen Strömen verwendet wird.

Für die miteinander zu synchronisierenden Ströme werden die Parameter zur Intrasynchronisation – die Art des Verfahrens und die Schranken für Verspätungsanteil oder Wiedergabeverzögerung – auf gleiche Werte gesetzt. Ansonsten könnte die Referenzverzögerung vorgegebene Schranken der Intrasynchronisation verletzen, insbesondere wenn unterschiedliche Verfahren für die zu synchronisierenden Ströme eingesetzt würden. Als Parameter der Intersynchronisation gilt daher ein Strom, dessen Intrasynchronisationsparameter für alle Ströme anzuwenden sind.

Das Maximum aller ermittelten Wiedergabeverzögerungen bildet die Referenzverzögerung, mit den folgenden Konsequenzen:

- Bei der Minimierung des Verspätungsanteils kann jede einzelne Wiedergabeverzögerung und damit auch die Referenzverzögerung den Wert D_{max} nicht überschreiten. Die Einhaltung des vorgegebenen Grenzwertes wird daher auch bei der Intersynchronisation gesichert. Treten bei keinem der Ströme verspätete Synchronisationseinheiten auf, so wird durch Verwendung des Maximums aller Wiedergabeverzögerungen als Referenzverzögerung eine konservative Reduktion der Wiedergabeverzögerung gewährleistet, um einen Anstieg des Verspätungsanteils zu vermeiden.
- Bei der Verzögerungsminimierung führt die Auswahl des Maximums aller Wiedergabeverzögerungen dazu, daß der höchste Verspätungsanteil aller Ströme im Rahmen des spezifizierten Grenzwertes L_{max} liegt und Ströme mit einer niedrigeren Verarbeitungdauer einen geringeren Verspätungsanteil aufweisen.

8.4 Zusammenfassung

Die vorgestellten Verfahren dienen zur zeitlichen Synchronisation von Daten innerhalb der DMO-Services. Nach der Art der betrachteten Beziehungen werden Verfahren zur Intrasynchronisation und zur Intersynchronisation unterschieden.

Die Intrasynchronisationsverfahren sind dadurch gekennzeichnet, daß sie sich auf Veränderungen der Verarbeitungdauern von Datenpaketen dynamisch einstellen. Durch Messungen charakteristischer Parameter können Veränderungen erkannt und die möglichen Anpassungen anhand vorgegebener Kriterien bewertet werden. Die unterschiedlichen Anforderungen der

Anwendungen werden durch zwei Verfahren zur Intrasynchronisation reflektiert:

- Die Verzögerungsminimierung berücksichtigt einen vorgegebenen Grenzwert für den maximale Verspätungsanteil und kann so insbesondere Datenströmen im Konversationskontext eine niedrige Verzögerung garantieren.
- Die Minimierung des Verspätungsanteils erhöht die Qualität des Datenstroms unter Einhaltung einer maximalen Verzögerung und befriedigt so die Anforderungen von Datenströmen im Präsentationskontext.

Im Unterschied zu existierenden Arbeiten werden damit die unterschiedlichen Anforderungen von Anwendungen unterstützt durch (1) die Wahl eines geeigneten Verfahrens und (2) die Spezifikation von Parametern des Verfahrens in einer das Ergebnis beschreibenden Form, den Dienstgütevektoren.

Die Intersynchronisation baut auf den Verfahren zur Intrasynchronisation auf und zeichnet sich daher durch Adaptivität an veränderliche Lastsituationen und einen geringen zusätzlichen Aufwand aus. Die Wiedergabeverzögerungen der einzelnen Ströme werden aufeinander abgestimmt, so daß die zeitlichen Beziehungen der Ströme an den Synchronisationspunkten reproduziert werden. Die Qualitätsschranken der einzelnen Ströme werden durch die Aktivierung der Intersynchronisation weiterhin sichergestellt.

Generell werden für die Intersynchronisation bei verteilten Quellen bzw. Senken global synchronisierte Uhren vorausgesetzt. Für den häufigen Anwendungsfall der Synchronisation von Audio- und Videoströmen in Telekonferenzen, entsprechend der Konfiguration in Bild 8.3a, können jedoch auch lokale Uhren eingesetzt werden.

Durch die genannten Eigenschaften ist die Möglichkeit gegeben, die Synchronisationsverfahren an die technischen Gegebenheiten, die veränderliche Kommunikationsnetz- und Systembelastung und die Anforderungen der Anwendungen anzupassen.

9 Skalierung[1]

Neben der Synchronisation bildet die Skalierung einen weiteren Ansatz, die für den Benutzer wahrnehmbare Dienstgüte von Datenströmen dynamisch an die Lastsituation der Betriebsmittel anzupassen. Eine solche Adaption der Dienstgüte ist nicht abhängig von einer Betriebsmittelreservierung und kann die herkömmliche Betriebsmittelverwaltung, die auf Reservierung und kontrollierter Zuteilung von Ressourcen beruht, ergänzen, insbesondere, wenn eine Reservierung und Zugangskontrolle aufgrund technischer Randbedingungen der eingesetzten Betriebsmittel nicht möglich ist.

Dieses Kapitel klärt zunächst die Begriffe der Skalierung und untersucht die erforderlichen funktionalen Elemente. Für die DMO-Services wird eine Skalierung vorgestellt, die durch Feedbackinformation die von einem Datenstrom ausgehende Last bereits an der Quelle verändert, um möglichst wenige Betriebsmittel bei der Verarbeitung eines Datenstroms zu verschwenden. Durch Integration der Skalierung in die Multimedia-Systemerweiterung wird die Funktionalität allen Anwendungen zur Verfügung gestellt. Gleichzeitig wird die Konsistenz der Betriebsmittelzuteilung für alle zu verarbeitenden Ströme gewährleistet.

9.1 Grundlagen

9.1.1 Notwendigkeit der Skalierung

Die Echtzeitanforderungen kontinuierlicher Medien erfordern eine sorgfältige Verwaltung der Betriebsmittel, da die Semantik eines Stroms nur dann erhalten bleibt, wenn seine inhärenten Zeitbedingungen berücksichtigt werden. Die Erkenntnis, daß ein Strom, dessen Qualität unter bestimmte Mindestanforderungen sinkt, für den Benutzer praktisch wertlos ist, führt zur Forderung, die Dienstgüte eines Stroms festzulegen und zu garantieren (siehe (MD1) bzw. (MD2)). Garantien für eine Dienstgüte lassen sich jedoch nur dann einhalten, wenn alle für die Verarbeitung eines Stroms benötigten Betriebsmittel kontrolliert werden können, um (1) im Rahmen einer Zugangskontrolle festzustellen, ob die Verarbeitung des Stroms eingeplant werden kann, ohne die Dienstgüte bereits etablierter Ströme zu beeinträchti-

---

[1] Teile dieses Kapitels wurden in [Käppner 94a] bereits veröffentlicht.

gen und um (2) bei der Zuteilung der Betriebsmittel die zugrunde gelegte Einplanung der Ströme zu berücksichtigen. Viele Arbeiten beschäftigen sich daher mit den Möglichkeiten, die Einplanbarkeit von Verarbeitungsschritten im verteilten System zu überprüfen und entsprechende Dienstgüten auszuhandeln und zu garantieren [Anderson 90a, Topolcic 90, Vogt93, Zhang 95]. Jedoch lassen nicht alle Betriebsmittel die dafür erforderliche Kontrolle zu: Beispielsweise können die heutigen lokalen Systembusse oder das vielfach installierte Ethernet aufgrund des Medienzugangs keine kontrollierte Einplanung unterstützen. Ein zweiter aktiver Bereich der Forschung wurde daher von Arbeiten initiiert, die Mechanismen untersuchen, mit denen Anwendungen den Unzulänglichkeiten eines nicht garantierten Dienstes begegnen können [Tokuda 92, Chou 92, Uppaluru 92, Clark 92]. Das gemeinsame Prinzip dieser Arbeiten besteht darin, die von dem Verkehr ausgehende Last an die aktuell verfügbaren Betriebsmittelkapazitäten anzupassen; ein solches Vorgehen wird als Skalierung bezeichnet.

Die Skalierung setzt voraus, daß die Anwendungen keine konstante Dienstgüte erfordern, die Qualität der Ströme also dynamisch variiert werden kann. Liegt ein Mangel an Ressourcen vor, so wird die von den Strömen ausgehende Last kontrolliert verringert. Im Gegensatz zu einem unkontrolliertem Abbruch können dabei die Inhalte der Ströme erhalten werden.

9.1.2 Skalierungsarten

Existierende Arbeiten zur Skalierung lassen sich verschiedenen Schichten des OSI Referenzmodells zuordnen:

Skalierung innerhalb der Vermittlungsschicht beruht darauf, Anteile des Datenstroms bei Überlastung von Betriebsmitteln im Netz zu verwerfen. Innerhalb von Netzwerkknoten werden dazu Monitore und Filter installiert: Monitore stellen eine Überlastung fest und signalisieren sie entgegen der Stromrichtung zu einem Filter, der daraufhin die Last des Datenstroms geeignet verringert. Da die Last in den Teilnetzen separat reguliert wird, können auch Empfänger, die über sehr unterschiedliche Kommunikationsnetze angebunden sind, durch einen einzelnen Datenstrom des Senders versorgt werden [Hoffman 93]. Von Vorteil ist weiterhin die geringe Reaktionszeit, da bereits innerhalb des Kommunikationsnetzes auf Überlast reagiert wird. Um sinnvolle Entscheidungen über die zu verwerfenden Anteile eines Datenstroms zu unterstützen, wird in [Wittig 94a] eine Signalisierung vorgeschlagen, mit der die Wichtigkeit eines Datenpakets der Vermittlungsschicht bekannt gemacht wird. Diese Verletzung des klassischen Schichtenmodells ist immer dann notwendig, wenn eine Skalierung innerhalb des Kommunikationssystems die Charakteristika der Medien berücksichtigen soll. Die Einführung von Monitoren und Filtern in die Vermittlungsschicht erhöht die Komplexität von Netzknoten und widerspricht damit den Prinzipien moderner Hochgeschwindigkeitsnetze. Weitergehende Arbeiten beschäftigen sich mit der dynamischen Installation und Propagierung von Filtern im Netz, um heterogene Empfänger zu unterstützen [Pasquale 92a, Pasquale 93]. In [Wolf 95b] werden die Änderungen spezifiziert, die notwendig sind, um diese Prinzipien im Vermittlungsprotokoll ST-II zu realisieren. Neben einem hohen Verwaltungsaufwand sind jedoch Sicherheitsfragen mit der Propagierung von Filtern verknüpft, die bisher unbetrachtet blieben.

Auf der Transportebene werden Skalierungsmechanismen ebenfalls durch Erweiterungen verschiedener Protokolle implementiert. In RTP [Schulzrinne 95] werden Nachrichten definiert, mit denen der Empfänger die Qualität eines empfangenen Stroms an den Sender übermittelt. Experimente über Weitverkehrsnetze zeigen, wie der Strom beim Sender anhand dieser Informationen auf ein Verkehrsaufkommen reduziert wird, das von einem Großteil der Teilnetze verarbeitet werden kann [Bolot 94a, Bolot 94b]. Als Nachteil der Skalierung am Endsystem zeigt sich, daß prinzipiell alle Senken den gleichen Strom empfangen, heterogene Empfänger daher nicht unterstützt werden können.

Diese Problematik wird in [Delgrossi 94] besonders berücksichtigt: Bei der sogenannten *diskreten Skalierung* in HeiTP werden für ein Medium mehrere Verbindungen des Vermittlungsprotokolls aufgebaut. Die Aufteilung entspricht unterschiedlichen Anteilen eines Datenstroms, wie sie durch eine hierarchische Kodierung in MPEG-II [ISO 94] erzeugt werden, so daß auch eine Teilmenge der Verbindungen beim Empfänger sinnvoll dargestellt werden kann. Aufgrund von Messungen der beim Empfänger installierten Monitore können dynamisch einzelne Verbindungen ab- und wieder aufgebaut werden. Dieses Verfahren setzt damit keinerlei Kenntnisse der zu übertragenden Medien auf den vermittelnden Knoten voraus.

Bei der sogenannten *kontinuierlichen Skalierung* in HeiTP [Delgrossi 94] werden einzelne Verbindungen skaliert. Es wird unterschieden in eine *transparente* Skalierung, bei der das Transportsystem Elemente eines Datenstroms verwirft und eine *nicht-transparente* Skalierung, bei der die Anwendung auf Senderseite vom Transportsystem aufgefordert wird, die von dem Strom ausgehende Last zu reduzieren. Die transparente Skalierung setzt, wie schon die Skalierung auf Vermittlungsebene, Informationen über die Zuordnung der einzelnen Datenpakete zu Informationseinheiten und ihre relative Wichtigkeit voraus. Sie hat den Vorteil, keinen Aufwand für die Anwendung zu verursachen, jedoch ist die Anpassung auf das Verwerfen von Datenpaketen beschränkt.

9.1.3 Skalierung auf Endsystemen

Obwohl die Notwendigkeit einer Skalierung sich nicht auf Betriebsmittel im Kommunikationsnetz beschränkt (s. o.), wird in existierenden Arbeiten die Skalierung ausschließlich in Verbindung mit Kommunikationsnetzen betrachtet. In dieser Arbeit werden Skalierungsmechanismen vorgestellt und in eine Multimedia-Systemerweiterung integriert, die Betriebsmittel auf dem Endsystem und im Kommunikationsnetz gleichermaßen berücksichtigen.

Die Skalierung auf Transport- oder Vermittlungsschicht basiert auf dem bloßen Verwerfen von Datenpaketen eines Stroms. Innerhalb der Multimedia-Systemerweiterung ist das Datenformat eines Stroms bekannt, so daß durch Veränderung der Kodierung eines Stroms eine feingranulare Adaption ermöglicht wird. Derart kann, (1) die Last genauer an die verfügbaren Kapazitäten angepaßt (MD5) und (2) die Auswirkung auf die wahrnehmbare Qualität minimiert werden.

Durch eine Integration in die Multimedia-Systemerweiterung läßt sich die Skalierung transparent für die Anwendung realisieren, so daß Anwendungen nicht mit zusätzlichem Implementierungsaufwand belastet werden. Würden dagegen Skalierungsmechanismen in Anwendungen implementiert, so hätte das neben dem zusätzlichen Aufwand zur Folge, daß die Skalierungsentscheidungen nicht notwendigerweise nach den gleichen Kriterien gefällt werden und daher einige Anwendungen bei gemeinsamer Benutzung kritischer Betriebsmittel benachteiligt werden (MD6). In bisherigen Arbeiten sind die Beziehungen zwischen mehreren zu skalierenden Strömen nicht betrachtet worden. Innerhalb der Systemerweiterung können Skalierungsentscheidungen koordiniert werden, um eine balancierte Auslastung der Betriebsmittel bei konsistenter Behandlung aller Ströme zu gewährleisten.

Skalierungsmechanismen im Kommunikationsnetz erfordern zusätzliche Mechanismen, die entweder als Erweiterungen existierender Protokolle oder als neue Protokolle zu implementieren sind. Sind die Mechanismen auf der Vermittlungsschicht angesiedelt, so muß für eine Skalierung zwischen zwei Endsystemen vorausgesetzt werden, daß alle den Strom weiterleitenden Knoten mit den entsprechenden Erweiterungen ausgestattet sind. Ist die Skalierung dagegen nur vom Endsystem abhängig, so können bereits zwei mit den entsprechenden Mechanismen ausgestattete Endsysteme über beliebig installierte Kommunikationswege skalierbare Ströme austauschen (GW3).

9.1.4 Integration in Dienstgüteklassen

Während die beiden Ansätze, garantierte Dienste und Skalierung, zunächst als gegensätzlich betrachtet und kontrovers diskutiert wurden [Delgrossi 93], wird in jüngerer Zeit die Notwendigkeit erkannt, beide Vorgehensweisen miteinander zu kombinieren [Herrtwich 94]. Für eine Integration der Skalierung in existierende Dienstmodelle sprechen, neben der mangelnden Kontrolle über einige Betriebsmittel, die folgenden Gründe:

- Für die Verarbeitung von Datenströmen mit einer variablen Bitrate (VBR, variable bit rate) ist die Einplanung von Betriebsmitteln entsprechend der maximalen Rate sehr ineffizient. Die Reservierung nur eines Anteils der maximal benötigten Ressourcen kann hier Abhilfe schaffen [Herrtwich 90], setzt jedoch die Fähigkeit der Anwendungen voraus, Unterbrechungen zu tolerieren.
- Die Unterstützung ausschließlich reservierter Verbindungen bedeutet nicht nur eine schlechte Ausnutzung der Betriebsmittel, sondern ist mit einem Aufwand für die Aushandlung verbunden, wodurch eine garantierte Dienstgüte insgesamt höhere Kosten verursacht. Da nicht alle Anwendungsszenarien Garantien erfordern, ist die Bereitstellung von Dienstgüteklassen mit niedrigeren Kosten wünschenswert [Delgrossi 94].

Betrachtet man das Modell von Dienstklassen (siehe Abschnitt 4.4.1), so ergeben sich verschiedene Möglichkeiten, das Verhältnis der Skalierung zu den existierenden Dienstklassen QOS_GUARANTEED, QOS_STATISTICAL und QOS_BEST_EFFORT zu gestalten:

- Skalierbare Ströme werden in einer zusätzlichen Dienstklasse zusammengefaßt.
- Ströme werden unabhängig von ihrer Dienstklasse als skalierbar gekennzeichnet.

Im ersten Fall existiert eine klare Trennung zwischen skalierbaren und nicht skalierbaren Strömen, negative Auswirkungen der skalierbaren Ströme auf Dienstgarantien sind durch eine entsprechende Priorisierung einfach zu verhindern.

Kann nicht über alle Betriebsmittel, die einen zu garantierenden Strom verarbeiten, ausreichende Kontrolle ausgeübt werden, so ist es jedoch sinnvoller, den Strom in der Dienstklasse QOS_GUARANTEED zu belassen und ihn bei entsprechender Überlast des nicht zu kontrollierenden Betriebsmittels zu skalieren. Auch für Ströme mit variabler Bitrate ist es wichtig, eine Basisgarantie (QOS_STATISTICAL) mit der dynamischen Adaptionsfähigkeit der Skalierung zu verknüpfen. Dies zeigt, daß die in Abschnitt 4.4.1 gewählte

Kennzeichnung skalierbarer Ströme unabhängig von Dienstklassen eine größere Flexibilität aufweist als die Zusammenfassung in einer separaten Klasse.

Wenn skalierbare Ströme zu verschiedenen Dienstklassen gehören können, sind bei der Entscheidung, welche Ströme ihre Anforderungen reduzieren müssen, die reservierten Betriebsmittel einzubeziehen, da es ansonsten zu einer Prioritätsumkehr kommen kann.

9.2 Skalierungsmodell für DMOS

Die Skalierung innerhalb der DMO-Services beruht auf einer Reihe von funktionalen Elementen, durch deren Zusammenwirken die Datenströme an veränderte Betriebsmittelkapazitäten angepaßt werden:

- das Erkennen von Betriebsmittelengpässen,
- die Auswahl von Strömen, die ihre Last reduzieren müssen,
- die Bestimmung der zugelassenen Last für jeden Strom,
- die Benachrichtigung der Quelle, die den Strom anzupassen hat, und
- die Modifikation des Stroms.

9.2.1 Monitore

Während der Verarbeitung der Datenströme muß die Betriebsmittelsituation beobachtet werden, um ggf. Engpässe durch Skalierung zu vermeiden. Dazu lassen sich verschiedenartige Monitore einsetzen:

- Dienstgütemonitore überwachen die Qualität eines Datenstroms anhand bestimmter Parameter, wie Durchsatz, Verlustrate und Verzögerung.
- Betriebsmittelmonitore messen Lastanforderungen und Auslastung eines Betriebsmittels.

Dienstgütemonitore lassen nur indirekte Aussagen über die Auslastung von Betriebsmitteln zu. Insbesondere die Zuordnung von gemessenen Reduktionen der Dienstgüte zu einer Überlastsituation gestaltet sich schwierig: Um eine Überlastsituation eines Betriebsmittels zu erkennen, müssen Messungen des Stroms vor und nach der Benutzung des Betriebsmittel miteinander verglichen werden. Da ein Dienstgütemonitor ausschließlich Abweichungen von der spezifizierten und ggf. bereits skalierten Qualität bestimmt, sind Aussagen über das Ende eines Engpasses ebenfalls nicht möglich. Dennoch werden in allen existierenden Arbeiten Dienstgütemonitore eingesetzt und das Kommunikationssystem als ein Betriebsmittel modelliert, da direkte Informationen über Betriebsmittel im Kommunikationsnetz nur dann zur

Verfügung stehen, wenn sie mittels entsprechender Mechanismen auf der Vermittlungsschicht bereitgestellt werden (siehe z. B. [Rose 93]).

Auf dem Endsystem lassen sich Betriebsmittel direkt durch Betriebsmittelmonitore überwachen. Wichtigster Parameter für die Skalierung ist die momentane Auslastung des Betriebsmittels. Es muß entschieden werden, ob eine signifikante Änderung der Auslastung vorliegt, die eine Adaption der verarbeiteten Ströme erfordert. Mit Hilfe eines Betriebsmittelmonitors kann, im Gegensatz zu Dienstgütemonitoren, nicht nur auf existierende Überlast reagiert werden, sondern durch präventive Skalierung die Last des Betriebsmittels gesenkt werden, bevor eine Überlast eintritt. Dazu werden die folgenden Belastungszustände unterschieden, die sich aus Meßwerten des Betriebsmittelmonitors ableiten lassen:

- Z1: stabile Belastung ohne Gefahr einer Überlast,
- Z2: steigende Belastung vor Erreichen einer Überlast,
- Z3: Überlast und
- Z4: sinkende Belastung nach einer Überlastsituation

Diese Definitionen berücksichtigen nicht nur die aktuellen Werte, sondern klassifizieren Belastungszustände auch nach der Tendenz der Meßwerte. Der Zustand Z2 dient dazu, eine drohende Überlast zu erkennen und durch präventive Maßnahmen zu verhindern. Ähnlich verhindert die Unterscheidung in Z4 zu frühe Entscheidungen, daß die Qualität der Ströme wieder zu erhöhen sei, und vermeidet so hochfrequente Oszillationen der Auslastung.

Zur Approximation der genannten Zustände werden die möglichen Meßwerte der Auslastung in Intervalle S_0 bis S_n eingeteilt, wobei S_0 und S_n geringste Auslastung d. h. Zustand Z1 bzw. Überlast, d. h. Zustand Z3 repräsentieren (siehe Bild 9.1). Übergänge zwischen diesen Intervallen reflektieren die Dynamik, entsprechend obiger Definition für die Zustände Z2 und Z4. Steigt die Last, kann mittels Skalierung der Ströme stärker reagiert werden. Derart läßt sich die Reaktion an die aktuelle Betriebsmittelsituation exakt anpassen (MD5).

Prinzipiell sind alle für die Verarbeitung eines Datenstroms benutzten Betriebsmittel zu überwachen. Für skalierbare Ströme innerhalb der DMO-Services werden Betriebsmittelmonitore für Pufferplatz und Rechenzeit eingesetzt. Bei Kommunikationsnetzen werden, da Informationen über die Auslastung generell nicht zur Verfügung stehen, Dienstgütemonitore zur Feststellung einer Überlast herangezogen. Alle Monitore besitzen eine

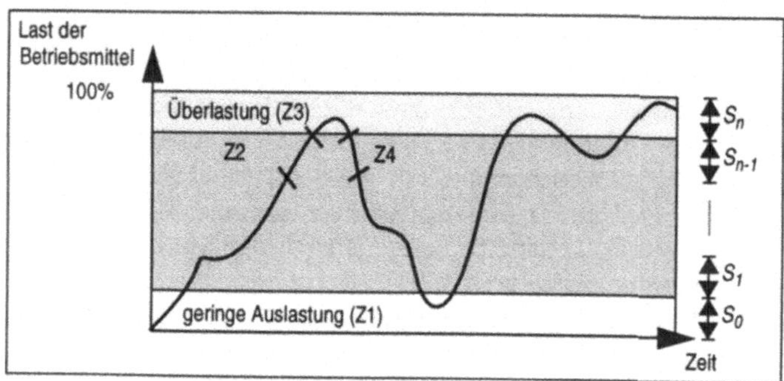

Bild 9.1: Lastzustände der Betriebsmittel

Schnittstelle zur Betriebsmittelverwaltung, die in DMOS durch den RM, eine Instanz der Klasse ResourceManager, realisiert wird (siehe Abschnitt 5.2.2).

9.2.2 Skalierungsstrategie

Zur Lastreduktion sind (1) die Ströme zu identifizieren und (2) geeignete Lastveränderungen für sie zu definieren. Bei der Auswahl der Ströme wird entsprechend der folgenden Ordnung vorgegangen:

1. skalierbare Ströme der Dienstklasse QOS_BEST_EFFORT,
2. nicht skalierbare Ströme der Dienstklasse QOS_BEST_EFFORT,
3. skalierbare Ströme der Dienstklasse QOS_STATISTICAL,
4. skalierbare Ströme der Dienstklasse QOS_GUARANTEED

Durch die Berücksichtigung dieser Reihenfolge bei der Lastreduktion wird erreicht, daß auch bei Betriebsmitteln, die keine Echtzeiteinplanung zulassen, eine indirekte Priorisierung entsprechend der Dienstklassen erfolgt. Innerhalb einer Gruppe wird die Wichtigkeit des Stroms (importance, Abschnitt 4.4.1) berücksichtigt. Ströme mit garantierter Dienstgüte werden erst skaliert, wenn die möglichen Reduktionen bei Strömen der Dienstklasse QOS_BEST_EFFORT bereits ausgeschöpft sind. Sind Reservierungen für ein Betriebsmittel eingetragen, so werden Ströme der Dienstklasse QOS_GUARANTEED aufgrund eines Engpasses nicht skaliert; in diesem Fall wird angenommen, daß die benutzten Anteile des Betriebsmittels durch Reservierungen abgedeckt sind.

Um die von Datenströmen ausgehende Last zu quantifizieren, werden zwei Lastdimensionen eines Stroms unterschieden:

- Bitrate und

- Rechenzeitanforderungen.

Diese Dimensionen sind nicht vollständig voneinander unabhängig, z. B. ist die Rechenzeit, die benötigt wird, um einen bestimmten Speicherbereich zu kopieren, abhängig von seiner Größe. Andererseits sind sie auch nicht direkt korreliert, da z. B. durch erhöhten Rechenaufwand bei der Kompression die Größe von Informationseinheiten verringert werden kann.

Die getrennte Betrachtung der Dimensionen dient dazu, die aktuelle Betriebsmittelsituation exakter auf Lastveränderungen der Ströme abzubilden. Die Eigenschaften der Ströme lassen sich, bezogen auf diese Dimensionen, verändern, d. h., wenn z. B. eine Reduktion der Bitrate gefordert wird, müssen nicht generell die Anforderungen an Rechenzeit verringert werden. Gegenüber einer eindimensionalen Betrachtungsweise läßt sich derart die Qualität der einzelnen Ströme erhöhen, bei einer ausgeglicheneren und dadurch insgesamt höheren Auslastung der Betriebsmittel.

Der Skalierungszustand eines Stroms wird als die momentane Lastanforderung relativ zu den Lastanforderungen ohne Skalierung definiert. Dabei werden die beiden Lastdimensionen jeweils als prozentualer Anteil ausgedrückt, d. h., der Skalierungszustand S ergibt sich als Tupel der Anteile bezüglich Bitrate T und Rechenzeitanforderungen C:

$$S = (T, C), \{0 \leq T, C \leq 100\}$$

Der Maximalwert $S_{max} = (100, 100)$ ist gleichzeitig der Initialwert für den Skalierungszustand der Ströme. Engpässe bei Pufferspeicher und Betriebsmitteln des Kommunikationsnetzes führen zu einer Verringerung der Bitrate. Überlastungen des Zentralprozessors werden auf Reduktionen der Rechenzeitanforderungen abgebildet. Bei Überlastungen des Kommunikationsnetzes wird nur der Strom skaliert, dessen Dienstgüte verletzt ist, da Überlastungen von den Zwischenknoten der spezifischen Verbindung abhängen und andere Ströme nicht generell zur Entlastung beitragen können. Bei lokalen Betriebsmitteln werden Ströme entsprechend der beschriebenen Reihenfolge ausgewählt und schrittweise bis zum Minimalwert $S_{min} = (10, 10)$ skaliert. Nach jeder Änderung der Betriebsmittelsituation wird der aktuelle Skalierungszustand iterativ festgelegt; einer drohenden Überlast wird durch eine progressive Skalierung begegnet.

9.2.3 Informationsfluß

Die Skalierung in Endsystemen nutzt die Möglichkeiten der Quelle, die Last des Stroms, z. B. durch Veränderung der eingesetzten Formate, anzupassen. Jede Veränderung eines Skalierungszustands muß daher der Stromquelle übermittelt werden. In DMOS werden Betriebsmittel für einzelne Streamhandler reserviert. Wird einem Streamhandler von der Betriebsmittelverwaltung ein neuer Skalierungszustand zugewiesen, sendet er eine Nachricht entgegen der Stromrichtung an seinen Vorgänger.

Ströme können sich über mehrere Endsysteme erstrecken, wobei auch in Zwischenknoten eine Verarbeitung des Stroms möglich ist (siehe z. B. das Konzept der Mixer in [Schulzrinne 95]). Dabei kann jeder eingesetzte Streamhandler von der lokalen Betriebsmittelverwaltung aufgefordert werden, Lastanpassungen vorzunehmen. Jeder Streamhandler kann daher neue Skalierungszustände von zwei unterschiedlichen Quellen empfangen (siehe Bild 9.2):

- Sein Nachfolger sendet einen Skalierungszustand $S_n = (T_n, C_n)$, der die Betriebsmittelsituation stromabwärts berücksichtigt.
- Die Betriebsmittelverwaltung übermittelt den Skalierungszustand $S_l = (T_l, C_l)$, wie er sich aufgrund der lokalen Auslastung ergibt.

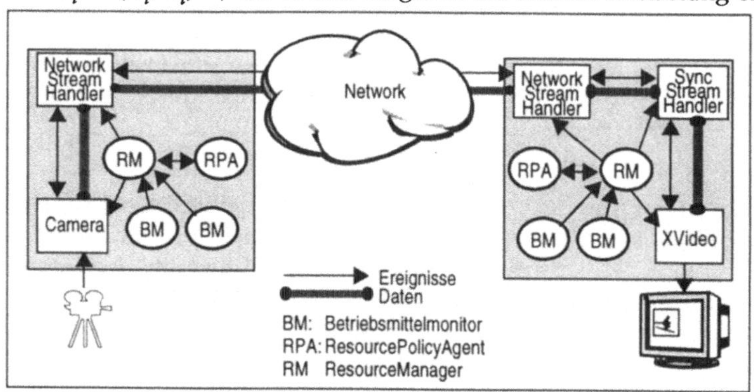

Bild 9.2: Nachrichtenfluß bei der Skalierung

Diese Zustände sind initial auf den Maximalwert S_{max} gesetzt; sie werden von jedem Streamhandler aktualisiert, wenn entsprechende Nachrichten eintreffen. Bei jeder eintreffenden Nachricht wird ein Skalierungszustand S gemäß folgender Formel ermittelt und an den Vorgänger weitergeleitet:

$$S = (min(T_n, T_l), min(C_n, C_l))$$

Diese Filterung gewährleistet, daß die verschiedenen Skalierungszustände, die z. B. von mehreren Endsystemen ermittelt wurden, auf dem Weg zur Quelle auf einen Wert abgebildet werden, der den Bedarf an Lastreduktionen für alle betrachteten Betriebsmittel berücksichtigt.

9.2.4 Art der Lastreduktion

Verantwortlich für die Reduktion der Last ist der Streamhandler, der an der Quelle des Stroms die Daten generiert. Wenn der Quellstreamhandler einen neuen Skalierungszustand empfängt, müssen die Charakteristika des Stroms entsprechend verändert werden. Das exakte Vorgehen ist von der Art der Datenerzeugung, z. B. Lesen vom Festspeicher oder Aufnahme von einer Kamera, von dem verwendeten Format und den Möglichkeiten der eingesetzten Hardware abhängig. Wegen dieser Vielzahl von Einflüssen wird die Strategie der Adaption spezifisch für jeden Quellstreamhandler implementiert.

Als Beispiel für die Einflußmöglichkeiten eines Streamhandlers, der einen Bewegtbildstrom im JPEG-Format an einer Kamera digitalisiert, sind in Bild 9.3 die Auswirkungen veränderter Quantisierungsparameter und vier verschiedener Werte für die Unterabtastung (subsampling) auf die Bitrate und die Verarbeitungszeit für Kompression und Dekompression dargestellt. Im

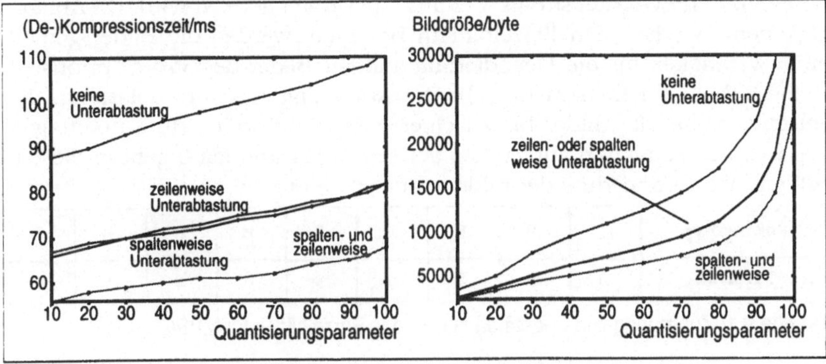

Bild 9.3: Einfluß von Kodierungsparametern auf Lastdimensionen

allgemeinen können verschiedene Einstellungen identifiziert werden, die einen gegebenen Skalierungszustand realisieren. Es zeigt sich, daß die Bitrate auf Veränderungen der Quantisierungsparameter sehr viel stärker reagiert als die Verarbeitungszeit. Es existieren, über die reine Reduktion der Bildrate hinaus, eine Reihe von Parametern, mit der die Last des Stroms auf den Skalierungszustand abgestimmt werden kann (siehe auch [Delgrossi 94]).

Gleichzeitig mit der Anpassung der Last ist für jeden Skalierungszustand die wahrnehmbare Qualität des Stroms zu maximieren, d. h., Lastreduktion und Qualitätsreduktion sollten in einem angemessenen Verhältnis zueinander stehen. Zur Veranschaulichung zeigt Bild 9.4 die Auswirkungen der Skalie-

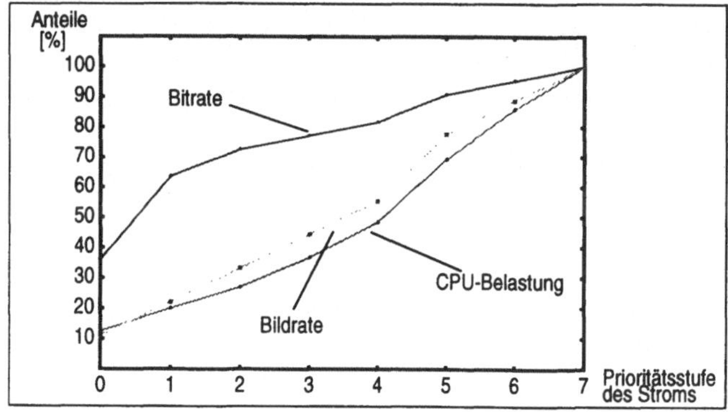

Bild 9.4: Ergebnis einer Skalierung nach Prioritäten für MPEG

rung eines MPEG-Datenstroms, der aus einer Datei gelesen wird. Da Abhängigkeiten zwischen den Einzelbildern bestehen, werden die Bilder gemäß ihrer Wichtigkeit für die Dekodierung anderer Bilder des Stroms priorisiert (siehe Tabelle 9.1 [Renkawitz 94]). Die Abbildung zeigt die Belastung, die entsteht, wenn alle Bilder bis zu einer gewissen Prioritätsstufe übertragen werden. Die Reduktion auf ca 36% der Bitrate für Priorität 0 geht in diesem Fall mit der Verringerung der Bildrate auf 11% einher, d. h., sie ist sehr teuer.

Rahmentyp	I	B	B	P	B	B	P	B	B
Priorität	0	3	5	1	4	6	2	5	7

Tabelle 9.1: Zuordnung von Prioritäten zur Art des Einzelbildes für MPEG

Die Flexibilität bei der Auswahl der Stromcharakteristika muß zur Maximierung der Qualität eingesetzt werden. Generell ist in Konversationskontexten eine größere Flexibilität festzustellen, weil das Datenformat an der Quelle nur durch die Möglichkeiten der Hardware eingeschränkt ist. Da die Qualität des Stroms ein subjektives Maß ist, können Quellstreamhandler die Anpassungsstrategie durch entsprechende Attribute steuerbar machen. Derart ist z. B. ein Benutzer in der Lage, eine Präferenz für scharf gestochene Bilder oder eine hohe Bildrate ausdrücken. Diese Präferenzen resultieren in unterschiedlichen Anpassungsstrategien der Streamhandler. Für die genannte Strategie *hohe Einzelbildqualität* eines Streamhandlers, der JPEG-kodierte Bilder erzeugt, wird z. B. der Quantisierungsfaktor auf Werte größer als 70 beschränkt und die gleichzeitige vertikale und horizontale Unterabtastung ausgeschlossen (vgl. Bild 9.3).

9.2.5 Ablauf

Entscheidungen über die zu skalierenden Ströme werden vom RPA, einem Objekt der Klasse ResourcePolicyAgent, getroffen. Diese Funktionalität ist von der eigentlichen Verwaltung der Betriebsmittel im RM getrennt, um eine leichte Konfigurierbarkeit unterschiedlicher Strategien zu ermöglichen (AB4).

Alle Belegungen von Betriebsmitteln sind als Instanzen der Klasse ResourceRegistration gespeichert, die unter anderem Referenzen auf den belegenden Streamhandler, die Dienstklasse des Stroms, Skalierbarkeit und aktuellen Skalierungszustand enthalten. Der Ablauf läßt sich im Überblick folgendermaßen skizzieren (siehe Bild 9.2):

1. Der RM teilt dem RPA einen veränderten Betriebsmittelzustand mit.
2. Der RPA wählt aus der Liste von Belegungen Streamhandler aus und berechnet ihre veränderten Skalierungszustände.
3. Die neuen Skalierungszustände werden an den RM übermittelt.
4. Der RM modifiziert die Liste von Belegungen.
5. Die entsprechenden Streamhandler werden vom RM über ihren neuen Skalierungszustand informiert. Nicht skalierbaren Strömen werden ggf. Betriebsmittel entzogen.

Der beschriebene Informationsaustausch ist auf Basis der Ereignisnachrichten (siehe Bild 5.2.3) implementiert. Entlang des Stroms werden Skalierungszustände ebenfalls durch Ereignisnachrichten weitergeleitet. Die Funktionalität des AV-Protokolls (siehe Abschnitt 7.3) umfaßt den Ereignisaustausch auch über Kommunikationsnetze hinweg.

Bei einer Anpassung der Charakteristika des Stroms an der Quelle müssen veränderte Beschreibungsinformationen ebenfalls allen Streamhandlern des Stroms übermittelt werden. Wird das Datenformat an der Quelle ausgetauscht, kann dies durch die Aufnahme des Formattyps (siehe Abschnitt 7.2.3) in die Datenpakete kommuniziert werden. Bei einer Kommunikation über unzuverlässige Transportdienste, muß für einen skalierbaren Strom ggf. Formatinformation in jedem Datenpaket übertragen werden. Für das JPEG-Format werden z. B. Informationen über die Quantisierung und Unterabtastung aufgenommen.

9.3 Zusammenfassung

Durch Skalierung können gegenüber einer Betriebsmittelverwaltung, die ausschließlich auf Reservierungen und Garantien beruht, mehr Ströme gleichzeitig unterstützt werden. In Situationen, in denen nicht alle benutzten Betriebsmittel eine Reservierung und Echtzeiteinplanung zulassen, bildet die Skalierung eine Möglichkeit, den unkontrollierten Abbruch von Strömen zu verhindern (MD4).

Während existierende Arbeiten zur Skalierung ausschließlich die für die Kommunikation eingesetzten Betriebsmittel betrachten, können durch den in diesem Kapitel vorgestellten Ansatz alle für die Verarbeitung verwendeten Ressourcen einbezogen werden. Da die beschriebene Skalierung keine spezifischen Anforderungen an das Kommunikationsnetz stellt, ist sie leichter in unterschiedlichen Kommunikationssituationen anwendbar als z. B. die Skalierung in der Vermittlungsschicht (GW3).

Es wurde gezeigt, wie Skalierung in die DMO-Services integriert werden kann, was insbesondere die folgenden Vorteile mit sich bringt:

- Die Eigenschaft der *nicht-transparenten* Skalierung auf der Transportebene, Charakteristika des Kodierungsverfahrens auf die Lastsituation abzustimmen, wird als Dienst für die Anwendung verfügbar, ohne daß für sie zusätzlicher Implementierungsaufwand entsteht.
- Die zentrale Behandlung der Skalierung für ein Endsystem sichert die Konsistenz der Skalierungskriterien und damit die Gleichbehandlung aller Ströme und Anwendungen (MD6).
- Die Integration der Skalierung in ein Dienstklassenmodell macht die Vorteile der Skalierung auch für Ströme mit garantierter oder teilgarantierter Dienstgüte nutzbar.

Die Anpassung der Datenströme erfolgt entlang verschiedener Lastdimensionen, wodurch eine genauere Anpassung an die Betriebsmittelsituation ermöglicht wird als bei eindimensionaler Betrachtungsweise (MD5). Betriebsmittel werden dadurch gleichmäßiger belastet, was wiederum zu einer höheren Gesamtauslastung des Systems führt. Es wurde beispielhaft gezeigt, welche Freiheitsgrade für die Anpassung der Kodierungsverfahren durch die Quellstreamhandler existieren und wie sie sich zur benutzergesteuerten Maximierung der Stromqualität nutzen lassen.

Der prinzipielle Nachteil einer Skalierung auf Endsystemen, eine Gruppe von heterogenen Empfängern nicht empfängerspezifisch unterstützen zu können, kann durch den zusätzlichen Einsatz einer diskreten Skalierung im Transportprotokoll [Delgrossi 94] überwunden werden. Derart lassen sich die Vorteile der Skalierung auf Endsystemen auch in heterogenen Empfängergruppen nutzen, wenn die entsprechenden Voraussetzungen durch das Kommunikationsnetz gegeben sind.

TEIL IV
Auswertung und Ausblick

10 Fallstudie: Multimediale Telekooperation

Die bisherigen Kapitel der vorliegenden Arbeit beschreiben Anforderungen, Aufbau, externe und interne Schnittstellen und verwendete Mechanismen der entwickelten Systemerweiterung. Die folgende Fallstudie zeigt, wie die DMO-Services in einem existierenden Teledienst eingesetzt werden, um die Verarbeitung kontinuierlicher Medien zu übernehmen: Der Teledienst Multimediale Telekooperation (Multimedia Collaboration, MMC) kombiniert audiovisuelle Kommunikation mit rechnergestützter Kooperation, um eine Umgebung zur Verfügung zu stellen, in der die Mitglieder einer Arbeitsgruppe konferieren und zusammenarbeiten können.

Der MMC-Dienst wird durch eine Spezifikation definiert, an deren Erarbeitung der Autor beteiligt war [Altenhofen 95] und die durch mehrere Gruppen implementiert wurde, so daß interoperable Realisierungen entstanden. Im folgenden wird zunächst die spezifizierte Architektur des Teledienstes dargestellt. Dann wird gezeigt, wie die DMO-Services zur Implementierung der IBM-Lösung eingesetzt wurden. Die dabei verwendete Funktionalität beschränkt sich auf die Bearbeitung kontinuierlicher Medien auf der lokalen Plattform, um die definierten Schnittstellen der MMC-Spezifikation nicht zu verletzen. Daher wird in einem weiteren Schritt dargestellt, welche Vereinfachungen der MMC-Architektur durch einen konsequenten Einsatz der DMO-Services möglich sind. Neben diesen Vereinfachungen führt eine vollständige Integration der DMO-Services zu zusätzlicher Funktionalität des MMC-Dienstes, wie Synchronisation und Skalierung, die integraler Bestandteil der DMO-Services sind, in die Spezifikation des Teledienstes aber bisher nicht aufgenommen wurden.

10.1 Übersicht

10.1.1 Projektkontext

Der Teledienst Multimediale Telekooperation (MMC) wird im Rahmen der BERKOM Multimedia Teleservices [DeTeBerkom 95] entwickelt. Diese Projekte haben die gemeinsame Zielsetzung, multimediale Dienste über Breitbandkommunikationsnetze zu realisieren und zu verbreiten [Popescu-Zeletin 88, Ricke 91]. Dazu wurden in herstellerübergreifenden Projektgruppen Dienstschnittstellen definiert, die von den Herstellern auf ihren Rechnerplattformen durch unterschiedliche Implementierungen ausgefüllt werden können. Neben der Multimedialen Telekooperation haben sich Projektgruppen mit folgenden Inhalten befaßt:

- Multimedia Mail (MMM) gestattet den Austausch von elektronischen Nachrichten, die durch multimediale Daten, wie Bewegtbild und Ton angereichert werden können. Als asynchroner Kommunikationsmechanismus ergänzt es die Multimediale Telekooperation, die nur synchronen Informationsaustausch vorsieht.
- Multimedia Transport (MMT) stellt einen Transportdienst zur Verfügung, der die besonderen Anforderungen kontinuierlicher Medien berücksichtigt. MMT ist einer der von DMOS verwendeten Transportdienste, er ähnelt in seiner Funktionalität dem HeiTS Tranportsystem (siehe Anhang C.1)
- Multimedia Archive untersucht Mechanismen, um multimediale Datenbestände dauerhaft in dedizierten Systemen zu speichern und sie Anwendern durch Zugriffe im Rahmen offener Dokumentenarchitekturen [ISO 89a] zur Verfügung zu stellen.

Die Multimediale Telekooperation integriert in übliche, mit Rechnern ausgestattete Arbeitsplätze eine kooperative Umgebung, die verschiedene Kommunikationselemente kombiniert. Audiovisuelle Verbindungen zwischen den Benutzern bilden reale Zusammentreffen nach. Graphische Anwendungen aus der rechnergestützten Arbeitsumgebung der Teilnehmer können in eine Konferenz eingebracht und so von allen Teilnehmer gemeinsam genutzt werden. Derart wird die effiziente Zusammenarbeit von Arbeitsgruppen auch bei räumlicher Trennung unterstützt, ohne daß die Mitglieder ihre gewohnte Arbeitsumgebung verlassen müssen [Altenhofen 93a].

10.1.2 Funktionale Elemente

Der Entwurf des Dienstes beruht auf einer Einteilung in funktionale Einheiten, die verschiedene Teilaufgaben für MMC erbringen:

- Konferenzverwaltung
- Konferenzverzeichnis
- Verteildienst für Anwendungen (Application Sharing)
- Audiovisuelle Kommunikation

Konferenzverwaltung

Die kooperierenden Benutzer des Dienstes treffen sich in Konferenzen, deren Administration von der Konferenzverwaltung übernommen wird.

Dazu gehört insbesondere die Kontrolle des aktuellen Zustandes der Konferenz, der sich unter anderem aus einer Teilnehmerliste, den zugehörigen Rechten der Teilnehmer und etablierten Praktiken der Konferenz zusammensetzt. Solche Praktiken definieren beispielsweise die Umstände, unter denen zusätzliche Teilnehmer in die Konferenz eintreten können, und die Mechanismen, durch die das Rederecht und die Kontrolle über die benutzten Anwendungen weitergegeben werden. Praktiken dienen dazu, den Dienst flexibel zu gestalten, um ihn an unterschiedliche Verhaltensmuster von Arbeitsgruppen und damit verschiedene Anforderungen an Konferenzen anzupassen.

Konferenzverzeichnis

Das Konferenzverzeichnis verwaltet alle mit Konferenzen assoziierten Informationen. Dazu gehören Namen und Adressen von möglichen Benutzern des Dienstes, Informationen über Konferenzen, die gerade stattfinden, und Profile (Groups) von regelmäßig zu haltenden Konferenzen. Profile legen die Personen fest, die für eine Konferenz einzuladen sind, und welche Rollen ihnen inital zugewiesen werden. Beim Aufbau einer Konferenz kann der Initiator ein Profil angeben, um regelmäßige Treffen mit Arbeitsgruppen zu automatisieren. Alle im Konferenzverzeichnis abgelegten Informationen können als öffentlich oder vertraulich klassifiziert werden und sind dadurch allen Benutzern des Dienstes zugänglich bzw. vor unbefugtem Zugriff geschützt.

Verteildienst für Anwendungen

Die gemeinsame Benutzung von Anwendungen innerhalb einer Konferenz wird durch den Verteildienst für Anwendungen ermöglicht, der allen Teilnehmern die gleichzeitige Sicht auf Benutzerschnittstellen der eingebrachten Anwendungen ermöglicht. Dadurch werden die Ausgaben der Anwendungen bei allen Teilnehmern sichtbar, Eingaben können jedoch nur abwechselnd akzeptiert werden. Durch explizite und implizite Mechanismen kann das Eingaberecht zwischen Teilnehmern weitergegeben werden, um ein kooperatives Arbeiten zu ermöglichen. Eine explizite Weitergabe wird über die Benutzerschnittstelle des MMC-Dienstes initiiert, bei impliziten Weitergaben wechselt das Eingaberecht automatisch, wenn ein Benutzer Eingaben für eine Anwendung erzeugt. Als weitere Hilfsmittel der Verständigung dient ein Zeiger, mit dem jeder Teilnehmer auf der gemeinsamen Arbeitsfläche eine Position bezeichnen kann. Zeiger sind den Teilnehmern durch Markierungen leicht zuzuordnen und können daher die audiovisuelle Kommunikation verstärken.

Audiovisuelle Kommunikation

Die audiovisuelle Kommunikation stellt Bewegtbild und Ton als Kommunikationsmedien innerhalb einer Konferenz zur Verfügung. Die kontinuierlichen Medien werden in digitalisierter Form zwischen den Arbeitsplatzrechnern der Teilnehmer übertragen. Bei jedem Teilnehmer werden die lokalen Daten durch Kameras bzw. Mikrofone aufgenommen, digitalisiert, kodiert und schließlich an alle Gesprächspartner versendet. Dort werden sie dekodiert und gegebenfalls zur Darstellung in analoge Signale umgewandelt. Aufgrund der Vielfalt digitaler Datenformate werden vor dem Aufbau der Datenströme die exakten Kommunikationsparameter zwischen den Endsystemen ausgehandelt.

10.1.3 Systemarchitektur

Die beschriebenen Funktionen werden von Komponenten erbracht, die im verteilten System mit Hilfe fest definierter Anwendungsprotokolle kommunizieren. Durch die Systemarchitektur des MMC-Dienstes (siehe Bild 10.1)

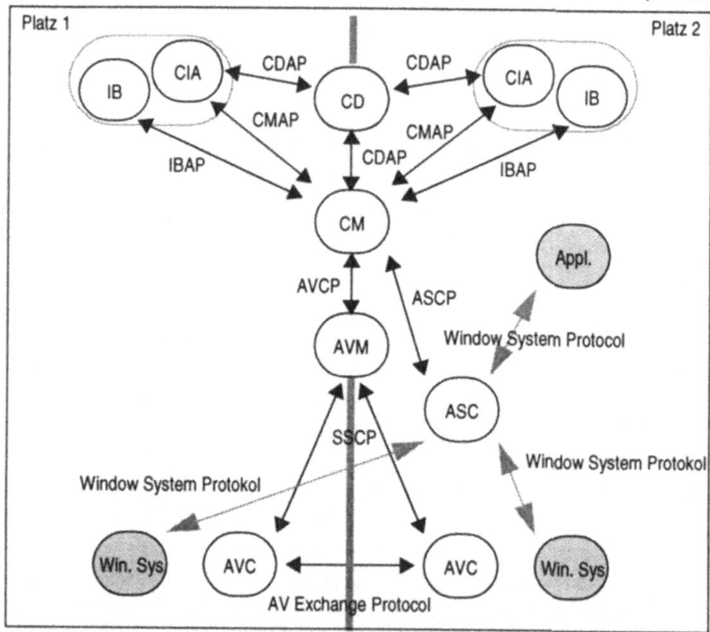

Bild 10.1: Systemarchitektur des BERKOM MMC-Teledienstes

werden einige Komponenten fest den Arbeitsplatzrechnern der Teilnehmer zugeordnet (Platz 1 und Platz 2). Die anderen Komponenten können prinzipiell auf anderen erreichbaren Rechnerknoten installiert sein. Die Protokolle zwischen MMC-Komponenten sind durch standardisierte entfernte Prozeduraufrufe [ISO 89b][Rose 91] realisiert, eine Ausnahme bilden die Audio- und Videodaten, die mit Hilfe des UDP/IP Transportdienstes zwischen den AVC-Komponenten transportiert werden. Gemeinsam ermöglichen diese standardisierten Kommunikationsmechanismen, daß MMC-Komponenten unterschiedlicher Hersteller zusammenarbeiten. Im einzelnen erfüllen die Komponenten die folgenden Aufgaben:

- Die Verwaltung von Konferenzen (s. o.) wird durch die Komponente Conference Manager (CM) übernommen. Jede Konferenz wird fest mit einem CM assoziiert.
- Das Conference Directory (CD) realisiert das Konferenzverzeichnis zur Speicherung von Informationen über Benutzer und Konferenzen. Es handelt sich konzeptionell um ein globales Verzeichnis, das mit Hilfe von X.500 Standarddiensten [ISO 89c] implementiert wird.
- Der Conference Interface Agent (CIA) stellt dem Anwender die MMC-Dienste in einer graphischen Benutzeroberfläche zur Verfügung. Alle anderen Komponenten bleiben für den Anwender unsichtbar.
- Der Invitation Broker (IB) empfängt Einladungen und übermittelt sie, je nach Zustand des CIA synchron oder asynchron.
- Der Verteildienst für Anwendungen wird durch die Application Sharing Component (ASC) realisiert. Eine solche Komponente ist jedem Teilnehmer zugeordnet, der eine Anwendung in eine Konferenz einbringt.
- Der Audiovisual Manager (AVM) steuert die multimedialen Datenströme zwischen Teilnehmern. Er handelt kompatible Formate zwischen ihnen aus und etabliert entsprechende Ströme, d. h., der AVM verwaltet die audiovisuelle Kommunikation.
- An jedem Teilnehmerarbeitsplatz ist eine Audiovisual Component (AVC) für die Verarbeitung multimedialer Daten, d. h. für Digitalisierung, Kodierung, Dekodierung, Übertragung, Empfang und Wiedergabe, verantwortlich. Die AVC stellt damit die Endpunkte audiovisueller Kommunikation zur Verfügung.

10.2 Audiovisuelle Kommunikation

AVM und AVC stellen zusammen die Funktionalität zur Verfügung, um Bewegtbild und Ton zwischen Teilnehmern einer Konferenz als Kommmunikationsmittel nutzbar zu machen. Um beurteilen zu können, welche Rolle die DMO-Services dabei spielen können, werden diese Komponenten im folgenden genauer untersucht. Die Spezifikation des Dienstes in [Altenhofen 95] macht keine Aussagen über die Komponenten selbst, sondern definiert sie nur indirekt durch syntaktische und semantische Beschreibung ihrer Schnittstellen. Aufschluß über die Aufgaben von AVM und AVC geben daher nur die Spezifikationen ihrer Zugangsprotokolle Audiovisual Control Protocol (AVCP) und Source/Sink Control Protocol (SSCP).

AVCP und SSCP bestehen jeweils aus einer Menge von Operationen, die den beteiligten Komponenten klare Rollen als Server und Klienten zuweisen. Für den Klienten verhält sich jede Operation wie ein lokaler Prozeduraufruf, bei dem Parameter übergeben und Rückgabewerte berechnet werden. Ereignisse können von einem Server an den Klienten auch asynchron gemeldet werden. Zwei Operationen, Bind und Unbind, eines jeden Protokolls melden Klienten bei Servern an bzw. ab. Bei der Anmeldung wird eine Transportverbindung aufgebaut und mit der Klienten/Server-Beziehung assoziiert.

10.2.1 AVCP

Die Operationen des AVCP dienen zur Verwaltung von sogenannten AV-Gruppen (für eine Übersicht der Operationen siehe Anhang F.1). Eine AV-Gruppe definiert eine Topologie von Kommunikationsverbindungen zwischen Teilnehmern durch die folgenden Attribute:

- Gruppentyp: Mögliche Ausprägungen des Gruppentyps sind 1:N und N:N. Sie bedeuten, daß Verbindungen nur von einer bestimmten Quelle zu mehreren Senken benötigt werden bzw. daß Teilnehmer und Verbindungen ein vollvermaschtes Netz bilden.
- AV-Modus: Der AV-Modus gibt an, ob die Verbindungen Ton, Bewegtbild oder beide Medien gleichzeitig unterstützen sollen.
- AV-Strategie: Dieses Attribut definiert Abhängigkeiten zwischen den einzelnen Strömen. In der Ausprägung *IndividualBest* wird jede Verbindung zwischen zwei Teilnehmern nach dem Kriterium aufgebaut, eine möglichst hohe Qualität der Kommunikation sicherzustellen. In der Ausprägung *Strict* werden Verbindungen nur dann aufgebaut, wenn alle Teilnehmer den spezifizierten AV-Modus unterstützen können. Schließlich bestimmt bei der Ausprägung *AllWorst* die Verbindung mit der niedrigsten Qualität die Art aller Verbindungen innerhalb der Gruppe.

Die genannten Attribute können beim Anlegen einer Gruppe durch AVCP_OpenGroup festgelegt werden, für die AV-Strategie ist allerdings nur der Wert *IndividualBest* zulässig. Der Gruppentyp 1:N wird nur dann benutzt, wenn kontinuierliche Medien von einem der Teilnehmer an die anderen Teilnehmer übertragen werden sollen, beispielsweise aus einem multimedialen Dokument. Für die direkte Kommunikation der Teilnehmer dient der Gruppentyp N:N.

Die Menge der Mitglieder einer Gruppe wird durch die Operationen AVCP_AddParticipant und AVCP_RemoveParticipant gesteuert. Beim Hinzufügen wird ein neues Mitglied u. a. durch eine Referenz zu einer AVC-Komponente beschrieben, wodurch es dem AVM ermöglicht wird, eine SSCP-Verbindung zu dieser Komponente aufzubauen.

Für eine Gruppe kann nachträglich festgelegt werden, daß sie moderiert wird (AVCP_SetAVMixing). In einer moderierten Gruppe kann zu jeder Zeit nur ein Teilnehmer Daten senden, das Eingaberecht wird mit der Operation AVCP_ChangeControl weitergegeben. In unmoderierten Gruppen werden die Daten aller Teilnehmer gleichzeitig zu allen Gesprächspartnern übertragen.

10.2.2 SSCP

Mit den Operationen des SSCP (siehe Anhang G) lassen sich sogenannte Endpunkte verwalten, die durch die folgenden Attribute charakterisiert werden:

- Als Endpunkttypen werden Quellen und Senken unterschieden. Eine Quelle generiert einen Datenstrom und versendet ihn über ein Kommunikationsnetz an eine oder mehrere Senken. Eine Senke kann einen Strom nur von einer Quelle empfangen.
- Der Aktivitätstyp legt fest, welcher Art die Daten sind. Es wird unterschieden zwischen Daten, die von Kamera oder Mikrofon eines Teilnehmers stammen (Activity = LIVE) und Daten, die aus Dokumenten in eine Konferenz eingespielt werden (Activity = FILE).
- Ein AVTyp beschreibt detailliert das Format des zu verarbeitenden Datenstroms. AVTypen können gleichzeitig Audio- und Videokodierungen spezifizieren; in diesem Fall fließen separate Ströme der spezifizierten Formate durch einen Endpunkt.

Um Endpunkte kompatiblen Formats zu erzeugen, erfragt der AVM zunächst die AVTypen, die von den einzelnen AVC-Komponenten verarbeitet werden können. Mit der Operation SSCP_ListEndpointAVTypes wird eine Kombination von Endpunkttyp, Aktivität und AVModus an jede AVC-Komponente übergeben und somit die Liste der möglichen AVTypen erfragt.

Die Gesamtheit der Listen ermöglicht dem AVM zu beurteilen, ob zu jedem Paar, bestehend aus Quelle und Senke, ein Format existiert, das von beiden verarbeitet werden kann. Der entsprechende AVTyp wird dann bei der Erzeugung von Quellen und Senken mit SSCP_OpenSource bzw. SSCP_OpenSink spezifiziert.

Auf- und Abbau der Verbindungen zwischen Quelle und Senke werden an der Quelle gesteuert. Durch SSCP_AddSinks werden eine oder mehrere Senken zu einer Quelle hinzugefügt, d. h., daß zu diesem Zeitpunkt gegebenenfalls Transportverbindungen zwischen den beteiligten AVC-Komponenten aufgebaut werden. Entsprechend werden durch SSCPRemoveSinks die Verbindungen zu den als Parameter spezifizierten Senken wieder abgebaut.

Die Verarbeitung des Datenstroms wird getrennt für Quellen und Senken mittels SSCP_SetTransmission gestartet und gestoppt.

10.2.3 Diskussion

Bild 10.2 zeigt als Übersicht, welche Abstraktionen die Komponenten bereitstellen. Der AVM übersetzt die Verwaltung von Gruppen mit einem AVModus in eine Topologie von Verbindungen zwischen Endpunkten. Verbindungen zwischen zwei Teilnehmern können durchaus Daten unterschiedlichen Formats transportieren, da die Formate durch die Gesamtheit aller unterstützten AVTypen bestimmt wird.

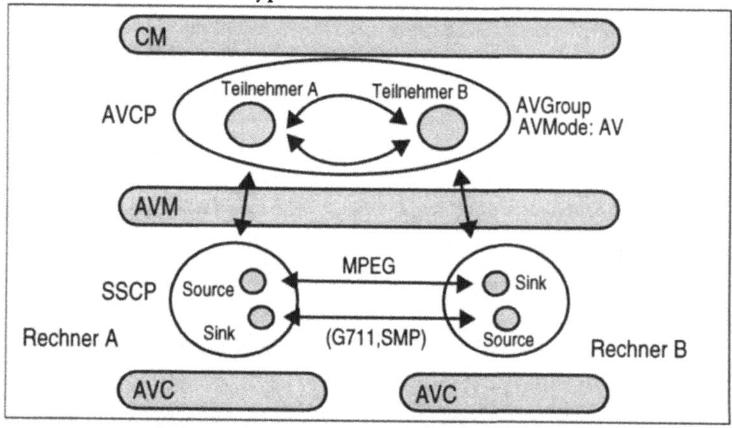

Bild 10.2: Abbildung von Abstraktionen zur audiovisuellen Kommunikation

Die Tatsache, daß der AVM die Auswahl der AVTypen steuert, birgt jedoch eine Reihe von Problemen:

- Kenntnisse über Datenformate sind auf mehrere Schichten der Architektur verteilt. Falls beispielsweise neue Formate von einer AVC Komponente angeboten werden, müssen zusätzlich das SSCP und der AVM um entsprechende Fähigkeiten erweitert werden (vgl. (AD5) in Kapitel 2).
- Die Entscheidung, ob es sich bei zwei unterstützten AVTypen um kompatible Formate handelt, hängt mitunter von sehr vielen Parametern ab (siehe die Spezifikation der Formate in Anhang G.2). Die Anzahl von Listenelementen, die eine AVC für ein Format an den AVM zurückgibt, ist nur durch die Anzahl der möglichen Parameterkombinationen begrenzt.
- Um die tatsächlich zu übertragende Anzahl von AVTypen zu verringern, wurden einige semantischen Erweiterungen des Protokolls definiert: So deuten unausgefüllte optionale Parameter an, daß die AVC jeden Wert dieses Parameters unterstützen kann. Bitfelder werden beispielsweise benutzt, um den Informationsgehalt zu komprimieren (siehe SubSampling in Anhang G.2). Diese Erweiterungen haben jedoch zur Folge, daß einfache Vergleiche der übertragenen Parameter nicht mehr genügen, um die Kompatibilität der Formate festzustellen: Für jeden Parameter sind gegebenenfalls spezielle semantische Restriktionen zu beachten, was sich bei der Implementierung des AVM als aufwendig erwiesen hat.

Darüber hinaus hat sich herausgestellt, daß ein einmaliges Erfragen der unterstützten AVTypen für eine sichere Verhandlung nicht immer ausreichend ist. Aus technischen Gründen schränkt in einigen Implementierungen das Format des ersten erzeugten Endpunkts die Menge der später benutzbaren Formate ein, d. h., daß der AVM prinzipiell nach jedem Eröffnen eines Endpunktes die Liste der unterstützten Formate der entsprechenden AVC aktualisieren muß. Dies bedeutet einen hohen Zusatzaufwand und verringert außerdem den Wert der Verhandlung, denn kompatible Formate sind nicht a priori, d. h. vor Erzeugung von Endpunkten, bestimmbar, sondern hängen sogar von der Reihenfolge ab, in der Endpunkte erzeugt werden. Je nach Strategie des AVM kann es vorkommen, daß bereits geöffnete Endpunkte wieder geschlossen werden müssen, um eine Verbindung zwischen den Teilnehmern erfolgreich aufzubauen.

Bei der Spezifikation des MMC-Dienstes wurden ausschließlich solche Aspekte betrachtet, die zur Interoperabilität verschiedener Implementierungen notwendig erschienen. Dies läßt sich darauf zurückführen, daß zu Beginn des Projekts nur auf wenige Erfahrungen im Bereich verteilter multimedialer Anwendungen zurückgegriffen werden konnte und die Projektpartner größtmögliche Freiheit für ihre Implementierungen sicherstellen wollten. Diese Tendenz hatte allerdings auch zum Ergebnis, daß einige

Aspekte, die insbesondere die AVC zu einem flexibel einsetzbaren Subsystem gemacht hätten, nicht explizit spezifiziert wurden:

- Die Spezialisierung der Endpunktabstraktion auf Konferenzsituationen führt dazu, daß ein Endpunkt immer eine Verbindung über ein Kommunikationsnetz, entweder als Quelle oder als Senke, impliziert. Daher ist die AVC für den Einsatz in lokalen multimedialen Anwendungen ungeeignet. Ein geplanter Teil des Projekts, nämlich die gemeinsame Benutzung multimedialer Anwendungen innerhalb einer Konferenz, wurde somit undurchführbar: Nur wenn multimediale Anwendungen die definierten Schnittstellen der AVC benutzten, wäre eine sinnvolle Verteilung ihrer Datenströme auch an andere Teilnehmer innerhalb der Konferenz möglich. Wegen der Unvereinbarkeit multimedialer Anwendungsschnittstellen der Projektpartner, wurde dieser Teil des Projekts schließlich gestrichen.
- Die Art des Transportdienstes wird nicht in die Verhandlung zwischen Quellen und Senken einbezogen. Obwohl es im Verlauf des Projektes geplant war, den BERKOM Transportdienst MMT einzusetzen, ist es nicht möglich, den Transportdienst dynamisch zu bestimmen, um übergangslos zwischen dem Einsatz herkömmlicher und dem Einsatz spezialisierter Transportdienste zu wechseln. Das eingesetzte Transportsystem muß daher a priori zwischen allen potentiellen Teilnehmern einer Konferenz festgelegt werden.

10.3 Implementierung der AVC mittels der DMO-Services

Da die Schnittstellen der Komponenten im MMC-Dienst festlegt sind, können im Rahmen einer spezifikationskonformen Implementierung des Dienstes die DMO-Services nur als Hilfsmittel zur Implementierung einer AVC-Komponente dienen. In einer früheren Version der AVC wurde die Endpunktabstraktion direkt auf Gerätetreibern der IBM RISC/System 6000 implementiert. Dies erforderte den Einsatz mehrerer parallel arbeitender Prozesse, u. a. zur Verarbeitung der kontinuierlichen Medien, und führte zu komplexem und schwer wartbarem Programmkode. Durch die Verwendung der DMO-Services vereinfachte sich die Implementierung zu einer einfachen Abbildungsfunktion der Endpunkabstraktion des SSCP auf Ströme der DMO-Services (siehe Bild 10.2). Die Art der Abbildungen werden im folgenden anhand der SSCP-Operationen erläutert.

10.3.1 SSCP_ListEndpointAVTypes

Die Formate, die von der AVC verarbeitet werden können, hängen von den Fähigkeiten der physikalischen Geräte ab, die vom DMO-Server verwaltet werden. Die DMO-Services ermöglichen es der AVC, die von einem Gerät unterstützten Formate zu bestimmen. Dazu werden aus den Parametern Endpunkttyp, -art und Aktivität die benötigten Geräte ermittelt. Beispielsweise wird bei dem Aktivitätstyp FILE der als Parameter übergebene Dateiname einem Gerät der Klasse FileDevice zugewiesen und mit der Methode *createFormatByTrack* das Format der Daten ermittelt. Die AVC wandelt die exakten Formate (siehe Abschnitt 4.3.2) in eine Liste von AVTypen um und gibt sie als Ergebnis der Operation zurück.

10.3.2 SSCP_OpenSource

Jeder Endpunkt wird auf einen oder mehrere Ströme im Sinne der DMO-Services abgebildet. Wie in Tabelle 10.1 ersichtlich, bestimmen die Parameter Aktivität und AVTyp die Geräte, aus denen sich die Ströme zusammensetzen. Enthält der AVTyp ein Datenformat für Ton, so wird dies für die Aktivität LIVE mit dem Ausgangspunkt eines Gerätes vom Typ Microphone verknüpft, bei einem Format für Bewegtbild wird ein Kameraobjekt erzeugt, das die entsprechenden Daten generieren kann. Sind Formate für Bewegtbild und Ton im AVTyp enthalten, so werden separate Ströme für die beiden Medien aufgebaut. Für die Aktivität FILE ist das Vorgehen entsprechend; die exakten Datenformate werden allerdings aus der Datei, die als Quelle dient, ausgelesen.

AVType / Activity	Audio	Video
LIVE	Microphone NetworkSourceDevice	Camera NetworkSourceDevice
FILE	FileDevice NetworkSourceDevice	

Tabelle 10.1: Gerätekombinationen für Endpunkttyp Source

Die genannten Datenquellen werden jeweils mit Geräten vom Typ NetworkSourceDevice verknüpft, die die Kommunikationsverbindung verwalten. Der für die Benutzung innerhalb des MMC-Dienstes festgelegte Transportdienst (siehe Abschnitt 10.2.3) wird mittels der Methode *setTransportType* eingestellt (siehe Tabelle 7.2).

Die derart erzeugten Ströme werden schließlich durch die Methode *prepare* auf die Datenschicht abgebildet. Der Bezug zwischen Endpunkt und Strömen wird für nachfolgende Operationen gespeichert.

10.3.3 SSCP_OpenSink

Endpunkte vom Typ Sink werden ähnlich den Quellen auf bestimmte Gerätesequenzen abgebildet, die aus den Parametern Aktivität und AVTyp bestimmt werden (siehe Tabelle 10.2). Die AVTypen werden in exakte Formate der DMO-Services übertragen, die mit den Ein- bzw. Ausgangspunkten der Geräte verknüpft werden. Die Art des erzeugten Gerätes zur Dekodierung der Videodaten wird ebenfalls durch das exakte Format bestimmt: es kann sich um Geräte der Klassen JPEGDecoder oder SMPDecoder handeln.

AVType / Activity	Audio	Video
LIVE	NetworkSinkDevice Speaker	NetworkSinkDevice Decoder XWindowDevice
FILE	NetworkSinkDevice FileDevice	

Tabelle 10.2: Gerätekombinationen für Endpunkttyp Sink

Geräte vom Typ NetworkSinkDevice dienen zum Empfang der Daten über das Kommunikationsnetz. Nachdem die Ströme als Streamhandlergraph in der Datenschicht instantiiert sind, werden durch den Aufruf der Methode *get_tsap* die TSAPs ermittelt, da diese als Rückgabewerte der Operation dienen. Die Senke wird schließlich durch die Methoden *accept* und *acquireResource* auf den Aufbau einer Transportverbindung vorbereitet (siehe Abschnitt 7.3.2). Bild 10.3 faßt die DMOS-Objekte zusammen, auf die ein MMC-Szenarium entsprechend Bild 10.2 (Rechner A) abgebildet würde.

10.3.4 SSCP_AddSinks

Mit dieser Operation werden Verbindungen von einer Quelle zu potentiell mehreren Senken aufgebaut. Die Ströme der DMO-Services, auf die sich der Aufruf bezieht, lassen sich durch den übergebenen Quellendpunkt eindeutig identifizieren. Jeder dieser Ströme endet in einem Netzwerkgerät, das mit den übergebenen Senken verbunden werden soll. Adreßinformation in Form der TSAPs der Senken wird aus der Liste von Endpunkten entnommen und mit der Methode *connect* den Netzwerkgeräten mitgeteilt. Anschließend

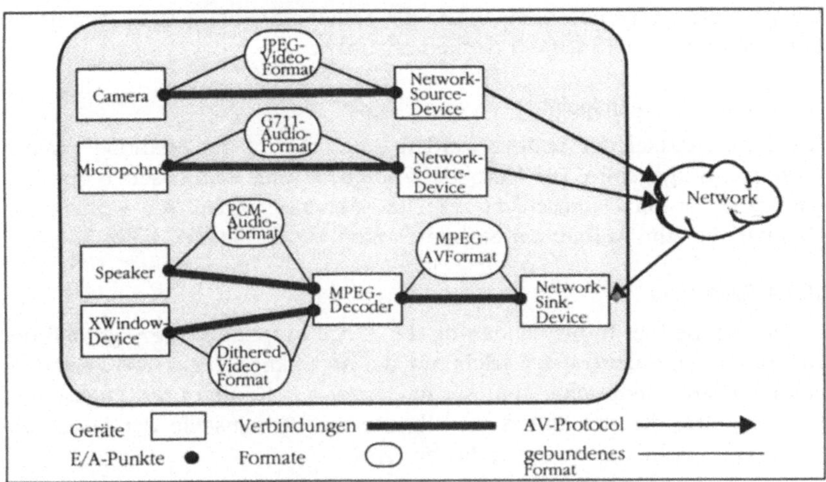

Bild 10.3: Objekte einer AVC bei bidirektionaler AV-Verbindung (Beispiel)

werden durch den Aufruf von *acquireResource* auf den Strömen die lokal benötigten Betriebsmittel ermittelt und die Transportverbindungen zu den Senken aufgebaut.

10.3.5 SSCP_SetTransmission

Die Ströme, auf die sich der Aufruf bezieht, werden durch die Methoden *start* und *stop* entsprechend dem übergebenen Übertragungszustand gestartet bzw. angehalten. Erst beim Starten eines Stroms werden Fenster zur Präsentation der Videodaten an der Benutzeroberfläche dargestellt, beim Anhalten werden sie wieder geschlossen. Dieses Vorgehen hat sich als notwendig erwiesen, da es vorkommt, daß der AVM beim Verhandeln der Datenformate Endpunkte öffnet und sie dann aufgrund auftretender Inkompatibilitäten wieder schließen muß. Die Darstellung von Videofenstern bei der Erzeugung von Endpunkten würde in diesen Fällen zu störenden Auf- und Abblenderscheinungen an der Benutzerschnittstelle führen.

10.3.6 SSCP_RemoveSinks

Die Verbindung zwischen einem Quellendpunkt und den als Liste übergebenen Senken wird mit dieser Operation aufgelöst. Zunächst werden die betroffenen Ströme und deren Netzwerkgeräte bestimmt. Anschließend wird die Methode *disconnect* benutzt, um die Transportverbindung zu den in der Liste spezifizierten TSAPs der Senken abzubauen.

10.3.7 SSCP_CloseEndpoint

Die Betriebsmittel der Ströme werden durch Aufruf der Methode *releaseResources* freigegeben. Die Methode *unprepare* führt zum Löschen der Streamhandler in der Datenschicht der DMO-Services. Schließlich werden alle Objekte, die zum Aufbau der Ströme dienten, durch die AVC gelöscht.

10.3.8 Bewertung

Es hat sich bei der Implementierung der AVC-Komponente gezeigt, daß der Begriff des Endpunktes sich leicht auf die Abstraktionen der DMO-Services abbilden läßt. Endpunkte sind spezialisierte, auf Konferenzen zugeschnittene Begriffe, die sich durch die allgemeinere Schnittstelle der DMO-Services ohne Probleme emulieren lassen (AA2).

Dagegen war zusätzlicher Aufwand erforderlich, um die zweite Schnittstelle der AVC, das AV Exchange Protocol (AVXP) zum Datentransport zwischen AVC-Komponenten, zu unterstützen. Die Definition von AVXP beschränkt sich auf die Spezifikation einer PDU, die Steuerungsmöglichkeiten der AV-Protokollinstanzen (siehe Abschnitt 7.3) wurden daher ergänzt, um das Format der PDUs explizit von der Anwendung einstellbar zu machen. Die Streamhandler wurden derart erweitert, daß sie das in der Spezifikation des MMC-Dienstes festgelegte Paketformat verarbeiten können. Die durch das AVP gebotenen Zugriffsmöglichkeiten auf TSAPs der Transportdienste haben sich als ausreichend erwiesen, um den Austausch der Adreßinformation durch den AVM zu unterstützen (AA4, AO5).

Die AVC hat sich in ihrer Struktur im Vergleich zur vorherigen Implementierung stark vereinfacht. Die Verarbeitung kontinuierlicher Daten konnte aus der AVC vollständig entfernt und den DMO-Services übertragen werden. Daher ist der Einsatz mehrerer Prozesse unnötig geworden, der damit verbundene Mehraufwand für Interprozeßkommunikation und Verwaltung entfällt und die Wartung wird erleichtert. Die Verarbeitung multimedialer Datenströme kann nach der Verlagerung in die DMO-Services sicherer erbracht werden, da in der Datenschicht Mechanismen wie das Echtzeit-Scheduling die zeitgerechte Ausführung der Operationen sicherstellen (MA3).

Die integrierte Verwaltung von Betriebsmitteln innerhalb der DMO-Services ermöglicht der AVC, Garantien für die Verarbeitung der Datenströme anzufordern. Diese Garantien sind im allgemeinen allerdings auf das lokale System beschränkt, da (1) Implementierungen anderer Projektpartner keine Aushandlung von Dienstgarantien unterstützen, und (2) der herstellerübergreifend eingesetzte Transportdienst UDP verbindungslos arbeitet. Wird dagegen der MMC-Dienst zwischen IBM-Plattformen mit dem Transportdienst MMT eingesetzt, erstrecken sich die Garantien nicht nur auf die beteiligten Endsysteme, sondern auch auf das Kommunikationsnetz (MD2).

Weitere Vorteile, die sich aus der Verwendung der DMO-Services ergeben, beziehen sich auf die gleichzeitige Benutzung multimedialer Anwendungen mit dem MMC-Dienst auf einem Rechner. Die frühere Implementierung der AVC hat die Zusatzhardware, wie die Audio- und Videoadapter, mittels regulärer Treiberschnittstellen und damit exklusiv benutzt. Weitere Anwendungen konnten auf dieselbe Hardware nicht gleichzeitig zugreifen. Im Kontext der BERKOM-Projekte führte dies insbesondere zu Integrationsschwierigkeiten zwischen den Diensten MMC und MMM: Per MMM empfangene multimediale Dokumente konnten innerhalb einer Konferenz nur dann präsentiert werden, wenn gleichzeitig der Ton der Gesprächspartner manuell ausgeschaltet wurde. Da die DMO-Services die Hardware verwalten und über die abstrakte Geräteschnittstelle zur Verfügung stellen, wird allen Anwendungen gleichzeitig der Zugang gewährt. Anwendungen wie MMM können daher ohne besondere Vorkehrungen gleichzeitig mit dem MMC-Dienst eingesetzt werden (AO1, AB1).

10.4 MMC bei vollständiger Integration von DMOS

Bisher wurde gezeigt, wie die DMO-Services zur Implementierung der AVC eingesetzt wurden. Dieser Ansatz zur Integration von DMOS in den MMC-Dienst ist ausschließlich dadurch begründet, daß die spezifizierten Schnittstellen durch die Integration nicht verletzt werden sollten. Läßt man Modifikationen der MMC-Spezifikation zu, ergeben sich durch konsequenten Einsatz der DMO-Services weitergehende Vereinfachungen und funktionale Erweiterungen, die im folgenden diskutiert werden.

10.4.1 Verteilung

In der beschriebenen AVC-Implementierung werden die Funktionen der DMO-Services nur lokal verwendet. Die MMC-Architektur ist verteilt und realisiert den Zugang zu entfernten Betriebsmitteln durch das SSCP. Die DMO-Services erlauben es jedoch ebenfalls, auf Betriebsmittel im verteilten System zuzugreifen, so daß durch die Gesamtarchitektur eine Replikation der Verteilungsfunktionalität vorliegt (vgl. AA3). Die Funktion des SSCP,

Daten zwischen den verteilten Komponenten zu übermitteln, wird daher nicht benötigt.

In Abschnitt 10.3.8 zeigte sich, daß durch Integration der DMO-Services die Aufgaben der AVC ausschließlich aus der Abbildung der Abstraktionen von Endpunkten des SSCP auf Ströme der DMO-Services bestehen. Da keine zusätzlichen Funktionen erbracht werden müssen, kann der AVM direkt mit Hilfe der DMO-Services Ströme aufbauen, ohne daß sich dadurch seine Komplexität erhöht. Die Abbildung der Gruppenabstraktion des AVCP auf Ströme der DMO-Services wird analog zur bisherigen Abbildung auf SSCP-Endpunkte vorgenommen. Die AVC-Komponente und ihr Zugangsprotokoll SSCP werden nicht weiter unterstützt, wodurch sich die Systemarchitektur des MMC-Dienstes deutlich vereinfacht und die Aufwände für Implementierung und Wartung verringern.

10.4.2 Formatbeschreibungen

Die wichtigste Funktion des AVM besteht in der Abbildung eines AVModus auf die exakten Datenformate, denen die verarbeiteten Ströme entsprechen. Die Tatsache, daß die exakten Formate für den MMC-Benutzer unsichtbar bleiben, macht deutlich, daß sie für den Dienst keine besondere Relevanz haben. Wichtig ist nur, daß ein Format zugewiesen wird, das von Quelle und Senke eines Datenstroms gleichermaßen verarbeitet werden kann.

Die DMO-Services ermöglichen es, abstrakte Formate für einen Datenstrom zu spezifizieren. Während der Vorbereitungsphase des Stroms werden abstrakte Formate auf exakte Formate abgebildet, wobei die Fähigkeiten der Endsysteme, bestimmte exakte Formate zu verarbeiten, berücksichtigt werden (vgl. Abschnitt 6.2.3). Die AVM-Komponente kann daher den geforderten AVModus direkt in abstrakte Formate umsetzen und sie zum Aufbau von Strömen zwischen den Teilnehmern verwenden. Die gesamte Funktionalität, Formate zu erfragen und zu vergleichen, wird von den DMO-Services zur Verfügung gestellt und braucht nicht im AVM implementiert zu werden. Kenntnisse über Formate werden aus dem MMC-Dienst völlig entfernt, wodurch auch der Übergang zu neuen Formaten ohne Veränderungen der MMC-Komponenten möglich wird (vgl. (AD5) und Abschnitt 10.2.3).

10.4.3 Transportdienste

In bezug auf Transportdienste führt die Integration der DMO-Services eine funktionelle Erweiterung ein: Während in der bisherigen Implementierung die Art des Transportdienstes a priori festgelegt und konfiguiert werden muß, können mit Hilfe der DMO-Services unterschiedliche Transportsysteme dynamisch eingebunden werden (GW3). Für jeden Strom wird der zu verwendende Transportdienst durch Abbildung der Dienstgüteparameter festgelegt (Abschnitt 6.3); die Verfügbarkeit der Transportdienste auf den Endsystemen wird dabei berücksichtigt.

Durch dieses Vorgehen wird auch Funktionalität nutzbar gemacht, die nur durch spezielle Protokolle zur Verfügung gestellt wird:

- Das "gleichzeitige" Senden der Daten an mehrere Empfänger wird in den existierenden AVC-Komponenten durch sequentielles Senden über UDP/IP implementiert. Protokolle wie HeiTP und MMT enthalten jedoch Unterstützung für Multicast, wodurch gleichzeitiges Senden sehr viel effizienter auf Ebene der Vermittlungsschicht implementiert wird.
- HeiTP und MMT bieten neben den reinen Übertragungsdiensten die Möglichkeit, beim Aufbau einer Verbindung Datenflußbeschreibungen zu übermitteln. Derart wird eine integrierte Betriebsmittelverwaltung unterstützt, die durch Reservierung von Betriebsmitteln auf Endsystemen und Vermittlungsknoten einen kontinuierlichen Stromfluß zwischen Quelle und Senke garantiert. Dies steht im Kontrast zu rein lokalen Reservierungen, die bei der üblichen Verwendung des Transportdienstes UDP möglich sind (MD2, AA3).

10.4.4 Synchronisation

Zur Synchronisation von Datenströmen müssen zusätzliche Informationen zur Beschreibung des zeitlichen Kontextes der Daten übermittelt werden. Die existierende MMC-Spezifikation definiert kein festes Format für diese Informationen, mit der Folge, daß nach Wissen des Autors alle bisherigen Implementierungen auf die explizite Synchronisation der Ströme verzichten. Die Präsentation der einzelnen Datenpakete ist ausschließlich von der Übertragungs- und Verarbeitungsdauer abhängig, was je nach Konfiguration zu spürbaren Qualitätseinbußen führt (MS1).

Bei vollständiger Integration kann der AVM durch Auswahl entsprechender Synchronisationsparameter die Intra- und Intersynchronisation der Datenströme steuern. Die Intrasynchronisation kann unter Berücksichtigung des Kontextes der Datenströme die Übertragungsdauer zwischen Sprecher und Hörer minimieren, dagegen bei der Verteilung multimedialer Dokumente, die Qualität der empfangenen Datenströme maximieren. Die Intersynchronisation gewährleistet, daß Bild und Ton der einzelnen Gesprächspartner mit korrektem zeitlichen Bezug zueinander präsentiert werden (MS2).

10.4.5 Skalierung

Beim Einsatz des MMC-Dienstes wurde festgestellt, daß insbesondere leistungsschwächere Plattformen, Personal Computer unter Windows 3.1/DOS, zur Instabilität neigen, wenn sie Audio- und Videoströme mehrerer Teilnehmer präsentieren sollen. Dies initiierte Überlegungen, das SSCP um Protokollelemente zu erweitern, die ähnlich einer Flußkontrolle die Menge der zwischen den AVC-Komponenten übertragenen Daten regulieren sollte.

Die im Rahmen der DMO-Services entwickelten Skalierungsmechanismen lösen das beschriebene Problem. Sie können in Umgebungen, in denen eine Reservierung von Betriebsmitteln nicht möglich ist, durch Adaption der Datenströme an die zur Verfügung stehenden Kapazitäten die Überlastung der Systeme verhindern (MD4). Dabei verhindern sie den abrupten Abbruch der Verbindung und verbessern dadurch die für den Benutzer wahrnehmbare Qualität. Wie die Synchronisation kann die Skalierung durch einfaches Setzen der Qualitätsparameter eingeschaltet werden. Skalierung und Synchronisation sind durch die Integration der DMO-Services direkt verfügbar und bilden funktionale Erweiterungen des MMC-Dienstes.

10.5 Zusammenfassung

Dieses Kapitel analysiert den Einsatz der DMO-Services im Teledienst Multimediale Telekooperation. Der MMC-Dienst stellt eine Umgebung zur Verfügung, in der die Zusammenarbeit verteilter Teams durch audiovisuelle Kommunikation, Verteilung multimedialer Dokumente und die kooperative Benutzung von Anwendungen unterstützt wird. Die Dienstspezifikation strukturiert die Realisierungen von MMC in Komponenten, deren Schnittstellen syntaktisch und semantisch festgelegt sind. Bei der Diskussion der audiovisuellen Aspekte der MMC-Spezifikation wurden Probleme identifiziert, die zum einen auf die spezifizierte Aufteilung der Funktionalität auf AVM und AVC und zum anderen auf implizite Festlegungen zurückzuführen sind.

Es wurde gezeigt, wie die Funktionalität der AVC-Komponente auf einer Plattform der Firma IBM mittels der DMO-Services implementiert wurde. Während der Entwicklung als auch zur Laufzeit des Systems wurden Vorteile dieser Integration deutlich:

- Die Tatsache, daß die AVC durch eine Person in wenigen Wochen reimplementiert werden konnte, zeigt, daß die DMO-Services eine Schnittstelle anbieten, die geeignet ist, die Entwicklung multimedialer Anwendungen zu beschleunigen und zu erleichtern.

- Die Komplexität der AVC-Komponente wurde deutlich reduziert, da die DMO-Services die Verarbeitung der kontinuierlichen Medien vollständig übernehmen.
- Die Medien werden sicherer verarbeitet aufgrund des Einsatzes entsprechender Dienstgüteklassen der DMO-Services und der Reservierung von Betriebsmitteln.
- Der MMC-Dienst kann gleichzeitig mit anderen multimedialen Anwendungen, wie dem MMM-Dienst, eingesetzt werden, da die DMO-Services Betriebsmittel zwischen Anwendungen aufteilen.

In einem zweiten Schritt wurde gezeigt, welche Vereinfachungen und funktionellen Erweiterungen des MMC-Dienstes möglich sind, wenn zur Integration der DMO-Services Änderungen der Spezifikation in Betracht gezogen werden. Da nicht nur die logische Funktionalität der AVC sondern auch ein Großteil der Funktionalität der AVM-Komponente von den DMO-Services offeriert wird, kann der AVM deutlich vereinfacht und die AVC-Komponente und ihr Zugangsprotokoll ersatzlos entfernt werden. Neben diesen Vereinfachungen werden durch die DMO-Services zusätzliche Funktionen verfügbar, die im Rahmen der bisherigen MMC-Spezifikation nicht betrachtet wurden, obwohl sie die Qualität der Datenströme für den Benutzer spürbar verbessern.

11 Zusammenfassung und Ausblick

Die vorliegende Arbeit erforscht die Möglichkeiten, verteilte multimediale Anwendungen durch eine Systemerweiterung zu unterstützen. Nach einer Anforderungsanalyse und der Bewertung existierender Systeme auf dem Gebiet multimedialer Systemunterstützung bildet das Kernstück der theoretischen Untersuchungen die Entwicklung eines geeigneten Systemmodells. Im praktischen Teil der Arbeit wird dieses Modell der DMO-Services durch eine Systemarchitektur umgesetzt. Die Betonung liegt hier in einer Abbildung der von Anwendungen spezifizierten Bearbeitung auf effiziente Mechanismen, die im verteilten System zusammenwirken. Schließlich wird im Rahmen einer Fallstudie die gewährte Unterstützung für die Implementierung des Teledienstes Multimediale Telekooperation analysiert.

11.1 Ergebnisse

Die Arbeit geht von dem Argument aus, daß multimediale Anwendungen auf Grund ihres Verteilungsgrades, der Integration unterschiedlicher Hard- und Softwarekomponenten und der Zeitabhängigkeit der zu verarbeitenden Daten schwierig herzustellen sind und daher sowohl zur Entwicklungs- als auch zur Laufzeit eine Systemunterstützung benötigen. Um den Entwurf einer entsprechenden Systemerweiterung vorzubereiten, wurde eine Anforderungsanalyse durchgeführt, in der die Kriterien nach Aspekten der Anwendungen, der bereitzustellenden Mechanismen und der Gesamtwirkung gegliedert und priorisiert wurden. Die Liste der Anforderungen diente im Verlauf der Arbeit zur Evaluierung der entwickelten Systemerweiterung und der Erfassung des aktuellen Stands der Forschung: Existierende Systemumgebungen wurden anhand der gestellten Kriterien analysiert und verglichen. Besonders gravierend fiel dabei die mangelnde Unterstützung für unterschiedliche Anwendungsarchitekturen (AA4) und Topologien von Strömen (AD4) auf, weiterhin die geringe Berücksichtigung der Dienstgüte von Strömen sowohl bei der Spezifikation (AD2) als auch bei ihrer Umsetzung (AB2).

Der zweite Teil der Arbeit legte den Grundstein für die entwickelte Systemerweiterung DMO-Services: Es wurde zunächst eine abstrakte Maschine für die Verarbeitung kontinuierlicher Medien vorgestellt, in der die Abstraktionen nach den Aspekten Daten, Zeit, Qualität und Verarbeitung strukturiert sind. Ein Gesamtmodell von Verarbeitungsvorgängen einer Anwendung ergibt sich aus der unabhängigen Spezifikation der Teilaspekte und ihrer anschließenden Verknüpfung. Dies vermeidet Probleme durch implizite Abhängigkeiten, macht die Wechselwirkungen zwischen Abstraktionen explizit und stärkt die Ausdruckskraft der abstrakten Maschine durch die Möglichkeit von Mehrfachverknüpfungen.

Es wurde gezeigt, wie die abstrakte Maschine durch eine hybride Systemarchitektur realisiert wird: Im System verteilte DMO-Server bieten eine objektorientierte Schnittstelle an, und Erweiterungen der Anwendung durch lokale Objekte verstecken die Beziehungen zu den einzelnen Servern. Eine mehrschichtige Serverarchitektur führt zu einer Entkoppelung der Anwendungen von Hardwareabhängigkeiten und zu einer leichten Portierbarkeit des Servers selbst. Der Einsatz des Industriestandards CORBA für die Kommunikation zwischen Klient und Server gewährleistet die Offenheit der Plattform und ihre Anwendbarkeit in einer heterogenen Rechnerumgebung. Die Verarbeitungsvorgänge in der Datenschicht wurden dagegen mittels herkömmlicher Programmiersprachen implementiert, da durch CORBA die entsprechenden Leistungsanforderungen nicht befriedigt werden konnten.

Motiviert durch die festgestellten Mängel bei existierenden Arbeiten wurde der Begriff der Dienstgüte und seine Bedeutung für die DMO-Services eingehend untersucht und definiert. Die Strukturierung eines Dienstgütemodells in verschiedene Schichten und Dienstgütevektoren dient dazu, die vielfältigen Aspekte der Dienstgüte für die Anwendung auf einem der Verarbeitung angemessenen Abstraktionsniveau spezifizierbar zu machen. Als wichtigste Funktionen innerhalb des Modells wurden Verhandlungen und Abbildungen analysiert und implementiert. Durch die Einbindung einer auf Echtzeitanforderungen zugeschnittenen Betriebsmittelverwaltung können Garantien für Dienstgüteanforderungen gegeben werden.

Der Schwerpunkt des dritten Teils der Arbeit liegt auf eingebetteten Mechanismen, die zur Bearbeitungszeit die Qualität der verarbeiteten Ströme optimieren. Als Voraussetzung für das Zusammenwirken der Mechanismen im verteilten System wurde ein Anwendungsprotokoll entwickelt, das kontinuierliche Medien und zusätzliche Beschreibungsinformation zwischen Verarbeitungskomponenten austauscht. Es wurde eine Schnittstelle entwickelt, mit der die Kommunikation der Verarbeitungskomponenten innerhalb von Prozessen, über Prozeß- und auch Rechnergrenzen hinweg einheitlich gesteuert werden kann. Die Einbindung verschiedenartiger Transportdienste sichert die Einsetzbarkeit in vielen realen Kommunikationssituationen.

Die entwickelten Mechanismen zur Synchronisation und Skalierung setzen eine herkömmliche auf Reservierung beruhende Betriebsmittelverwaltung nicht voraus, und können daher auch auf Protokollen und Hardwareplattformen aufsetzen, die nur eingeschränkte Kontrolle über die Betriebsmittel zulassen. Die Mechanismen arbeiten adaptiv, indem sie Verarbeitungsdauern bzw. Auslastungszustände überwachen und die Datenströme entsprechend optimieren.

Es wurde gezeigt, wie die vorgestellten Synchronisationverfahren die Anforderungen unterschiedlicher Anwendungen durch verschiedene Klassen von Algorithmen berücksichtigen. Dienstgütevektoren ermöglichen es einer Anwendung, den Synchronisationsbedarf in einer Form zu spezifizieren, die direkt den resultierenden Datenstrom beschreibt. Durch die Adaptivität der eingesetzten Verfahren können auch angesichts schwankender Kommunikationsnetz- und Systembelastung die Beziehungen zwischen den Elementen der Datenströme eingehalten werden.

Im Rahmen dieser Arbeit wurden Skalierungstechniken entwickelt, die nicht nur zur Flußkontrolle in Kommunikationsnetzen, sondern allgemeiner, in Überlastsituationen auch lokaler Betriebsmittel anwendbar sind. Die Integration von Skalierungsmechanismen in die DMO-Services hat den Vorteil, daß alle Datenströme in konsistenter Form an der Skalierung beteiligt werden. Die Skalierung bildet einen integralen Bestandteil des vorgestellten Dienstgütemodells und steht derart allen Anwendungen als Dienst zur Verfügung.

Die DMO-Services wurden zur Entwicklung einer Reihe von Anwendungen und Prototypen verwendet. Im Rahmen einer Fallstudie wird die Unterstützung zur Implementierung der AV-Funktionalität für den Teledienst Multimediale Telekooperation untersucht. Es zeigte sich, daß diese Integration der DMO-Services zu einer einfachen und eleganten Implementierung der audiovisuellen Kommunikation führt und gleichzeitig die Echtzeitanforderungen kontinuierlicher Medien besser berücksichtigt. Die Interoperabilität zu den Implementierungen anderer Projektpartner beweist die Offenheit des Systems und seine Fähigkeit auch sehr unterschiedliche Anwendungsarchitekturen zu unterstützen. Die DMO-Services haben weiterhin das Potential, die Architektur des MMC-Dienstes wesentlich zu vereinfachen, da Teile der Funktionalität von MMC-Komponenten bereits durch DMOS bereitgestellt werden.

Die praktischen Ziele der Arbeit, Systemunterstützung für multimediale Anwendung zur Entwicklungs- als auch zur Laufzeit bereitzustellen, wurden durch die Entwicklung der DMO-Services erreicht. Die wichtigsten Beiträge der Arbeit liegen (1) in der Entwicklung eines neuartigen Systemmodells, das es erlaubt multimediale Anwendungen mit sehr unterschiedlichen Anforderungen leicht und elegant zu implementieren und (2) in der Bereitstellung von Mechanismen, die eine dynamische feingranulare Adaption der Verarbeitungsqualität kontinuierlicher Medien ermöglichen und in Ergänzung mit oder als Alternative zu Reservierungskonzepten eingesetzt werden können. Die DMO-Services haben sich im praktischen Einsatz bewährt und wurden bereits, insbesondere im Rahmen des MMC-Systems, auf vielen Ausstellungen und Messen gezeigt.

11.2 Ausblick

Obwohl viele Aspekte einer multimedialen Systemerweiterung in dieser Arbeit betrachtet wurden, so ist doch zu erkennen, daß die Forschung im Bereich verteilter multimedialer Anwendungen in vielen Punkten unvollständig ist und weiter betrieben werden muß. Die Erfahrungen mit den DMO-Services lassen vor allem die folgenden Aspekte in den Vordergrund treten:

- Bei der Spezifikation der Priorisierung und Einteilung der Ströme in Dienstgüteklassen wurde die Festlegung von Strategien bewußt in intelligente Agenten ausgelagert und nicht eingehend betrachtet. Die Festlegung dieser Strategien beeinflußt entscheidend das Verhältnis zwischen Anwendungen, die Betriebsmittel gemeinsam benutzen, und hängt u. a. von der Art der Umgebung (Einbenutzerumgebung, Büroumgebung, Anwendungsserver) ab. Zusätzliche Mechanismen der Kommunikation oder Verhandlung zwischen mehreren Anwendungen mittels der DMO-Services sind denkbar.
- Ein verwandter Bereich betrifft die Modellierung von Kosten für in Anspruch genommene Dienste. Mit der zunehmenden Kommerzialisierung der globalen Kommunikationsnetze muß eine geeignete Tarifierung gefunden werden, da ansonsten jeder Strom mit der höchsten Dienstgüteklasse und Priorität versehen würde. Wegen der Datenmenge kontinuierlicher Medien werden multimedialen Diensten in Zukunft Kosten unter dem Gesichtspunkt der Belastung von Kommunikationsnetzen und Vermittlungsrechnern zugeordnet werden, so daß ähnlich wie bei der Telefonie ein Kostenbewußtsein beim Nutzer entsteht.
- Aus der Entwicklung des MMC-Dienstes rührt ein weiterer offener Bereich der Forschung: Die Telekooperation in MMC ist beschränkt auf graphische Anwendungen, da multimediale Anwendungen auf Grund ihrer Hardwareabhängigkeiten nicht innerhalb der Konferenzumgebung

unterstützt werden können. Durch die einheitliche Dienstschnittstelle der DMO-Services bietet sich die Möglichkeit die Kooperation auf multimediale Anwendungen auszudehnen. Dies erfordert die Entwicklung einer Komponente, die in die Anwendung eingebunden, die bisherige Klientenkomponente der DMO-Services ersetzt. Ihre Aufgabe ist es, die bei lokalen multimedialen Anwendungen eingesetzten Präsentationsobjekte innerhalb der Konferenz zu replizieren und zu verteilen. Derart können Ausgaben multimedialer Anwendungen auch innerhalb einer MMC-Konferenz von mehreren Teilnehmern gemeinsam benutzt werden.

Anhang A: Analyse existierender Plattformen

Im folgenden werden existierende Multimedia-Systeme erläutert und mit Bezug auf die in Kapitel 2 aufgestellten Anforderungen analysiert.

A.1 VOX

Die Arbeiten [Arons 89a, Arons 89b] am Olivetti Research Center, (Menlo Park, Kalifornien) hatten zum Ziel, alle für Sprachanwendungen nötigen Betriebsmittel den Programmierern auf einfache, effiziente und flexible Weise zugänglich zu machen. Das Resultat ist eine Client/Server Architektur, in der Anwendungen als Klienten auf den VOX Server zugreifen, der alle für die Sprachverarbeitung benötigten Hardware- und Softwarekomponenten verwaltet.

Weitere Ziele beim Entwurf der Architektur waren die Erweiterbarkeit (GW1), insbesondere um das Medium Bewegtbild, die Unterstützung der Echtzeitanforderungen von Sprache (MA3), Unabhängigkeit der Anwendungen von der Hardware (AO1), die gleichzeitige Benutzung der Betriebsmittel durch mehrere Klienten (AB1) und die Unterstützung verschiedener Arten von Anwendungen (AA1).

Wichtigste Abstraktion innerhalb des VOX Servers ist ein LAUD (Logical AUdio Device). LAUDs stellen Grundfunktionen zur Verfügung wie beispielsweise Schalter, Vorverstärker, Mikrofon, Telefon. Die Schnittstellen eines LAUDs werden als Ports bezeichnet: Control Ports dienen zur Steuerung, während durch Audio Ports Daten fließen. Über Control Ports können sowohl Kommandos an ein LAUD übergeben als auch Ereignisse von einem LAUD empfangen werden. Audio Ports sind charaktersisiert durch Richtung (input/output) und Art der Daten, die durch sie fließen. Daten werden in ihrer analogen Form modelliert (line level, Mike, RJ11); dies zeigt, daß beim Entwurf die Steuerung analoger Komponenten in VOX gegenüber der Verarbeitung digitalisierter Signale im Vordergrund stand. Digitalisierte Daten spielen nur für die Speicherung eine Rolle: LAUDs für Aufnahme und Wiedergabe besitzen Attribute, um die Daten in Form von digitalen Formaten zu beschreiben (unter anderem: encoding, sample rate, sample size).

LAUDs werden als Bausteine betrachtet, die, ähnlich wie elektronische Bauteile, zu höherwertigen Komponenten, sogenannten CLAUDS (Composite

LAUD) zusammengesetzt werden können. Funktionen von CLAUDs könnten beispielsweise Anrufbeantworter oder vorverstärktes Mikrofon sein. Bei der Komposition zu CLAUDS werden die Ein- und Ausgangspunkte der LAUDs durch Operationen verknüpft; Typbindungen der Audio Ports müssen dabei vom Programmierer beachtet werden (AO8).

Die für den Klienten sichtbare Schnittstelle zu einem VOX Server ist unabhängig davon, ob der Server auf der lokalen Arbeitstation oder auf einem entfernten Rechner residiert. Der Zugang zum Server wird daher von den Autoren als netzwerktransparent (network transparent) bezeichnet. Datenströme können jedoch nicht zwischen verschiedenen Servern und damit verschiedenen Knoten eines Kommunikationsnetzes aufgebaut werden (AD4). Da Daten immer nur innerhalb eines CLOUD fließen, kann die Anwendung auch nicht auf die Daten direkt zuzugreifen (AO4).

Anwendungen müssen LAUDs explizit durch Operationen (Map, Unmap) aktivieren bzw. deaktivieren, um die unterliegenden physikalischen Geräte zu benutzen. Ist ein physikalisches Gerät bereits durch ein anderes LAUD belegt, so wird dies durch den Server deaktiviert; LAUD und Anwendung werden damit verdrängt. Eine Anwendung kann sich durch Sperren (lock) eines LAUD gegen Verdrängung schützen (AB5). Nachfolgende Aktivierungsoperationen anderer LAUDs scheitern in diesem Fall. Die Benutzung dieser Basisoperationen durch Anwendungen wird von den Autoren als unzureichend beurteilt. Es wird daher die Idee einer Betriebsmittelverwaltung (Audio Resource Manager) vorgestellt, in der Strategien zur Vergabe von physikalischen Geräten zentral implementiert werden (AB4). Obwohl es für den Entwurf von VOX als wichtiges Ziel eingestuft wurde, ist die gemeinsame Benutzung von physikalischen Geräten durch mehrere LAUDs und damit mehrere Anwendungen nicht möglich (AB1).

Die Sychronisation von Datenströmen wird innerhalb von VOX nicht betrachtet (AD3). Echtzeitanforderungen kontinuierlicher Medien werden durch die Client/Server Architektur innerhalb des Servers gekapselt. Aufwendige Operationen können durch Anwendungen explizit vorbereitet werden, um die Reaktionszeit des Systems zu kritischen Zeitpunkten zu minimieren. Es werden jedoch keine besonderen Mechanismen verwendet, um Echtzeitbedingungen zu erfüllen (MA3).

A.2 XMedia

Die XMedia Architektur [Angebranndt 91, Digital 92] wurde in Digital's Western Software Lab entwickelt. Wesentliche Konzepte des X Window

Systems [Scheffler 86] und VOX flossen in den Entwurf ein: Wie in X Windows kommunizieren Klient und Server über ein Protokoll, das Kommandos und Ereignisse definiert. Klienten können Verbindungen zu mehreren Servern aufbauen, Server die Verbindungen mehrerer Klienten gleichzeitig bearbeiten. Eine Bibliothek ermöglicht den Zugang über eine prozedurale Schnittstelle zu dem Protokoll. Blöcke höherer Funktionalität werden über eine Sammlung von Hilfsroutinen (Toolkit) zur Verfügung gestellt.

Ähnlich den LAUDs des VOX Server gibt es Virtual Devices (VD) in XMedia, die, unabhängig von der benutzten Hardware, Basisfunktionen für die Verarbeitung von Ton zur Verfügung stellen. Eine Anwendung beschreibt ein zu erzeugendes VD, indem sie einschränkende Attribute spezifiziert. Die Abbildung auf physikalische Geräte wird erst durchgeführt, wenn das VD aktiviert wird. Können die spezifizierten Attribute durch mehrere physikalische Geräte unterstützt werden, so wählt der Server zur Aktivierungzeit selbständig eines aus.

Ebenfalls wie in VOX lassen sich in XMedia Virtual Devices durch Komposition innerhalb einer Anwendung zu höherwertigen Funktionen zusammensetzen. Dazu werden VDs zu einer baumartigen Struktur, einem Logical Audio Device (LOUD) zusammengesetzt. Verbindungen verknüpfen Ausgangsports eines VD mit dem Eingangsport eines anderen VD und modellieren so den Datenfluß. Im Gegensatz zu VOX können in XMedia die Daten sowohl analog als auch digital repräsentiert sein.

Anwendungen senden Kommandos an LOUDs und erhalten von ihnen Resultate und Ereignisse zurück. Ereignisse betreffen Aktivitäten der benutzten Geräte und sind damit gerätespezifisch (beispielsweise "ankommender Anruf" für ein Telefon), beziehen sich auf gesendete Kommandos ("Wiedergabe gestartet") oder dienen der zeitlichen Synchronisation mit anderen Ereignissen (AA5). Kommandos werden wahlweise sofort durchgeführt, oder erst zur Ausführung gebracht, wenn alle vorherigen Kommandos abgearbeitet sind. Durch diese Art von Stapelverarbeitung können beispielsweise mehrere Sequenzen von Tondaten nacheinander ohne Pausen abgespielt werden. Durch Spezialbefehle können Kommandos gleichzeitig oder mit einer bestimmten Verzögerung ausgeführt werden. Diese Möglichkeiten können als Basismechanismen einer zeitlichen Steuerung betrachtet werden (AD3).

Daten können in XMedia nicht nur innerhalb des Servers fließen, sondern sind über die Schnittstelle auch für Anwendungen zugreifbar (AO4). Eine Verteilung der Daten ist damit möglich, wenn Anwendung und Server sich auf verschiedenen Rechnern befinden. Allerdings ist es nicht möglich, zwischen verschiedenen Servern Verbindungen aufzubauen: Um Daten zwischen Lokationen zu übertragen, muß die Anwendung sie von der Sendelokation empfangen und zur Empfängerlokation senden (AD4).

LOUDs werden in XMedia ähnlich wie im VOX Server aktiviert und deaktiviert. Eine Verdrängung wird allerdings nicht durch ein Sperren sondern durch die Wahl einer hohen Priorität für ein LOUD verhindert. Ein verdrängtes LOUD kann nach Ablauf eines höher priorisierten Vorgangs vom Server wieder aktiviert werden. Die Idee einer vom Server unabhängigen Betriebsmittelverwaltung (AB4) wird in XMedia ebenfalls aufgenommen (Audio Manager) und durch verschiedene Mechanismen unterstützt:

- Es werden Umgebungen definiert, in denen Ein/Ausgabegeräte akustisch gekoppelt sind. Diese Umgebungen werden als Attribute der Geräte modelliert. Anwendungen können derart die Stummschaltung aller Ausgabegeräte anordnen, während ein Eingabegerät der gleichen Umgebung aktiviert wird.
- Sogenannte Eigenschaften (properties) werden benutzt, um beliebige Informationen zu speichern und mit LOUDs zu assoziieren. Ähnlich wie im X Window System dienen Properties zur Kommunikation zwischen Anwendungen und können einem Audio Manager gegenüber Optionen und Präferenzen von Anwendungen bzw. Benutzern ausdrücken.
- Die Weiterleitung von Kommandos an einen Audio Manager ermöglicht es, Strategien zentral und unabhängig vom Server zu realisieren. Aktivierung von LOUDs muß in dem Fall von einem Audio Manager bestätigt werden.

A.3 ACME/COMET

Arbeiten an der University of California at Berkeley beschäftigten sich mit Abstraktionen für kontinuierliche Medien (ACME) [Anderson 91b] und ihrer Integration in eine verteilte Umgebung. Während VOX und XMedia wesentliche Konzepte der X Windows Architektur übernehmen, wird in ACME die Bearbeitung von Bewegtbild und Ton durch einen erweiterten X Server vorgenommen. Für XMedia wurde die Trennung in separate Server für Graphik und kontinuierliche Medien mit den unterschiedlichen Anforderungen an das Zeitverhalten und die Forderung nach Unabhängigkeit vom Fenstersystem begründet. ACME führt die einfache Synchronisation von diskreten und kontinuierlichen Medien und die Ähnlichkeiten zwischen Bewegtbild und Graphik an, um die Integration in den Server des Fenstersystems zu motivieren. Die spezifischen Anforderungen bei der Übertragung kontinuierlicher Medien werden durch separate Verbindungen für Daten und Kontrolle zwischen Klient und Server berücksichtigt (MA4).

Eine Hierarchie von Abstraktionen existiert in ACME ebenso wie in den bereits beschriebenen Arbeiten: Physikalische Geräte (PDev) repräsentieren die benutzte Hardware. Sie werden in vier Klassen eingeteilt: Audio Eingabe, Audio Ausgabe, Video Eingabe, Video Ausgabe. Erstmals wird damit beim Entwurf von ACME auch das Medium Bewegbild berücksichtigt (AA1). Anwendungen können die Eigenschaften der PDevs erfragen; dazu gehören unter anderem die unterstützten Datenformate (AO3).

Logische Geräte (LDev) werden von Anwendungen unter Angabe eines PDevs erzeugt. Das zu benutzende Datenformat muß die Anwendung als Attribut des LDevs spezifizieren (AD5). Mehrere LDevs können auch gemeinsam auf ein PDev zugreifen (AB1): Bei der Ausgabe von Audio werden die Daten aller LDevs vom Server kombiniert und mit Hilfe des PDev dargestellt; bei der Eingabe werden Daten an alle LDevs weitergegeben. In ACME werden keine weiteren Konkurrenzsituationen, beispielsweise in Bezug auf die gewünschten Eigenschaften eines PDevs, betrachtet. Exklusiver Zugriff auf Betriebsmittel ist damit unnötig (AB5) und Verdrängung und Prioritäten haben keine Bedeutung.

Sequenzen gespeicherter Daten werden als Strands, Kombinationen mehrerer Strands als Ropes bezeichnet. Diese Abstraktionen ermöglichen einen einfachen Zugriff auf gespeicherte Daten (AO6). Die Bearbeitung eines Ropes, also beispielsweise einer Filmsequenz mit zugehöriger Tonspur, wird durch die Benutzung von sogenannten kombinierten LDevs (CLDev) ermöglicht. Beim Erzeugen eines CLDev muß die Anwendung eine Liste von LDevs spezifizieren, die jeweils die Daten eines Strands, die Filmsequenz oder die Tonspur, bearbeiten können.

Die Synchronisation von Datenströmen wird in ACME durch ein logisches Zeitsystem (LTS) ermöglicht. Ein LTS modelliert den Ablauf von Zeit nach einer vorgegebenen Quelle, entweder einer Datenverbindung oder einem physikalischen Gerät. Eine Anwendung kann mehrere LDevs mit einem LTS assoziieren und so zeitliche Relationen zwischen den durch die LDevs repräsentierten Strömen ausdrücken (AD3). Die Zeit, zu der eine Operation ausgeführt werden soll, kann ebenfalls mit Hilfe eines LTS ausgedrückt werden.

Die Verteilung von Daten wird in ACME besser unterstützt als in XMedia und VOX, da Datenströme zwischen Anwendung und Server (AO4) und auch zwischen mehreren Servern fließen können (AD4). Die Notwendigkeit spezieller Protokolle für kontinuierliche Medien wird von den Autoren erkannt: Jedoch wird für die Implementierung ein herkömmliches Transportsystem (TCP/IP [Postel 81a, Postel 81b]) eingesetzt, das keine Multicast-Funktionalität unterstützen kann. Die Struktur des darüberliegenden Bytestroms für Datenverbindungen wurde nicht offengelegt (GW5).

Für ACME wurden Überlegungen zur Betriebsmittelreservierung angestellt, um Dienstgüten für etablierte Datenströme garantieren zu könnnen (MD2). Andere Arbeiten der Autoren [Anderson 90a, Anderson 93] spezifizieren ein Protokoll, das die Reservierung von Betriebsmitteln in allen beteiligten Servern vornehmen kann. Weiterhin wurden Mechanismen erarbeitet, die eine effiziente Verarbeitung kontinuierlicher Medien durch Prozesse und Threads ermöglichen [Govindan 91]. Die Einplanung von Threads nach Fristen und die Kommunikation zwischen Threads wurde auf Basis der Mach Systemumgebung [Accetta 86] untersucht. Die genannten Arbeiten wurden jedoch nicht in ACME integriert (AD2).

Als Erweiterung des in XMedia und VOX vorgestellten Audio Managers wird in ACME vorgeschlagen, die Präsentation von Datenströmen basierend auf Zustandsinformation des Fenstersystems zu verändern: Beispielsweise könnte die Lautstärke von Strömen einer aktiven Anwendung relativ zu anderen Strömen erhöht werden. Solche Strategien müßten in den Window Manager des Fenstersystems integriert werden.

Aufbauend auf ACME wurde das Toolkit Comet [Anderson 91a] entworfen, das die Entwicklung von Mehrbenutzeranwendungen vereinfachen soll. Mehrbenutzeranwendungen werden als Telekonferenzen charakterisiert, in denen andere Anwendungen kooperativ benutzt werden; als kontinuierliches Medium wird ausschließlich Ton unterstützt. Comet Anwendungen sind nach dem Master/Slave Prinzip organisiert: Ein zentraler Master verwaltet Zustände der Anwendung und die einzelnen Benutzer sehen nur Benutzeroberflächen, sogenannte Slaves (AA4). Master und Slaves kommunizieren über einen entfernten Prozeduraufruf. Die Verarbeitung von Bewegtbild und Ton wird nur durch den Master gesteuert, der genüber einer Anwendung zusätzlich zu ACME die folgenden Dienste erbringt:

- Die Formate der zwischen den Benutzern fließenden Datenströme müssen nicht explizit spezifiziert werden. Formatverhandlungenn zwischen einzelnen Komponenten werden durch den Master durchgeführt (AD5)(AO8).

- Die Grösse der zu transportierenden Datenpakete wird vom System selbständig bestimmt.
- Die Toleranz eines Datenstroms gegenüber einer Verzögerung wird in Abhängigkeit der benutzten Geräte festgestellt.

Die beiden letzten Funktionen sind Beispiele dafür, wie die Dienstgüte eines Datenstroms aus dem Kontext der Anwendung bestimmt werden kann.

Die hohe Abstraktionsebene, auf der eine Anwendung mit Comet arbeitet, verringert ihre Flexibilität: Durch Comet werden Anwendungen völlig vom Datenfluß abgeschirmt (AO4); Verbindungen zwischen kontinuierlichen und diskreten Medien, beispielsweise zur zeitlichen Synchronisation oder Spracherkennung, sind daher nicht möglich (AA1).

A.4 AudioFile und NCDaudio

Die beiden neueren Systeme AudioFile[Levergood 93, Linnel 93] und NCDaudio[NCD 93] haben einige Gemeinsamkeiten: Sie sind angelehnt an das X Window System entwickelt und gliedern sich dementsprechend in Klient und Server. Für AudioFile wurden alle nicht grafikspezifischen Teile des Programmcodes von X Windows wiederverwendet. Beide Systeme unterstützen nur das kontinuierliche Medium Ton. Sie sind im Quellkode frei verfügbar und wurden auf verschiedene UNIX-basierte Plattformen portiert.

In AudioFile können digitalisierte Tonsignale entweder von der Anwendung zum Server fließen und dort über ein Ausgabegerät ausgegeben werden, oder umgekehrt von einem Eingabegerät des Servers zur Anwendung transportiert werden. Alle relevanten Informationen bezüglich eines Datenstroms, wie Richtung, Kodierung der Daten, physikalisches Gerät etc., können daher durch eine einzige Abstraktion, einen sogenannten Audiokontext (AC), eingestellt werden. Die Anwendung muß blockorientiert auf den Daten arbeiten, um zum Beispiel eine gespeicherte Tonsequenz zu bearbeiten: Unter Angabe des Audiokontextes werden Daten durch AFRecord aufgenommen und durch AFPlay wiedergegeben. Für die Benutzung von Dateien existiert keine spezielle Unterstützung (AO6).

Zeitinformationen werden in AudioFile explizit ausgedrückt: AFRecord und AFPlay benutzen Zeitparameter, durch die angegeben wird, von welchem Zeitpunkt an Daten aufgenommen bzw. wiedergegeben werden sollen (AA5). Daten werden innerhalb des Servers zwischengespeichert, um die Echtzeitanforderungen an Anwendungen zu verringern. Jedoch müssen die Anwendungen Zeitpunkte des Servers erfragen, um Daten auszugeben. Weitere Zeitdienste werden von AudioFile nicht erbracht, die Synchronisation von Datenströmen müßte daher von einer Anwendung selbst implementiert werden (MS1). Da jedoch Zeitinformationen durch die Uhren der physikalischen Geräte ausgedrückt werden, ist es nicht möglich, diese zu anderen Ereignissen, beispielsweise des Fenstersystems oder eines zweiten Servers, in Beziehung zu setzen.

NCDaudio enthält Konzepte, die über AudioFile hinausgehen: Ein Flow ist eine Kombination von physikalischen Geräten ähnlich den Konzepten der CLOUDs in XMedia. Die Anwendung ist damit in der Lage, Datenflüsse innerhalb des Servers zu modellieren. Ein Bucket repräsentiert gespeicherte Daten innerhalb des Servers. Buckets können durch Angabe von Dateien (AO6), durch von Anwendungen bereitgestellte Daten, oder als Senke eines Flows kreiert werden.

Während also in AudioFile eine Anwendung gezwungen ist, Daten blockweise selbst zu verarbeiten, können in NCDaudio auch Datenflüsse modelliert werden, die unabhängig von der Anwendung ablaufen. Beide Systeme haben dieselben Einschränkungen bezüglich verteilter Daten wie XMedia (s.o.).

Die Echtzeitverarbeitung wird in beiden Systemen nicht durch besondere Mechanismen der Betriebsmittelverwaltung unterstützt. Die Funktionsfähigkeit kann daher nur in Situationen geringer Last gewährleistet werden (MA3).

Klient und Server kommunizieren jeweils über das Transportprotokoll TCP/IP und benutzen keine separaten Verbindungen für Daten (MA4). Erfahrungen der Autoren beim Einsatz von AudioFile über Weitverkehrsnetze haben bereits gezeigt, das dieses Transportsystem für die Übertragung zeitgebundener Daten ungeeignet ist. Trotz der beschriebenen Einschränkungen ist AudioFile das zu diesem Zeitpunkt am weitesten verbreitete System für die Verarbeitung von Tonanwendungen. Als Hauptgründe dafür sind die freie Verfügbarkeit auf mehreren Plattformen und die Verwendung der allgemein vorhandenen Internet-Protokolle anzusehen (GW3).

A.5 Fluency und StarWorks

Die kommerziellen Systeme von Fluent Machines [Uppaluru 92] und Starlight Networks [Tobagi 93] haben zum Ziel, gespeicherte audiovisuelle Daten in verschiedene Anwendungen zu integrieren. Die Client/Server Systeme ermöglichen Anwendungen, Ströme aufzubauen, die der Wiedergabe oder Aufnahme von Bewegtbildern und zugehörigen Tonspuren dienen. Die Serverseite des Systems hat dabei die Aufgabe, viele Klienten gleichzeitig zu bedienen und die Daten zeitgerecht von einem Festspeicher zu lesen bzw. auf ihn zu schreiben. An der Arbeitsstation des Klienten werden die Daten präsentiert bzw. durch die angeschlossenen Geräte wie Kameras und Kompressionsadapter digitalisiert. Die gleichzeitige Benutzung dieser Geräte durch andere multimediale Anwendungen ist in beiden Systemen ausgeschlossen (AB1). Die Betriebmittelverwaltung ist jeweils darauf ausgerichtet, die Qualität der übertragenen Videoinformationen nicht zu beeinträchtigen. Dabei werden unterschiedliche Strategien verfolgt:

Im StarWorks System werden Betriebsmittel des Servers durch eine Reservierung mit den Strömen assoziiert. Durch eine Zugangskontrolle (admission control) wird beim Aufbau eines Stroms bestimmt, ob die vorhandenen Betriebsmittel für die zusätzliche Belastung ausreichen (MD2). Diese Zugangskontrolle wird für Hauptspeicherbereiche, Prozessorkapazität, Datendurchsatz des Festpeichers und Bandbreite des Kommunikationsnetzes durchgeführt. Jedoch kann für die Benutzung des Kommunikationsnetzes in StarWorks keine Reservierung vorgenommen werden, und die bereits belegte Bandbreite berücksichtigt nur die existierende Belastung durch Videoströme. Ein proprietäres Transportprotokoll wurde in Anlehnung an das Express Transfer Protocol (XTP) [Weaver 94] entwickelt. Es ist bandbreiteneffizient (MT6) und benutzt Mittel zur Fehlerbehebung, die die Zeitgebundenheit der Videodaten berücksichtigen. Auf Seite des Klienten werden keine Durchsatzprobleme erwartet, es sind daher keine besonderen Mechanismen implementiert.

Im Fluency System werden Audio- und Videodaten immer getrennt übertragen, wobei die Bildinformation mit niedrigerer Priorität belegt wird. Das Ohr erkennt Informationsverluste sehr viel leichter als das Auge. Die gesetzten Prioritäten sollen sicherstellen, daß auch im Fall von Überlastsituationen, die Toninformationen ungestört dargestellt werden und damit die subjektive Qualität der dargestellten Information möglichst hoch bleibt. Zusätzlich werden Messungen auf Seite des Klienten durchgeführt, um die aktuelle Belastung des Kommunikationsnetzes zu bestimmen. Aufgrund der Ergebnisse wird die Senderate des Servers gegebenenfalls verringert, um die Ströme an die aktuell verfügbare Bandbreite anzupassen (MD4). Synchronisationsmechanismen in Fluency basieren auf Zeitstempeln, die vom Server im Datenstrom mit übertragen werden (MT8). Auf Seite des Klienten kann dadurch der Videostrom zu den Audiodaten synchronisiert werden (MS1).

Beide Systeme haben keine Möglichkeit, Zeitinformationen in der Anwendung zu verarbeiten (AA5), und auch der Zugriff auf kontinuierliche Medien wird nicht ermöglicht (AO4). Da die Architekturen auf gespeicherte Daten zugeschnitten sind, können beispielsweise Telekonferenzanwendungen nicht unterstützt werden (AA1).

A.6 QuickTime und MMPM/2

QuickTime und Multimedia Presentation Manager (MMPM/2) sind Produkte von Apple Computer bzw. IBM, die die Verarbeitung multimedialer Daten nur lokal und nicht im verteilten System ermöglichen. Wegen ihrer interessanten Eigenschaften und ihrer Verbreitung sind sie jedoch auch für den Entwurf verteilter Systeme von Interesse.

Das Ziel beim Entwurf von QuickTime [Hoffert 92], kontinuierliche Medien den Anwendungen als regulären Datentyp zur Verfügung zu stellen, führte zur Einführung der Movie-Abstraktion: Ein Movie ist ein Container für zeitgebundene Daten. Es kann mehrere Spuren (Tracks) unterschiedlicher Typen von Daten enthalten. Anwendungen benutzen die Movie Toolbox (Werkzeugkiste), um Movies zu bearbeiten. Der Ausdruck von Zeit entlang sogenannter Zeitachsen (time scale) ist von der Anwendung spezifisch für einzelne Tracks einstellbar (AA5). Durch die Definition von Anfangspunkt und Dauer von Tracks ist es möglich, sie flexibel zu kombinieren. Bei der Wiedergabe eines Movies sorgt die Movie Toolbox für die Einhaltung der Beziehungen zwischen den Strömen (MS1).

Zum QuickTime Produkt gehören auch eine Reihe von Softwarekompressionsverfahren, die geeignet sind, auf den Apple Rechnern verschiedener Leistungsstärke und Ausstattung eingesetzt zu werden. Die Verfahren werden in Form sogenannter Komponenten (Components) in das System integriert. Weitere Komponenten existieren für Digitalisierungsgeräte, Synchronisationsdienste, Elemente von grafischen Benutzeroberflächen. Die Schnittstellen der Komponenten sind fest definiert. Da Anwendungen nur auf der Schnittstelle von Komponenten aufgebaut sind, ist der Programmierer unabhängig davon, ob eine Hardware- oder Softwarekompression auf dem Endsystem des Benutzers zur Verfügung steht (AO1). Ein weiterer Vorteil von Komponenten ist ihre leichte Austauschbarkeit. Sie können auch von Benutzern jederzeit, ohne Anwendungen beenden zu müssen, in das System integriert werden. Dies sichert die leichte Erweiterbarkeit des Gesamtsystems (GW1).

Der Multimedia Presentation Manager (MMPM/2) ist ein Zusatz zum Betriebssystems OS/2 und bietet zwei verschiedene Programmierschnittstellen an (AA2): Das Media Control Interface (MCI) erlaubt den Zugriff auf externe Geräte, wie CD-ROM Leser und Audiogeräte, durch eine generische

Schnittstelle (AO1). Geräte werden geöffnet und miteinander verbunden, der Stromfluß dann mit Hilfe der Aufrufe Start/Stop gesteuert. Das Stream Programming Interface (SPI) erlaubt eine weit flexiblere Steuerung der Datenströme durch den Sync/Stream Manager (siehe Bild A.1). Der Sync/Stream Manager kontrolliert sogenannte Streamhandler, leichtgewichtige Prozesse (Threads), die als Treiber physikalische Geräte kontrollieren, oder Verarbeitungsvorgänge in Software realisieren. Mit Hilfe des SPI lassen sich sogenannte Synchronisationsgruppen erzeugen, durch die die Synchronisation mehrerer Datenströme gesteuert werden kann (MS1). Eine Synchronisationsgruppe bildet eine 1:n Beziehung zwischen einem Master und einem oder mehreren Slavestreamhandlern. Alle Streamhandler der Gruppe schicken periodisch Zeitinformationen an den Sync/Stream Manager. Wenn dieser Abweichungen der Stromzeit eines Slaves vom Master feststellt, wird ein Synchronisationsimpuls an den Slavestreamhandler gesendet, der daraufhin eine Resynchronisation durchzuführen hat.

Durch das unterliegende Betriebssystem OS/2 bietet MMPM/2 eine Umgebung an, in der die Echtzeitanforderungen kontinuierlicher Daten befriedigt werden können (MA3). In OS/2 kann durch leichtgewichtige Prozesse eine effiziente Aufteilung in unabhängige Kontrollflüsse erreicht werden, und die Priorisierung von zeitkritischen Prozessen kann die Latenzzeit bis zur nächsten Prozessorzuteilung beschränken [Mauthe 92].

A.7 Touring Machine

Bei Bellcore wurden Ende der 80er Jahre einige multimediale Anwendungen entwickelt, die den Charakter informeller (Arbeits-)Treffen modellierten. (Cruiser [Root 88], Rendevouz [Patterson 90]). Die Tatsache daß diese Anwendungen direkt auf dem Betriebssystem aufsetzten, stellte sich als Einschränkung heraus und führte zu den Arbeiten am Touring Machine System [Bates 90, Arango 92a, Arango 93], das als generische Anwendungsplattform für multimediale Anwendungen dienen soll.

Das Modell des Touring Systems ist direkt aus Gruppenanwendungen abgeleitet: Anwendungen kommunizieren miteinander in sogenannten Sessions, d. h., sie kontrollieren im Touring System die lokalen Quellen und Senken potentieller Datenströme. Zugriffe auf die Geräte anderer Rechner im Kommunikationsnetz sind damit ausgeschlossen. Bei der Erzeugung einer Session werden Verhandlungen über die zu übertragenden Datenströme geführt. Wird Übereinstimmung zwischen den Anwendungen erzielt, versucht das System, die Topologie von Strömen auf das Kommunikationsnetz abzubilden und die Ströme aufzubauen.

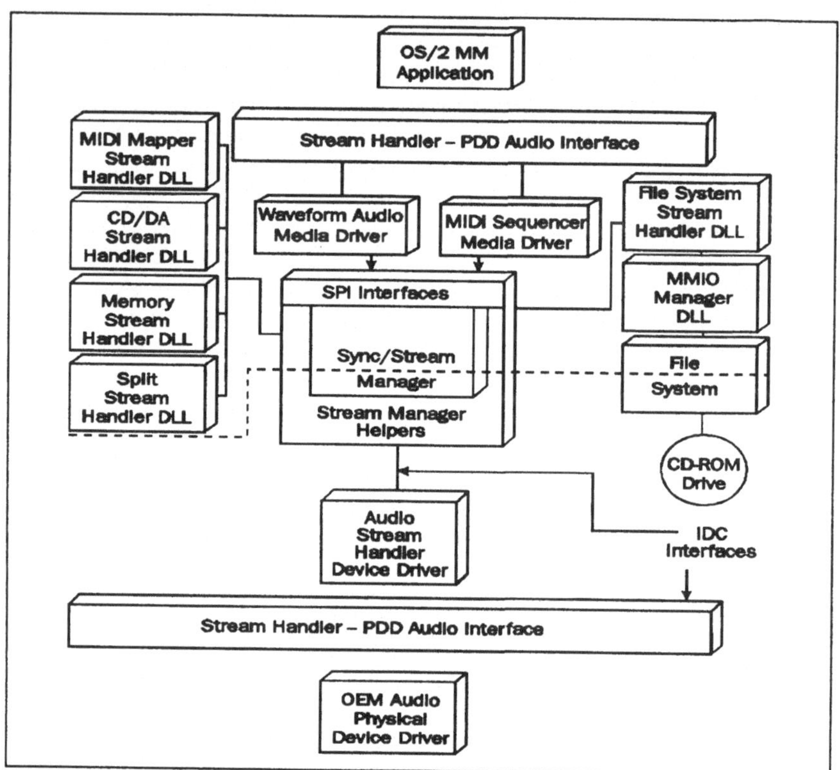

Bild A.1: Multimedia Presentation Manager Systemarchitektur

Ströme fließen zwischen sogenannten Ports, die durch Richtung, und zu übertragendes Medium charakterisiert werden. Als Medien sind Audio- und Videosignale vorgesehen, da das Touring System zunächst auf den Transport von analogem Bewegtbild und Ton beschränkt war. In einer neueren Version [Arango 92b] werden jedoch zusätzlich zu analogen Signalen auch digitale Datenströme übertragen. Dazu wurde der Typ eines Ports erweitert, um das Format digitaler Daten vollständig zu spezifizieren. Dadurch werden Formatkonvertierungen durch das System ermöglicht, die Inkompatibilitäten zwischen verschiedenen Endpunkten überbrücken können (AO8). Anwendungen können Teilspezifikationen von Ports benutzen, um auszudrücken, das je nach Verfügbarkeit beliebige Ergänzungen durch das System vorgenommen werden können. Ports werden durch Verbindungsobjekte verknüpft, die Punkt-zu-Punkt als auch Mehrpunktverbindungen ausdrücken (AD6).

Da das Touring System sich zuerst auf analoge Daten beschränkte, wurde auf Mechanismen zur Sicherung der Dienstgüte und zur Synchronisation von Datenströmen nicht eingegangen. Anwendungen sind durch die Architektur stark eingeschränkt: Zugriff auf die zur Kommunikation benutzten Daten ist nicht möglich (AO4), der Zugriff auf Geräte im verteilten System ist ebenfalls ausgeschlossen. Die Struktur von Gruppenanwendungen, als unabhängige Anwendungen im verteilten System, ist nur schwer auf allgemeine verteilte multimediale Anwendungen übertragbar (AA1).

A.8 University of Lancaster

An der University of Lancaster wurde untersucht, welche Auswirkungen die Anforderungen multimedialer Anwendungen für die Standardisierung verteilter Systeme im Rahmen des Open Distributed Processing (ODP [ITU 95a, ITU 95b]) haben werden [Coulson 92]. Die Advanced Networked Systems Architecture (ANSA [APM 89]) wurde als eine den ODP Normen weitestgehend entsprechende Implementierung identifiziert und als Basis für die Entwicklung multimedialer Systemdienste benutzt [Coulson 92]. Ein Teilaspekt von ODP, der *Computational Viewpoint*, beschreibt die Beziehungen zwischen Dienstgebern und Dienstnehmern in einem Objektmodell. Dienstgeber exportieren Schnittstellen, bestehend aus Signaturen und assoziierten Attributen, zu einem Makler (Trader); Dienstnehmer spezifizieren die gewünschten Dienste durch Prädikate der Attribute gegenüber dem Makler, der, wenn er einen passenden Dienst identifizieren kann, eine Verbindung (Binding) zwischen den Parteien herstellt. Die Mechanismen des Makelns befriedigen die Anforderungen (AO2) und (AO3) und ermöglichen es, Anwendungen flexibel in heterogene Umgebungen einzubetten. Eine Plattform für multimediale Anwendungen basierend auf einem internationalen Standard ist besonders unter dem Gesichtspunkt der Verbreitung und Gesamtwirkung interessant (siehe Abschnitt 2.3).

Die multimedialen Systemdienste enthalten Abstraktionen für Verarbeitungskomponenten und Daten [Williams 92]: Geräte repräsentieren physikalische Geräte, gespeicherte Daten oder Softwareprozesse. Mit Hilfe eines Geräts läßt sich eine Kette (Chain) erzeugen, eine Sequenz von Zeigern auf Datenobjekte. Die Schnittstelle zu einer Kette enthält Operationen zum Verschieben der aktuellen Lese/Schreibeposition, und deutet daher auf die Modellierung gespeicherter Daten hin. Die Abstraktion umfaßt jedoch auch Quellen wie Kameras und Mikrofone. Ketten bilden eine private Sicht der

Anwendung auf ein Gerät und können damit den gleichzeitigen individuellen Zugriff verschiedener Anwendungen auf gespeicherte Daten, modellieren. Dagegen werden Konflikte beim gemeinsamen Zugriff auf physikalische Geräte durch die Systemdienste nicht aufgelöst (AB1). Alle Aspekte des Datenflusses in Bezug auf ein Gerät werden durch sogenannte Endpunkte (Endpoints) zusammengefaßt, die sich von einer Kette erzeugen lassen. Attribute eines Endpunktes bestehen aus der Rate, mit der Datenobjekte durch den Endpunkt fließen, und der Art der Datenobjekte, spezifiziert durch abstrakte Begriffe wie RGB_Video und PCM_Audio (AD5). Detailliertere Einstellungen der Datenformate sind für die Anwendung nicht möglich.

Zwischen den Endpunkten der Geräte lassen sich Ströme (Streams) aufbauen, die von der Übertragung durch Transportprotokolle abstrahieren. Es ist durch Ströme möglich, Datenfluß von einer Quelle zu mehreren Senken auszudrücken (AD6), jedoch kann keine Sequenz von mehr als zwei Geräten durch einen Strom verknüpft werden. Zu den Charakteristika von Strömen gehören maximaler Durchsatz, Verzögerung, Verzögerungsschwankung, Bitfehlerrate und minimale Ausnutzung eines Datenstroms. Die Ausnutzung eines Stroms gibt den Anteil der Datenobjekte an, die tatsächlich die Senke des Stroms erreichen.

Die Anwendungsentwicklung mit den Systemdiensten zeigte, daß 'höhere' Dienste wünschenswert seien, um die Interaktionen der Anwendungen mit Diensten zu verringern und den Programmkode zu verkürzen [Coulson 93]. Ein Konfigurierungsdienst (Config) wurde entwikkelt, der, unter Angabe der Geräte für Quelle, Senke und der Art der Datenobjekte, Ströme zwischen den Geräten aufbaut und die beteiligten Basisdienste für die Anwendung verwaltet. Dabei werden unter anderem die Charakteristika der Ströme aus der Art von Datenobjekten abgeleitet (AB2).

Anwendungen spezifizieren zeitliche Beziehungen zwischen Datenobjekten, die durch einen Synchronisationsdienst eingehalten werden (MS1). Die Synchronisation beschränkt sich auf Beziehungen zwischen mehreren Strömen und zwischen Strömen und diskreten Ereignissen. [Campbell 92a, Campbell 92b]. Intrasynchronisation wird nicht betrachtet (MS1), und die Mechanismen der Intersysnchronisation berücksichtigen nur gespeicherte Daten (MS2). Es wird von den Autoren angenommen, daß für die Synchronisation dynamisch generierter Daten die Kontrolle der Ende-zu-Ende Verzögerung ausreicht. Es wird eine zweischichtige Architektur von Managern beschrieben, die Informationen über die zu bestimmten Zeitpunkten zu verarbeitenden Dateneinheiten austauschen. Das dazu benutzte Protokoll enthält 34 Primitive und kann in Abhängigkeit von der Lokation der Manager zu einem erheblichen Nachrichtenaufwand führen. Das Protokoll verläuft separat vom Datenprotokoll, ist allerding von Flußkontrollmechanismen des Datenprotokolls abhängig. Die Synchronisationsdienste wurden nicht implementiert.

Die Einbettung der Systemdienste in ANSA hat den besonderen Vorteil, daß die Verteilung der Dienste durch existierende ANSA Mechanismen realisiert werden kann. Dienste, und damit auch Geräte können auch über das Kommunikationsnetz hinweg benutzt werden (AA3). In einer durch spezielle Hardware unterstützten Implementierung der Systemdienste [Blair 93] wurden Datenströme mittels eines eigens entwickelten Transportprotokolls [Blair 92a] übertragen (MT1).

Die Charakteristika von Strömen sind die Dienstgüteparameter, die sich innerhalb der Systemdienste benutzen lassen. In den beschriebenen Implementierungen existieren allerdings keine Mechanismen auf den Endsystemen, die die Einhaltung der Spezifikation garantieren (MD1). Neuere Arbeiten in Lancaster [Campbell 94a] zeigen, wie Dienstgüte umfassender ausgedrückt werden kann. Laufende Arbeiten haben Mechanismen der Betriebsmittelverwaltung zum Ziel, die dieses Modell durch Erweiterung des Betriebssystems Chorus Micro Kernel unterstützen sollen [Coulson 94].

Anhang B: Schnittstellenspezifikation

B.1 Logical Time System

```
interface LogicalTimeSystem : DMPassiveObject
{
        attribute double resolution; // unit ticks per second
        attribute double speed;
};
```

B.2 Clock

```
interface Clock : Resource
{
typedef long TimeBaseClass;
const long SYSTEM_CLOCK                    = 1; // values for TimeBaseClass
const long SYNC_CLOCK                      = 2;
const long DATA_STREAM                     = 3;
readonly attribute TimeBaseClass timeBase;
attribute unsigned long position;
typedef long PositionMode;
const long ABSOLUTE                = 1; // values for PositionMode
const long RELATIVE                = 2;
const long PERIODICAL              = 3;
exception MARKER_OPERATION_FAILURE {};
exception MARKER_UNKNOWN {};
typedef long MarkerId;
MarkerId insertMarker(in PositionMode mode, in unsigned long position)
raises(MARKER_OPERATION_FAILURE);
void removeMarker(in MarkerId markerId)
raises(MARKER_OPERATION_FAILURE, MARKER_UNKNOWN);
const long EVENTCLASS_POSITION =
            DMActiveObject::EVENTCLASS_ALL |(1<<4);
void start(  in PositionMode mode,
             in unsigned long position,
             in Clock referenceClock,
             in PositionMode rclockMode,
             in unsigned long rclockPosition);
void stop(   in Clock referenceClock,
             in PositionMode rclockMode,
             in unsigned long rclockPosition);
};
```

B.3 Format

```
interface Format : DMPassiveObject
{
typedef long MediaType;
const long AUDIO_MEDIA = 1;
const long VIDEO_MEDIA = 2;
const long AV_MEDIA = 3;
const long ANY_MEDIA = 4;
attribute MediaType mediaType;
exception INCOMPARABLE_FORMATS {};
boolean same(in Format f);
raises (INCOMPARABLE_FORMATS);
boolean equal(in Format f)
raises (INCOMPARABLE_FORMATS);
boolean lessThan(in Format f)
raises (INCOMPARABLE_FORMATS);
boolean lessOrEqual(in Format f)
raises (INCOMPARABLE_FORMATS);
};
```

B.4 Abstract Video Format

```
interface AbstractVideoFormat : Format
{
 typedef long Rate;
 const long RATE_NO_MOTION          = 1;
 const long RATE_LOW                = 2;
 const long RATE_MEDIUM             = 3;
 const long RATE_NOMINAL            = 4;
 const long RATE_HIGH               = 5;
 attribute Rate rate;
 typedef long Color;
 const long COLOR_BW = 1;
 const long COLOR_MONO = 2;
 const long COLOR_LOW = 3;
 const long COLOR_MEDIUM = 4;
 const long COLOR_HIGH = 5;
 attribute Color color;
 typedef long Resolution;
 const long RESOLUTION_LOW = 1;
 const long RESOLUTION_MEDIUM = 2;
 const long RESOLUTION_HIGH = 3;
 attribute Resolution resolution;
};
```

B.5 Abstract Audio Format

```
interface AbstractAudioFormat : Format
{
typedef long Quality;
const long QUALITY_LOW = 1;
const long QUALITY_MEDIUM = 2;
const long QUALITY_HIGH = 3;
attribute Quality quality;
typedef long Channel;
const long CHANNEL_STEREO = 1;
const long CHANNEL_MONO = 2;
const long CHANNEL_LEFT_ONLY = 3;
const long CHANNEL_RIGHT_ONLY = 4;
attribute Channel channel;
typedef long SilenceSuppression;
const long SILENCE_SUPPRESSION_ON = 1;
const long SILENCE_SUPPRESSION_OFF = 2;
attribute SilenceSuppression silenceSuppression;
};
```

B.6 VideoFormat

```
interface VideoFormat : Format
{
 typedef long ColorSpace;
 const long VIDEO_COLOR_SPACE_RGB = 1;
 const long VIDEO_COLOR_SPACE_RGB24 = 2;
 const long VIDEO_COLOR_SPACE_BGR24REVERSE = 3;
 const long VIDEO_COLOR_SPACE_BW = 4;
 const long VIDEO_COLOR_SPACE_MONO8 = 5;
 const long VIDEO_COLOR_SPACE_RGB7DITHER = 6;
 const long VIDEO_COLOR_SPACE_RGB8DITHER = 7;
 const long VIDEO_COLOR_SPACE_YUV9 = 8;
 const long VIDEO_COLOR_SPACE_YUV422 = 9;
 attribute ColorSpace colorSpace;
 attribute long width;
 attribute long height;
 attribute long frameRate;
 struct VideoStruct
 {
 ColorSpace colorSpace;
 long width;
 long height;
 long depth;
 long frameRate; /* frames per second */
};
 /* all basic type information can be set with a single attribute */
 attribute VideoStruct basicVideoData;
};
```

B.7 JPEGVideoFormat

```
interface JPEGVideoFormat : VideoFormat
{
 typedef long Subsampling;
 const long JPEG_VIDEO_SUBSAMPLING_H = 1;
 const long JPEG_VIDEO_SUBSAMPLING_V = 2;
 const long JPEG_VIDEO_SUBSAMPLING_HV = 3;
 const long JPEG_VIDEO_SUBSAMPLING_NO = 4;
 attribute long subsampling;
 attribute long compressionQuality;
 attribute boolean JPEGDataOnly;
};
```

B.8 Commitment

```
interface Commitment : DMPassiveObject
{
 typedef long CommitmentLevel;
 const long QOS_GUARANTEED = 1;
 const long QOS_STATISTICAL = 2;
 const long QOS_BEST_EFFORT = 3;
 attribute CommitmentLevel commitmentLevel;

 typedef long Importance; // defined as range [0..10], 10 is highest importance
 attribute Importance importance;

 typedef long Scalability;
 const long SCALABILITY_ON = 1;
 const long SCALABILITY_OFF = 2;
 attribute Scalability scalability;

 typedef long Encryption;
 const long ENCRYPTION_ON = 1;
 const long ENCRYPTION_OFF = 2;
 attribute Encryption encryption;

 readonly attribute long cost;
};
```

B.9 Monitor

```
interface Monitor : DMPassiveObject
{
 typedef long Delay;
 const long DELAY_HIGH = 1;
 const long DELAY_MEDIUM = 2;
 const long DELAY_LOW = 3;
 attribute Delay delay;

 typedef long DataCorruption;
 const long CORR_IGNORE = 1;
 const long CORR_DISCARD = 2;
 const long CORR_RECEIVE = 3;
 const long CORR_CORRECT = 4;
 attribute DataCorruption dataCorruption;
```

```
long DataLoss;
const long LOSS_IGNORE = 1;
const long LOSS_INDICATE = 2;
const long LOSS_CORRECT = 3;
attribute DataLoss dataLoss;
typedef long DataLateness;
const long LATE_IGNORE  = 1;
const long LATE_DISCARD = 2;
const long LATE_RECEIVE = 3;
attribute DataLateness dataLateness;
struct ErrorCharacteristics
{
      DataCorruption dataCorruption;
      DataLoss dataLoss;
      DataLateness dataLateness
};
attribute ErrorCharacteristics errorCharacteristics;
};
```

B.10 Synchronization

```
interface Synchronization : DMPassiveObject
{
 typedef long Optimization;
 const long OPTIMIZE_DELAY   = 1;
 const long OPTIMIZE_QUALITY = 2;
 attribute Optimization optimization;
 attribute long adaptationUnitSize;
 attribute long desiredDelay;
 attribute long maxDelay;
 attribute long maxLateRate;
};
```

B.11 Point

```
interface Point : Resource
{
 typedef long PointType;
 const long POINT_TYPE_IN  = 1;
 const long POINT_TYPE_OUT = 2;
 attribute PointType pointType;
};
```

B.12 File Device

```
interface FileDevice : Device
{
 typedef char ReadMode;
 const char READ_MODE  = 'R';
 const char WRITE_MODE = 'W';
 typedef char TrackTreatment;
 const char SEPARATE_TRACKS = 'S';
 const char INTERLEAVED_TRACKS = 'I';

 void openFile(        in string fileName,
                       in ReadMode accessMode,
                       in TrackTreatment trackTreatment);
 void closeFile();
 Point createPointByTrack(in long trackNumber);
 readonly attribute DMOSFile file;
};
```

B.13 Simple Connection

```
interface SimpleConnection : Resource
{
 void connect(in Point p1,in Point p2)
 void disconnect();
};
```

B.14 Stream

```
interface Stream : Clock
{
 void addConnection(in Connection c);
 void deleteConnection(in Connection c);
};
```

B.15 Stream Group

```
interface StreamGroup : Stream
{
 void addStream(in Stream s);
 void deleteStream(in Stream s);
 attribute Clock master;
};
```

Anhang C: Abbildung der AVP- auf Transportdienste

Im folgenden wird beispielhaft anhand zweier Transportprotokolle gezeigt, wie die beschriebene Schnittelle des AV-Protokolls (siehe Abschnitt 7.3) auf Transportdienstschnittstellen abgebildet wird. Das Transportprotokoll HeiTP repräsentiert einen spezialisierten Dienst, der besonders die Anforderungen der Übertragung kontinuierlicher Medien berücksichtigt. UDP dagegen bietet einen einfachen verbindunglosen Transportdienst an, der den Vorteil hat, auf einer Vielfalt von Plattformen verfügbar zu sein.

C.1 Heidelberg Transport Protocol (HeiTP)

HeiTP ist ein Transportprotokoll, das eigens für die Kommunikation von Bewegtbild und Ton entworfen wurde. Der angebotene Dienst bildet die oberste Schnittstelle eines ganzen Transportsystems, das außer aus HeiTP aus der Vermittlungsschicht ST-II [Topolcic 90] und einer Menge von möglichen physikalischen Netzen, ATM, Ethernet, Token Ring und FDDI besteht. Mit HeiTP können Simplexverbindungen von einer Quelle zu mehreren Senken aufgebaut werden. Bei Punkt-zu-Punkt Verbindungen können Daten in beide Richtungen fließen. Die Vermittlungsschicht ermöglicht durch die Verteilung von Datenflußbeschreibungen die Aushandlung einer Stromqualität, die für die Dauer der Datenübertragung durch Reservierungs- und Zugangskontrollverfahren garantiert werden kann, sofern das physikalische Netz es erlaubt.

Da HeiTP Multicastfunktionalität zur Verfügung stellt, läßt sich jede Verbindung des AV-Protokolls auf genau eine HeiTP Verbindung abbilden. Jede Instanz eines Netzwerkstreamhandlers wird nur einer Verbindung als Quelle oder als Senke zugeordnet, wodurch sich der Aufbau der Streamhandler stark vereinfacht. Die Quellidentfifikation braucht in die PDUs nicht aufgenommen werden, da über einen TSAP beim Empfänger nur ein Strom empfangen wird. Da HeiTP selbst Pakete segmentieren und reassemblieren kann, wird diese Funktionalität innerhalb des AV-Protokolls nicht benutzt, d. h., Segmentierungsinformation wird nicht in die AV-PDU aufgenommen.

Tabelle C.1 zeigt, auf welche Dienste der Transportschnittstellen die Methoden der AV-Protokollschnittstelle abgebildet werden (siehe [Delgrossi 92] für eine detaillierte Beschreibung der Transportschnittstelle). Im Rahmen der Instantiierung der Netzwerkstreamhandler, ausgelöst durch den Aufruf von

AV-Protokoll	**HeiTP**		**UDP**	
	Sender	**Empfänger**	**Sender**	**Empfänger**
set_transportType	—	—	—	—
get_transportType	—	—	—	—
prepare	hts_init hts_get_handle hts_ucreg		socket	
get_tsap	hts_bind		bind getsockname	
set_tsap	hts_bind hts_unbind		bind close socket	
connect	hts_connect hts_add	NA	—	NA
acquireResource	hts_connect	hts_listen hts_accept	—	—
accept	NA	—	NA	—
disconnect	hts_drop hts_disconnect	hts_disconnect	—	—
event type disconnect	disconnect (event)	disconnect (event)	—	—
start	—	—	—	—
stop	—	—	—	—
sendData	hts_send	NA	sendto	NA
receiveData	NA	data (event)	NA	recvfrom
sendDownstreamE- vent	hts_send	data (event)	sendto	recvfrom
sendUpstreamEvent	feedback (event)	hts_feedback	recvfrom	sendto
releaseResource	hts_disconnect		—	
unprepare	hts_disconnect hts_free_handle hts_unbind hts_ucunreg hts_exit		close	

Tabelle C.1: Abbildung der AV-Dienstprimitive auf Transportdienstschnittstellen

prepare , werden nacheinander der Transportdienst initialisiert, der Streamhandler angemeldet und einige interne Methoden des Streamhandlers als

Callbackfunktionen beim Transportdienst registriert. Die Methoden zur Verwaltung der TSAPs werden auf die Anmeldungsfunktionen *hts_bind* und *hts_unbind* abgebildet. Die Umsetzung der Methode *connect* ist abhängig vom aktuellen Zustand der Verbindung:

- In den Zuständen *created* und *prepared* (siehe Bild 7.2) werden die Adressen der Empfänger im Streamhandler gespeichert, ohne eine Funktion des Transportdienstes aufzurufen.
- In den Zuständen *idle* und *started* wird durch die Funktion *hts_connect* eine Verbindung zu den Empfängern aufgebaut
- In den Zuständen *sending* und *connected* werden mit Hilfe der Funktion *hts_add* ein oder mehrere Empfänger zu einer bestehenden Verbindung hinzugefügt.

Die Methode *acquireResource* führt beim Sender ebenfalls dazu, daß die Funktion *hts_connect* aufgerufen wird. Die Spezifikationen des Datenformats und der Qualität des Stroms werden, wie in Abschnitt 6.3.5 beschrieben, auf eine Datenflußbeschreibung von HeiTP abgebildet, beim Aufbau der Verbindung gegebenenfalls durch Vermittlungsknoten modifiziert und schließlich mit dem Verbindungswunsch beim Empfänger ausgeliefert. Beim Empfänger wird *acquireResource* in einen Aufruf von *hts_listen* umgesetzt, um eingehende Verbindungswünsche zu erwarten. Das Annehmen des Verbindungswunsches durch *hts_accept* schließt die Operation ab.

Die Operationen *start* und *stop* führen zu keinerlei Aufrufen auf die Transportdienstschnittstelle, allerdings markieren sie Beginn und Ende der Datenübertragungsphase. Die Methode *sendData* wird auf *hts_send* abgebildet. Beim Empfänger wird die Ankunft der Daten angezeigt, indem die Transportschnittstelle eine Callbackmethode des Streamhandlers aufruft, in der die Daten an Nachfolgestreamhandler weitergegeben werden. Ereignisse werden vom Sender an den Empfänger mittels *hts_send* und in die Gegenrichtung durch *hts_feedback* übertragen.

Beim Sender wird der Abbau von Verbindungen mit der Methode *disconnect* je nach Zustand auf unterschiedliche Aufrufe abgebildet: Im Zustand *prepared* werden die Adressen der Empfänger aus einer internen Liste entfernt, ohne eine Funktion von HeiTP zu benutzen. In allen anderen Zuständen wird entweder *hts_drop* benutzt, falls nicht alle Empfänger aus der Verbindung entfernt werden, oder *hts_disconnect* , um die Verbindung vollständig abzubauen. Beim Empfänger wird die Verbindung immer durch *hts_disconnect* abgebaut.

Beim Aufruf der Methode *releaseResource* zur Freigabe der Betriebsmittel wird eine ggf. noch existierende Verbindung ebenfalls durch *hts_disconnect* abgebaut. Vor Beendigung der Netzwerkstreamhandler werden die HeiTP Schnittstelle deinitialisiert und Endpunkte beim Transportdienst abgemeldet.

C.2 User Datagram Protocol (UDP)

UDP stellt einen verbindunglosen Transportdienst für Nachrichten zur Verfügung. UDP [Postel 80] und TCP [Postel 81b] bilden als Internetstandards die am häufigsten eingesetzten Transportprotokolle. Im Vergleich zu TCP hat UDP den Nachteil, keine verläßliche Übertragung sicherstellen zu können, der Datenfluß in UDP wird dafür allerdings nicht durch Flußkontrollmechanismen, wie in TCP [Jacobson 88], reguliert, was gerade in Weitverkehrsnetzen zu unkontrollierbaren Schwankungen der Übertragungsverzögerungen führen kann. Die Reihenfolge von Nachrichten kann bei der Übertragung durch UDP vertauscht werden. Fehlerhaft empfangene Daten werden durch Übertragung einer Prüfsumme erkannt, woraufhin die gesamte Nachricht verworfen wird.

UDP enthält keine Multicastfunktionalität, beim Versenden einer Nachricht kann immer nur genau eine Empfängeradresse übergeben werden. Um 1:n Verbindungen des AV-Protokolls auf UDP abzubilden, muß daher jede Nachricht sequentiell an die einzelnen Empfänger gesendet werden.

Die Endpunkte der Übertragung werden in UDP durch sogenannte Sockets [Leffler 89] repräsentiert. Daten können im Duplexbetrieb über ein Socket sowohl empfangen als auch gesendet werden. Jeder Netzwerkstreamhander verwendet daher genau ein Socket, um Daten und Ereignisse zu versenden und zu empfangen.

Trifft eine Nachricht an einem Socket ein, so kann Information über den Absender mit Diensten der Transportschnittstelle ausgewertet werden. Daher wird die Quellenidentifikation des AV-Protokolls nicht in die AV-PDUs aufgenommen. Die meisten Implementierungen von UDP enthalten eine Beschränkung der Paketgröße auf 8 KByte. Die Nutzdaten der zu übertragenden Datenpakete werden daher so segmentiert, daß die AV-PDUs diese Größe nicht überschreiten.

Die Abbildung der einzelnen Dienstprimitive des AV-Protokolls auf UDP finden sich ebenfalls in Tabelle C.1. Nach der Erzeugung eines Netzwerkstreamhandlers wird durch Aufruf des Dienstes *socket* ein Endpunkt bei UDP angemeldet. Mit der Funktion *bind* läßt sich ein lokaler TSAP mit dem Endpunkt assoziieren. Zum Wechsel eines TSAPs mit der Methode *set_tsap* wird der Endpunkt geschlossen (*close*), und durch Aufrufe von *socket* und *bind* erneut geöffnet bzw. mit dem gewünschten TSAP verknüpft.

Da UDP selbst keine Verbindungen unterhält, werden alle Methoden zum Auf- und Abbau von AV-Protokollverbindungen abgebildet, indem die bei *connect* , *disconnect* und *accept* spezifizierten TSAPs im Netzwerkstreamhandler beim Sender bzw. Empfänger verwaltet werden. Während der Datenübertragungsphase dienen sie zum sequentiellen Versenden der Daten an alle Empfänger bzw. zur Konsistenzprüfung beim Empfang einer Nachricht.

Die Methoden *acquireResource* und *releaseResource* haben keine Auswirkung auf die Transportschnittstelle, da UDP keine Mechanismen anbietet um eine Qualität mit einem Strom zu assoziieren. Betriebsmittelreservierungen sind daher bei der Benutzung von UDP auf die Endsysteme beschränkt.

Daten werden mit den Funktionen *sendto* und *recvfrom* gesendet bzw. empfangen. Dies gilt gleichermaßen für Daten und Ereignisse sowohl auf Sender- als auch auf Empfängerseite. Bei Beendigung des Netzwerkstreamhandlers wird der UDP-Endpunkt durch *close* geschlossen.

Anhang D: Schnittstelle der Klasse DataPacket

```
/*
 *  COMPONENT_NAME:    $RCSfile: DataPacket.h,v $     $Revision: 2.1 $
 *
 *  $Id: DataPacket.h,v 2.1 95/06/20 11:35:38 kaeppner Exp Locker: obausch $
 *
 */

class DataPacket
{

  /*
   * constructor: create a data packet by using a buffer handle.
   * This constructor will be used, when a data packet is arrived at a
   * message queue. The buffer was created by an other streamhandler
   * so it is necessary to get a reference to this buffer.
   */

  DataPacket(DataPacketHandle bufferHandle);

  DataPacket(DataPacketHandle bufferHandle, BMS_POOL pool);

  /*
   * constructor: create a data packet in the specified bufferpool of
   * the streamhandler
   */
  DataPacket (BMS_POOL shPool);

  /*
   * constructor: create a logical copy of a data packet object
   */
  DataPacket(BMS_BUFFER buffer,
             void* ptrHeader, void* ptrData,
             BMS_POOL shPool);

  /*
   * destructor: destroy a data packet
   */
  ~DataPacket();

  /*
   * This methed creates new data space between the header and the data
   * part of a packet.
   */
  void increaseDataSpace(unsigned long additional_size);
```

```
/*
 * This method is used when a synchronization unit must be processed by a
 * sink device. The data is reassembled in a continuous piece of memory.
 */
void* getDataPtr();

/* get a logical copy of the data packet */
DataPacket getLogicalCopy();

/* get a physical copy of the data packet */
DataPacket getPhysicalCopy();

/* get the pointer to the data of the packet */
void* getHeaderPtr();

/* shrink the length of the data packet */
void shrink  (size_t realLength);

/* get the buffer (needed to give it for sending in MMT) */
BMS_BUFFER getBuffer();

/* get the handle for this packet */
DataPacketHandle getHandle();

/*
 * The following methods are used to set and get the protocol header
 * elements.
 */

/* the version number of the packet (an unsigned char value)  */
unsigned short    DataPacket::getVersionNumber();
void          DataPacket::setVersionNumber(unsigned short var);

/* the flag "end of synchronization unit" */
boolean DataPacket::getFlagEndOfSyncUnit();
void DataPacket::setFlagEndOfSyncUnit(boolean var);

/* the flag "packetization" */
boolean DataPacket::getFlagPacketization();
void DataPacket::setFlagPacketization(boolean var);

/* the flag "optProtHeaderBit" */
boolean DataPacket::getOptProtHeaderBit();
void DataPacket::setOptProtHeader(boolean var);

/* query maximum length of header, for space allocation purposes */
static unsigned long getMaxHeaderLength();

/* the header length of the packet */
unsigned short DataPacket::getHeaderLength();
void DataPacket::setHeaderLength(unsigned long var);

/* the first field of the packet */
```

```
  unsigned short DataPacket::getFirstField();

  /* the data length of the packet */
  unsigned long DataPacket::getDataLength();
  void DataPacket::setDataLength(unsigned long var);

  /* the absolute time stamp of the packet */
  unsigned long DataPacket::getAbsTimeStamp();
  void DataPacket::setAbsTimeStamp(unsigned long var);
  void DataPacket::setAbsTimeStamp(TimePoint UNIXTime)

  /* the sequence number of the packet */
  unsigned short DataPacket::getSequenceNumber();
  void DataPacket::setSequenceNumber(unsigned short var);

  /* the data format of the packet */
  unsigned short DataPacket::getDataFormat();
  void DataPacket::setDataFormat(unsigned short var);

  /* the priority of the packet */
  unsigned short DataPacket::getPriority();
  void DataPacket::setPriority(unsigned short var);

  /* the datastream id of the packet */
  unsigned short DataPacket::getDataStreamId();
  void DataPacket::setDataStreamId(unsigned short var);

  /* the playout timepoint of the packet */
  unsigned long DataPacket::getPlayoutTimePoint();
  void DataPacket::setPlayoutTimePoint(unsigned long var);

  /* the sourceIdA of a data packet */
  unsigned long DataPacket::getSourceIdA();
  void DataPacket::setSourceIdA(unsigned long var)

  /* the sourceIdB of a data packet */
  unsigned long DataPacket::getSourceIdB();
  void DataPacket::setSourceIdB(unsigned long var);

};


#endif
```

Anhang E: Umsetzung der Synchronisationsverfahren

E.1 Berücksichtigung von Synchronisationsarten

Die Unterscheidung von Synchronisationsarten nach den Zielen führt zu den Begriffen Intrasynchronisation und Intersynchronisation (vgl. Abschnitt 2.2.3). Für eine korrekte Verarbeitung multimedialer Daten sind beide Arten zu berücksichtigen.

In der Vergangenheit wurde vorgeschlagen, die Intrasynchronisationsbeziehungen allein durch das Transportsystem überwachen zu lassen [Campbell 92b]. Unterschiedliche Verarbeitungszeiten der Synchronisationseinheiten sind jedoch nicht allein auf Transportsysteme beschränkt, so daß die Intrasynchronisation auch ohne den Kontext eines Kommunikationnetzes sinnvoll ist. Innerhalb der DMO-Services definieren Anwendungen die Intrasynchronisationsbeziehungen implizit durch die Auswahl eines Datenformats. Bei der Umsetzung der Dienstgütespezifikation auf die Streamhandlerebene werden die Abhängigkeiten durch Synchronisationseinheiten und ihre Zeitstempel explizit gemacht.

Intersynchronisationsbeziehungen sind für die digitale Verarbeitung kontinuierlicher Medien besonders wichtig, da sie die flexible Kombination mehrerer Medien erst ermöglichen. Wegen unterschiedlicher Dienstgüteanforderungen werden in Multimediasystemen häufig auch solche Datenströme getrennt verarbeitet, die in analogen Systemen, z. B. bei der Fernsehübertragung, fest kombiniert sind. Dies führt gegenüber analogen Systemen zu einem Mehraufwand für die Resynchronisation zwischen den Medien.

Intersynchronisationsbeziehungen werden innerhalb der DMO-Services von Anwendungen explizit ausgedrückt. Zur Unterstützung der Synchronisation diskreter Daten mit kontinuierlichen Strömen kann sich die Anwendung durch Methoden der Klasse Clock "wecken" lassen (siehe Abschnitt 4.2.2). Mechanismen zur Intersynchronisation mehrerer kontinuierlicher Datenströme werden durch den Kontext einer Stromgruppe ausgedrückt. Beim Starten der Ströme werden die Beziehungen durch die Angabe von Zeiten explizit definiert.

Anhand des Ursprungs der Synchronisationsbeziehungen wird in [Little 90] zwischen *Live-Synchronisation* und *synthetischer Synchronisation* unterschieden:

- Bei der Live-Synchronisation werden Beziehungen zwischen Synchronisationseinheiten durch die zeitliche Abfolge ihrer Aufnahme definiert.
- Bei der synthetischen Synchronisation werden Bezüge zwischen Synchronisationseinheiten nachträglich festgelegt. Die synthetische Synchronisation zerfällt in zwei Phasen: In einer Definitionsphase werden Beziehungen zwischen den Informationseinheiten, beispielsweise, Audio- oder Videoausschnitt, Einzelbild oder Text definiert. Während der Wiedergabephase werden die Synchronisationsbeziehungen ausgewertet und Informationseinheiten entsprechend dargestellt.

In [Steinmetz 93] wird der Begriff der Live-Synchronisation weiter verfeinert. In einer *Live-Synchronisation bei örtlichem Versatz* werden die Daten ohne Zwischenspeicherung von der Quelle an eine entfernte Senke übertragen und dort dargestellt. Die *Live-Synchronisation bei zeitlicher Entkopplung* impliziert zwei Phasen: Bei der Aufzeichnung werden die Daten einschließlich ihrer Synchronisationsbeziehungen gespeichert. Bei der Wiedergabe werden die Informationseinheiten unter Berücksichtigung der gespeicherten Beziehungen dargestellt, sie ist äquivalent zur Wiedergabephase der synthetischen Synchronisation.

Um den Bezug der genannten Synchronisationsarten zu den in Kapitel 6 vorgestellten Dienstgüteparametern aufzuzeigen, lassen sich die Synchronisationsarten auf die in Abschnitt 6.3.1 definierten Anwendungskontexte zurückführen:

- In der Definitionsphase der synthetischen Synchronisation wird keine zeitabhängige Verarbeitung der Medien vorgenommen. Daher wird dieser Teil durch die DMO-Services nicht gesondert unterstützt. Die Charakteristika der Wiedergabephase entsprechen der Definition eines Präsentationskontextes. Als wichtigste Anforderung an die Synchronisation in dieser Phase kann daher die Maximierung der Qualität des Datenstroms identifiziert werden.
- Die *Live-Synchronisation bei örtlichem Versatz* läßt sich auf die Definition des Konversationskontextes zurückführen. Das wichtigste Merkmal für diese Art der Synchronisation ergibt sich aus der Anforderung, die Kommunikation zwischen Menschen zu unterstützen: die Gesamtverzögerung muß dazu möglichst gering sein.

- Die Aufzeichnungsphase der *Live-Synchronisation bei zeitlicher Entkopplung* entspricht der Definition eines Konservierungskontextes. Die Synchronisation muß daher eine möglichst hohe Qualität gewährleisten. Dagegen hat die resultierende Gesamtverzögerung nur untergeordnete Bedeutung.

E.2 Repräsentation von Zeitbeziehungen

Für die DMO-Services lassen sich zwei prinzipielle Arten der Zeitdarstellung unterscheiden:

- Auf Ebene der Kontrollschicht dienen die Instanzen der Klassen LogicalTimeSystem und Clock dazu, Zeit in anwendungsabhängiger Form auszudrücken.
- Auf Ebene der Datenschicht werden alle Zeiten in einem einheitlichen Format als absolute Zeitstempel, der sogenannten Systemzeit, dargestellt.

Die Umrechnung von logischer Zeit L in die Systemzeit T geschieht durch ein Objekt der Klasse Clock, wenn eine Anwendung Zeiten bezogen auf das Objekt spezifiziert. Umgekehrt werden alle Zeitstempel, die mit Ereignissen, wie "Ende des Stroms", verknüpft sind, mit Hilfe des Objekts Clock auf logische Zeit abgebildet, bevor sie an die Anwendung übermittelt werden. Um diese Umrechnungen durchführen zu können, repräsentiert das interne Attribut *offset* eine Zeitdifferenz, bezogen auf die Systemzeit. Die Relation der Geschwindigkeiten der beiden Zeitsysteme ist in den Attributen *speed* und *resolution* eines Objekts der Klasse LogicalTimeSystem enthalten. Beim Starten einer Uhr kann die Anwendung einen Startwert S angeben, aus der der aktuelle Wert für *offset* ermittelt wird:

$$\text{offset} = T - S/(\text{speed} \times \text{resolution})$$

Die Beziehung zwischen Systemzeit T und logischer Zeit L läßt damit wie folgt angeben:

$$L(T) = (T - \text{offset}) \times \text{speed} \times \text{resolution}$$

Da die Beziehung linear ist, muß auch bei einer Modifikation der Attribute *speed* und *resolution* des logischen Zeitsystems der Wert *offset* neu berechnet werden. Im allgemeinen können mehrere Uhren mit einem logischen Zeitsystem verknüpft sein. Verändert die Anwendung eines der genannten Attribute, so wird eine Ereignisnachricht mit der aktuellen Systemzeit T an alle abhängigen Uhren gesendet, die für diesen Zeitpunkt einen neuen Wert *offset* berechnen, so daß von T aus mit den neuen Werten für *speed* und *resolution* linear extrapoliert werden kann.

Durch Vererbung erbt die Klasse Stream die Schnittstelle der Klasse Clock. Befindet sich ein Strom im Präsentationskontext, so wird im Falle einer Anpassung des Attributes *speed* die Verarbeitungsgeschwindigkeit des Mediums verändert. Derart kann beispielsweise eine Videosequenz mit verminderter Geschwindigkeit in "Zeitlupe" oder mit erhöhter Geschwindigkeit im "Zeitraffer" dargestellt werden. Die Art der Verarbeitung ist unter anderem von der Kodierung und der Verarbeitungsdauer abhängig, ggf. werden Teile des Mediums ausgelassen. Für Ströme im Präsentationskontext wird auch der Startzeitpunkt relativ zum Beginn des gespeicherten Mediums interpretiert, um die Wiedergabe von beliebigen Ausschnitten zu ermöglichen.

Die Operationen *start* und *stop* können zusätzlich durch die Angabe von Zeiten bezogen auf eine andere Zeitquelle, eine Referenzuhr, gesteuert werden. Derart wird die Spezifikation von zeitlichen Beziehungen insbesodere von Startzeitpunkten mehrerer Ströme ermöglicht. Eine solche Beziehung wird aufgelöst, indem ein vorläufiger Startzeitpunkt durch Umrechnung der logischen Zeit mittels der Referenzuhr ermittelt wird. Gleichzeitig registriert der zu startende Strom sich für alle Ereignisse, die eine Veränderung des Startzeitpunktes zur Folge hätten.

E.3 Intrasynchronisation

Alle Synchronisationverfahren beruhen auf Zeitstempeln absoluter Systemzeit, die bei der Generierung der Daten von den Quellstreamhandlern eingefügt werden. Quellstreamhandler lesen die Daten von einem Festspeicher, beispielsweise bei einem Präsentationskontext, oder erhalten sie an einer Schnittstelle zu einem Digitalisierungsadapter, wie im Falle eines Konversationskontextes. Für die Festlegung der Zeitstempel gibt es verschiedene Möglichkeiten:

- Bei jeder Bearbeitung einer Synchronisationseinheit kann ein Zeitstempel aus der aktuellen Systemzeit ermittelt und eingetragen werden. Dies hat den Nachteil, daß zeitliche Schwankungen, die aus unterschiedlichen Verzögerungen bei der Zuteilung von Betriebsmitteln, wie dem Prozessor oder der Festplatte, ausgelöst werden können, in den Zeitstempeln der Synchronisationseinheiten reflektiert werden. In diesem Fall würden zeitliche Beziehungen zwischen den Synchronisationseinheiten bereits an der Quelle verletzt.
- Die Zeitstempel lassen sich auch basierend auf einer *nominalen* Zeit ermitteln, indem zum absoluten Startzeitpunkt die Zeitdifferenz zur ersten Synchronisationseinheit eines Datenstroms addiert wird. Bei einem gespeicherten Datenstrom sind Zeitinformationen in der Regel

explizit abgelegt und können mit den Daten gelesen werden. Werden beispielsweise Audiodaten digitalisiert, so ergibt sich die Zeitdifferenz aus der internen Uhr des Hardwaregerätes, deren Gleichlaufschwankungen im allgemeinen durch die Größenordnung 10^{-6} beschränkt sind [Pflugl 90, Schwabl 89].

Bei der Verwendung einer nominalen Zeit gehen die zeitlichen Schwankungen der Betriebsmittelzuteilung mit in die Verarbeitungsdauer ein, die durch die Intrasynchronisation ausgeglichen wird. Es muß allerdings sichergestellt werden, daß keine langfristigen Unterschiede zwischen der nominalen Zeit und der absoluten Systemzeit auftreten, beispielsweise in einer Überlastsituation. Daher wird durch die Quellstreamhandler der DMO Services die nominale Zeit regelmäßig mit der Systemzeit verglichen, um bei größeren Unterschieden eine Anpassung vorzunehmen, indem beispielsweise ein Einzelbild eines Videostroms ausgelassen wird.

Die Intrasynchronisation wird durch Objekte der Klasse Synchronization gesteuert. Durch Attribute wird die Art des Verfahrens zur Intrasynchronisation und die einzuhaltende Schranke für die Wiedergabeverzögerung bzw. die Verspätungsrate spezifiziert. Durch die Zuordnung zu Objekten der Klasse Point wird die Stelle, an der die Synchronisationsbeziehungen sicherzustellen sind, gekennzeichnet. Wurden Objekte der Klasse Synchronization von der Anwendung nicht eingesetzt, die Inhalte also bei der Dienstgüteauswertung abgeleitet (siehe Abschnitt 6.3), so wird das Objekt durch eine automatische Zuordnung möglichst nahe der Senke plaziert.

Eine eigene Streamhandlerklasse, der Synchronisationsstreamhandler, bildet die Kapsel für die Ausführung der Synchronisationsverfahren innerhalb der Datenschicht. Synchronisationsstreamhandler werden an der Stelle in den Strom eingefügt, die durch die Verknüpfung der Synchronization-Objekte in der Kontrollschicht festgelegt ist. Zur Synchronisation der Daten an der Benutzerschnittstelle sollten möglichst alle Verarbeitungsschritte, die eine variable Verarbeitungszeit implizieren, vor der Synchronisation stattfinden. Die Darstellung selbst wird allerdings stets nach der Synchronisation durch einen nachgeschalteten Streamhandler erfolgen. Da die Verarbeitungszeit innerhalb der Wiedergabestreamhandler unterschiedlich ist und für die Einhaltung der maximalen Verzögerung nicht vernachlässigt werden kann, werden Schätzwerte für die Verarbeitungszeit A von den Wiedergabestreamhandlern an die Synchronisationstreamhandler übermittelt. Diese zusätzlichen Verarbeitungszeiten haben zweierlei Funktion:

- Bei der Intrasynchronisation gewährleisten sie, daß die spezifizierte maximale Verzögerung als Gesamtverzögerung interpretiert werden kann. Bei der Überprüfung der Schranke wird die Verarbeitungszeit des Wiedergabestreamhandlers zur Wiedergabeverzögerung addiert.

- Bei der Intersynchronisation werden durch die Berücksichtigung der nachgeschalteten Verarbeitungszeiten auch die Unterschiede zwischen den Wiedergabestreamhandlern berücksichtigt. Ansonsten würden direkt nach der Intersynchronisation die zeitlichen Beziehungen zwischen Strömen, beispielsweise durch unterschiedliche Länge von Hardwarepipelines, wieder verletzt.

Das Prinzip der Intrasynchronisation besteht darin, einen Strom unregelmäßig eintreffender Synchronisationseinheiten zu puffern und entsprechend nach Ablauf einer Pufferzeit, die sich als Differenz der Wiedergabeverzögerung und der Verarbeitungsdauern ergibt, weiterzuleiten. Dazu wird für jede Synchronisationseinheit, wenn sie beim Synchronisationsstreamhandler eintrifft, ihr Wiedergabezeitpunkt mittels der in Abschnitt 8.2 beschriebenen Verfahren berechnet. Liegt der Wiedergabezeitpunkt noch in der Zukunft, so wird sie in einen Puffer eingefügt. Überschreitet die Systemzeit die Wiedergabezeit eines der gepufferten Pakete, so wird es aus dem Puffer entnommen und weitergeleitet. Um den Aufwand an Timern innerhalb der Synchronisationsstreamhandlern zu verringern, wird die zeitliche Auflösung durch den isochronen Aufruf des Streamhandlers mittels eines Echtzeitschedulers implementiert.

Während eines Adaptionsintervalls werden verschiedene Meßwerte für die Verfahren gesammelt:

- Bei der Verzögerungsminimierung werden die N_{max+1} größten Werte der Verarbeitungdauern in einer verketteten Liste gespeichert. Trifft ein Paket ein, dessen Verarbeitungdauer größer ist als der niedrigste gespeicherte Wert, so wird der Wert seiner Größe entsprechend in die Liste eingefügt. Derart werden zusätzliche Aufwände für die Intrasynchronisation auf das gesamte Adaptionsintervall verteilt.
- Zur Minimierung der Verspätungsrate werden für jedes eintreffende Datenpaket neue Schätzwerte für den Mittelwert und die Variabilität der Verarbeitungsdauern ermittelt.

Am Ende eines Adaptionsintervalls wird die Wiedergabeverzögerung aufgrund der gemessenen Werte an die aktuelle Situation angepaßt. Der nachfolgende Wiedergabestreamhandler muß den Wiedergabezeitpunkt möglichst genau einhalten. Im allgemeinen genügt es dazu, daß der Wiedergabestreamhandler die eintreffenden Synchronisationseinheiten ohne zeitlichen Verzug bearbeitet. Bei der Verwendung von zusätzlicher Hardware sind ggf. interne Puffer oder Verarbeitungspipelines zu überwachen. Ein Streamhandler für die Wiedergabe von Audiodaten kann z. B. durch die Verkürzung von Synchronisationseinheiten Wiedergabezeitpunkte sehr exakt modifizieren.

Da die Anpassung der Wiedergabeverzögerung eine wahrnehmbare Störung für den Benutzer verursachen kann, ist es sinnvoll diese Anpassungen an solchen Stellen im Strom vorzunehmen, bei denen keine relevanten Daten übertragen werden. In [Ramjee 94] werden Anpassungen ausschließlich in Sprechpausen durchgeführt, indem nur für die erste Synchronisationseinheit einer Sprechphase eine Neuberechnung der Wiedergabeverzögerung durchgeführt wird. In den DMO-Services kann die Anpassung ebenfalls bis zum Beginn einer neuen Sprechphase verschoben werden, falls die Erkennung von Sprechpausen beim Sender aktiviert ist. Bei der Wiedergabe von Bewegtbildsequenzen gibt es analog dazu die Möglichkeit, bei einem Szenenwechsel eine Anpassung von einer Dauer bis zu 15 Bildern vorzunehmen, ohne daß der Benutzer dies bemerkt [Steinmetz 96]. Die fortschreitende Entwicklung von Techniken, solche Schnitte automatisch zu entdecken [Arman 93, Zhang 95], wird es ermöglichen, die für den Benutzer wahrnehmbaren Störungen in Zukunft weiter zu reduzieren.

E.4 Intersynchronisation

Die Intersynchronisation wird durch ein Objekt der Klasse StreamGroup gesteuert. Eine Stromgruppe erlaubt es, mehrere Ströme zu einer logischen Einheit zusammenzufassen, um ihre Betriebsmittel gemeinsam anzufordern und die Verarbeitung der Daten gleichzeitig zu beginnen und zu beenden. Sie enthält das Attribut *master*, das den Strom kennzeichnet, dessen Intrasynchronisationsparameter im Rahmen der Intersynchronisation für alle Ströme übernommen werden.

Die wesentlichen Funktionen der Intersynchronisation sind die zeitliche Abstimmung der Adaptionsintervalle aller Ströme und die Ermittlung einer Referenzverzögerung. Da die Intrasynchronisationsverfahren im allgemeinen Fall verteilt ablaufen können (siehe Bild 8.3), muß ein Protokoll realisiert werden, das die notwendigen Informationen zwischen Synchronisationsstreamhandlern überträgt. Die momentane Implementierung der DMO-Services beschränkt dieses Protokoll auf Synchronisationsstreamhandler auf einem Knoten, d. h., die Konfigurationen d), e) und f) in Bild 8.3 werden durch die derzeitige Version nicht unterstützt. Als Vorteil dieses Verzichts auf die Synchronisation an verteilten Senken ergibt sich die Möglichkeit, den existierenden Ereignismechanismus für Kommunikation innerhalb eines DMO-Servers (siehe Abschnitt 5.2.3) für die Kommunikation zwischen Synchronisationsstreamhandlern zu verwenden.

Die Funktionalität der Intersynchronisation könnte prinzipiell von einem der Synchronisationsstreamhandler übernommen werden. Allerdings könnte der diesem Synchronisationsstreamhandler zugeordnete Strom nicht ohne weiteres aus der Stromgruppe entfernt oder auch nur gestoppt werden. Es wurde daher eine eigene Klasse SyncManager entworfen, die von allen Synchronisationsstreamhandler separiert instantiiert ist und erst beim Löschen der Stromgruppe entfernt wird.

Die Kommunikation zwischen Synchronisationsmanager und Synchronisationsstreamhandlern verläuft folgendermaßen: Während der Startphase der Ströme übermitteln alle Synchronisationsstreamhandler die Parameter ihrer Intrasynchronisationsverfahren an den Manager, der ihnen mit den Parametern des ausgezeichneten Master-Stroms antwortet. Nach Ablauf einer Adaptionseinheit sendet der Manager Anforderungen an alle Synchronisationstreamhandler, die Berechnungen zum Abschluß des Adaptionsintervalls durchzuführen. Die Ergebnisse werden wiederum an den Manager übermittelt, der daraufhin die Referenzverzögerung bestimmt und an alle Synchronisationsstreamhandler verteilt. Mit dem Erhalt der Referenzverzögerung wird bei den Synchronisationsstreamhandlern mit dem Sammeln von Meßwerten erneut begonnen. Wird ein Strom angehalten, so meldet sich der betreffende Synchronisationstreamhandler beim Manager ab.

Anhang F: Audiovisual Control Protocol

F.1 Dienstübersicht

Operation	Parameter	Rückgabewerte
AVCP_Bind	AVMPassword, AVCPVersion	
AVCP_Unbind		
AVCP_OpenGroup	GroupType, AVMode, AVPolicy	Group
AVCP_CloseGroup	Group	
AVCP_AddParticipant	Group, ParticipantDescription	Participant, AVConnectivity
AVCP_RemoveParticipant	Group, Participant	AVConnectivity
AVCP_ChangeControl	Group, Participant	
AVCP_SetAVMixing	Group, Mode	
AVCP_ParticipantRemoved (Event)	Group, Participant, AVConnectivity	

F.2 ASN.1 Spezifikation

```
-----------------------------------------------------------------------
--
-- File:  AVCP.ry
--
-- Version:  3.3
-- Revision:  1
-- Authors:  Carsten Kruschel (Sietec) & Thomas Steinig (Liebing &
--   Ullfors)
-- Date:  October 13th, 1992
-- Last Modified: Oct 17th, 1994 (Michael Altenhofen)
-- Abstract:  Detailed Specification of the Audiovisual Control
--   Protocol (AVCP) based upon the BERKOM MMC service
--   specification V3.2
--
-----------------------------------------------------------------------

AVCP

DEFINITIONS ::=

BEGIN

-- AVCP exports the following type definitions:
-- AVPolicy
-- AVMixingMode
-- Connection

EXPORTS
 AVPolicy,
 AVMixingMode,
 Connection;

-- AVCP imports the following type definitions:
--
--
-- AVCAddress  (from SSCP)
-- ActivityType  (from SSCP)
-- ActivityParameter (from SSCP)
-- AVMode   (from SSCP)
-- AVType   (from SSCP)
-- ApplicationAVID  (from SSCP)
-- EndpointID  (from SSCP)

IMPORTS
 ActivityType,
 ActivityParameter,
 AVCAddress,
 AVMode,
 AVType,
 ApplicationAVID,
 EndpointID  FROM SSCP;

-----------------------------------------------------------------------
--
-- Exported types
--
-----------------------------------------------------------------------
-- AVPolicy
```

```
AVPolicy ::=
 ENUMERATED {
  strict  (0),
  allWorst (1),
  indivBest (2)
 }

-- AVMixingMode
AVMixingMode ::=
 ENUMERATED {
  av  (0),
  audioOnly (1),
  videoOnly (2),
  off  (3)
 }

Connection ::=
 SEQUENCE {
  sourceEpId       EndpointID,
  sinkEpId         EndpointID,
  mode             AVMode
  }

---------------------------------------------------------------------------
--
-- General Error Types
--
---------------------------------------------------------------------------

-- general error type: SYSTEM_ERROR
--
-- This error indicates problems within system components that happen outside
-- the well-defined boundaries of the service definition.  A typical example
-- would be memory allocation problems.
-- It's parameter contains a (more or less) verbose description of the
-- problem.
-- It's implicitly defined for all requests! (Well, for ISODE, it has
-- to be explicitly defined!)

systemError ERROR
  PARAMETER IA5String
  ::= 8000

-- general error type: NOT_BOUND
--
-- This error indicates that an operation was called on an association
-- that has not yet been authorized by a CMAP_Bind.
-- This error is implicitly defined for all requests (except Bind
-- of course)! (Well, for ISODE, it has to be explicitly defined!)

notBound ERROR ::= 8001

---------------------------------------------------------------------------
--
-- 8.1.1 Connection Establishment
--
---------------------------------------------------------------------------

-- 8.1.1.1 Bind the CM to the AVM
--
```

```
-- Parameters: AVMPassword,
--  AVCPVersion
-- Return: None
-- Errors: INVALID_PASSWORD,
--  VERSION_MISMATCH,
--  ALREADY_BOUND,
--  SYSTEM_ERROR

avcpBind
 OPERATION
 ARGUMENT BindArguments
 RESULT  None
 ERRORS  {invalidPassword,
    versionMismatch,
    alreadyBound,
    systemError}
 ::= 8111

-- new data types: BindArguments

-- BindArguments
BindArguments ::=
 SEQUENCE {
  avmPassword IA5String,
  avcpVersion IA5String
 }

-- new error types: invalidPassword,
--   versionMismatch,
--   alreadyBound

-- invalidPassword
invalidPassword  ERROR ::= 8002

-- versionMismatch
versionMismatch  ERROR ::= 8003

-- alreadyBound
alreadyBound  ERROR ::= 8004


-- 8.1.1.2 Unbind the CM from the AVM
--
-- Parameters: none
-- Return: none
-- Errors: NOT_BOUND,
--  SYSTEM_ERROR
--
--
-- The main purpose of this operation is to "prepare" the association
-- between the two peers for termination (the physical disconnect).
-- To guarantee this the semantics are as follows:
-- a) all outstanding events are sent (drain the event queue)
-- b) unregister the caller for event notification
--
-- If the caller intends to "reuse" this association, it will have to bind
-- again first

avcpUnbind
 OPERATION
```

```
 RESULT  None
 ERRORS     {notBound,
    systemError}
 ::= 8112

-- new data types: None

-- None
None ::= NULL

----------------------------------------------------------------------
--
-- 8.1.2 Group Management
--
----------------------------------------------------------------------

-- 8.1.2.1 Open a new group
--
-- Parameters:  GroupType  (N:N, 1:N),
--  AVMode  (NO_AV, AUDIO_ONLY, VIDEO_ONLY, AV, AV_SEPARATE)
--  AVPolicy (STRICT, ALL_WORST, INDIV_BEST)
-- Return:  Group
-- Errors: AVPOLICY_NOT_SUPPORTED,
--  NO_MORE_GROUPS,
--  GROUPTYPE_NOT_SUPPORTED,
--  NOT_BOUND,
--  SYSTEM_ERROR

avcpOpenGroup
 OPERATION
 ARGUMENT OpenGroupArguments
 RESULT  GroupID
 ERRORS  {avPolicyNotSupported,
    noMoreGroups,
    groupTypeNotSupported,
    notBound,
    systemError}
 ::= 8121

-- new data types: OpenGroupArguments,
--   GroupType,
--   GroupID

-- OpenGroupArguments
OpenGroupArguments ::=
 SEQUENCE {
  groupType GroupType,
  avMode  AVMode,
  avPolicy AVPolicy
 }

-- GroupType
GroupType ::=
 ENUMERATED {
  n2n (0),
  one2n (1)
 }

-- GroupID
GroupID ::= INTEGER
```

```
-- new error types: avPolicyNotSupported,
--   noMoreGroups,
--   groupTypeNotSupported

-- avPolicyNotSupported
avPolicyNotSupported ERROR ::= 8005

-- noMoreGroups
noMoreGroups  ERROR ::= 8006

-- groupTypeNotSupported
groupTypeNotSupported ERROR ::= 8007

-- 8.1.2.2 Add participant to group
--
-- Parameters:  Group,
--  ParticipantDescription
-- Return:  Participant,
--  AVConnectivity
-- Error: GROUP_UNKNOWN,
--  AVC_UNKNOWN,
--   AVC_PASSWD_WRONG,
--  INVALID_SOURCE,
--  INVALID_SINK,
--  ENDPOINT_TYPE_NOT_SUPPORTED,
--  ENDPOINT_ALREADY_CONNECTED,
--  AVMODE_NOT_SUPPORTED,
--  NOT_BOUND,
--  SYSTEM_ERROR

avcpAddParticipant
 OPERATION
 ARGUMENT AddParticipantArguments
 RESULT  AddParticipantResult
 ERRORS  {groupUnknown,
    avcUnknown,
    avcPasswordWrong,
    invalidSource,
    invalidSink,
    endpointTypeNotSupported,
    endpointAlreadyConnected,
    avModeNotSupported,
    notBound,
    systemError}
 ::= 8122

-- new data types: AddParticipantArguments,
--   ParticipantDescription,
--   Source,
--   Sink,
--   AddParticipantResult,
--   ParticipantID,
--   AVConnectivity,
--   ConnectivityPair
-- AddParticipantArguments
AddParticipantArguments ::=
 SEQUENCE {
  groupId   GroupID,
  participantDescription ParticipantDescription
  }
```

```
-- ParticipantDescription
ParticipantDescription ::=
 SEQUENCE {
  avcAddress  AVCAddress,
  avcPassword  IA5String,
  source  [0] Source  OPTIONAL,
  sink  [1] Sink  OPTIONAL
 }

-- Source
Source ::=
 SEQUENCE {
  activityType ActivityType,
  sourceMode AVMode,
  sourceParam ActivityParameter
 }

-- Sink
Sink ::=
 SEQUENCE {
  activityType ActivityType,
  sinkParam ActivityParameter
 }

-- AddParticipantResult
AddParticipantResult ::=
 SEQUENCE {
  partId   ParticipantID,
  avConnectivity  AVConnectivity
  }

-- ParticipantID
ParticipantID ::= INTEGER

-- AVConnectivity
AVConnectivity  ::=
 SEQUENCE OF ConnectivityPair

-- ConnectivityPair
ConnectivityPair ::=
 SEQUENCE {
  source  ParticipantID,
  sink  ParticipantID,
  conn             Connection
  }

-- new error types: groupUnknown,
--    avcUnknown,
--    avcPasswordWrong,
--    invalidSource ,
--    invalidSink,
--    endpointTypeNotSupported,
--    endpointAlreadyConnected,
--    avModeNotSupported,
--    notSupported

-- groupUnknown
groupUnknown   ERROR ::= 8008

-- avcUnknown
```

```
avcUnknown   ERROR ::= 8009

-- avcPasswordWrong
avcPasswordWrong  ERROR ::= 8010

-- invalidSource
invalidSource   ERROR ::= 8011

-- invalidSink
invalidSink   ERROR ::= 8012

-- endpointTypeNotSupported
endpointTypeNotSupported ERROR ::= 8013

-- endpointAlreadyConnected
endpointAlreadyConnected ERROR ::= 8014

-- avModeNotSupported
avModeNotSupported  ERROR ::= 8015

-- notSupported
notSupported   ERROR ::= 8016

-- 8.1.2.3 Remove participant from group
--
-- Parameters:  Group,
--  Participant
-- Return:  AVConnectivity
-- Error: GROUP_UNKNOWN,
--  PARTICIPANT_UNKNOWN

avcpRemoveParticipant
 OPERATION
 ARGUMENT RemoveParticipantArguments
 RESULT  AVConnectivity
 ERRORS  {groupUnknown,
    participantUnknown,
    notBound,
    systemError}
 ::= 8123

-- new data types: RemoveParticipantArguments

-- RemoveParticipantArguments
RemoveParticipantArguments ::=
 SEQUENCE {
  groupID  GroupID,
  participantID ParticipantID
 }

-- new error types: participantUnknown
participantUnknown ERROR ::= 8017

-- 8.1.2.4 Close a group
--
-- Parameters:  Group
-- Return:  None
-- Error: GROUP_UNKNOWN,
--  NOT_BOUND,
--  SYSTEM_ERROR
```

```
avcpCloseGroup
 OPERATION
 ARGUMENT GroupID
 RESULT  None
 ERRORS  {groupUnknown,
    notBound,
    systemError}
 ::= 8124

-----------------------------------------------------------------------
--
-- 8.1.3 Control Management
--
-----------------------------------------------------------------------

-- 8.1.3.1 Change transmission state
--
-- Parameters:  Group,
--  Participant
-- Return:  None
-- Errors: GROUP_UNKNOWN,
--  PARTICIPANT_UNKNOWN,
--  IN_MIXING_MODE,
--  NOT_BOUND,
--  SYSTEM_ERROR
--
--
-- If the group AV mixing mode is off, this operation
-- assigns the AV token to the specified participant.

avcpChangeControl
 OPERATION
 ARGUMENT ChangeControlArguments
 RESULT  None
 ERRORS  {groupUnknown,
    participantUnknown,
    inMixingMode,
    notBound,
    systemError}
 ::= 8131

-- new data types: ChangeControlArguments

-- ChangeControlArguments
ChangeControlArguments ::=
 SEQUENCE {
  groupId  GroupID,
  participantId ParticipantID
 }

-- new error types: inMixingMode

-- inMixingMode
inMixingMode ERROR ::= 8018

-- 8.1.3.2 Mix audiovisual streams
--
-- Parameters: Group,
-- Mode (ON, OFF)
-- Return: None
```

```
-- Errors: GROUP_UNKNOWN,
--  NOT_ALLOWED,
--  NOT_SUPPORTED,
--  NOT_BOUND,
--  SYSTEM_ERROR

--
-- AV mixing mode is not allowed for 1:N groups

avcpSetAVMixing
 OPERATION
 ARGUMENT SetAVMixingArguments
 RESULT  None
 ERRORS  {groupUnknown,
    notAllowed,
    notSupported,
    notBound,
    systemError}
 ::= 8132

SetAVMixingArguments ::=
 SEQUENCE {
  groupId  GroupID,
  mode  AVMode
          }

-- notAllowed
notAllowed ERROR ::= 8019

-------------------------------------------------------------------------
--
-- 8.2 Events
--
-------------------------------------------------------------------------

-- 8.2.1 A participant has been removed
--
-- Parameters:  Group,
--  Participant,
--  AVConnectivity

avcpEventParticipantRemoved
 OPERATION
 ARGUMENT ParticipantRemovedArgument
 ::= 821

-- new data types: ParticipantRemovedArgument,
-- ParticipantRemovedArgument
ParticipantRemovedArgument ::=
 SEQUENCE {
  groupId  GroupID,
  participantId ParticipantID,
  avConnectivity AVConnectivity
  }

END
```

Anhang G: Source and Sink Control Protocol

G.1 Dienstübersicht

Operation	Parameter	Rückgabewerte
SSCP_Bind	AVCPassword, SSCPVersion	
SSCP_Unbind		
SSCP_ListEndpointAVTypes	EndpointType, Activity, AVMode	AVTypeList
SSCP_OpenSource	Activity, AVType	Endpoint, AVTypeSpecifics
SSCP_OpenSink	Activity, AVType	Endpoint
SSCP_CloseEndpoint	Endpoint	
SSCP_EndpointClosed (Event)	Endpoint, Reason	
SSCP_AddSinks	SourceEndpoint, SinkEndpointList	
SSCP_RemoveSinks	SourceEndpoint, SinkEndpointList	
SSCP_SinkDropped (Event)	SourceEndpoint, SinkEndpoint, Reason	
SSCP_SetTransmission	Endpoint, TransmissionMode	

G.2 ASN.1-Spezifikation

```
------------------------------------------------------------
--
-- File: SSCP.ry
--
-- Version:   3.3
-- Revision:  1
-- Author:  Thomas Käppner (IBM, ENC Heidelberg)
-- Date:  20 October 1992
-- Last Modified: Oct 17th, 1994 by Michael Altenhofen
-- Abstract:  This is the protocol specification for SSCP
--  using ASN1/ROSE based upon BERKOM MMCS Specs
--
------------------------------------------------------------

SSCP

DEFINITIONS ::=

BEGIN

EXPORTS
 ActivityType,
 ActivityParameter,
 AVMode,
 AVType,
 AVCAddress,
 ApplicationAVID,
 EndpointID;

------------------------------------------------------------
-- Exported types
------------------------------------------------------------

AVCAddress ::= IA5String

AVMode  ::=
 ENUMERATED {
  audioOnly (0),
  videoOnly (1),
  av  (2),
  avSeparate (3),
  noAV  (4)
              }

-- The SSCP is executed between the AVM and the AVCs. It contains
-- requests from the AVM to the AVCs and events from the AVCs back to
-- the AVM.

-- The audiovisual data is exchanged using the PDU format described in
-- the chapter "The Audio Video Exchange Protocol" of the MMC Service
-- Specification:
--
--  SourceInternetNumber (4 bytes)
--  SourceEndpointID (2 bytes)
--  SequenceNumber  (4 bytes)
--  CurrentChunkNumber (1 byte)
--  Total number of chunks  (1 byte)
--  Offset   (4 bytes)
```

```
--  TimeStamp  (4 bytes)
--  Flags   (2 bytes)
--  PayloadLength  (4 bytes)
--
-- Positions of Flags:
--  PAUSE 0
--  GMD 3  PRELIMINARY! (set by GMD only)
--  DEC 6  PRELIMINARY! (set by Digital only)
--  EOS 7

------------------------------------------------------------
-- General Error Types
------------------------------------------------------------

-- general error type: SYSTEM_ERROR
--
-- This error indicates problems within system components that happen outside
-- the well-defined boundaries of the service definition.  A typical example
-- would be memory allocation problems. It's parameter contains a (more or
-- less) verbose description of the problem. It's implicitly defined for all
-- requests! (Well, for ISODE, it has to be explicitly defined!)

systemError ERROR
  PARAMETER IA5String
  ::= 9000

-- general error type: NOT_BOUND
--
-- This error indicates that an operation was called on an association
-- that has not yet been authorized by a SSCP_Bind. This error is implicitly
-- defined for all requests (except Bind of course)! (Well, for ISODE, it
-- has to be explicitly defined!)

notBound ERROR ::= 9001

------------------------------------------------------------
-- 9.1.1  Connection Establishment
------------------------------------------------------------

-- 9.1.1.1 Bind the AVM to the AVC

sscpBind
 OPERATION
 ARGUMENT BindArguments
 RESULT  None
 ERRORS  {invalidPassword,
    versionMismatch,
    alreadyBound,
    systemError}
 ::= 9111

BindArguments ::=
 SEQUENCE {
  avcPassword IA5String,
  sscpVersion IA5String
 }

invalidPassword  ERROR ::= 9002
versionMismatch  ERROR ::= 9003
alreadyBound  ERROR ::= 9004
```

```
-- 9.1.1.2 Unbind an AVM from the AVC
--
-- The main purpose of this operation is to "prepare" the association
-- between the two peers for termination (the physical disconnect).
-- To guarantee this the semantics are as follows:
-- a) all outstanding events are sent (drain the event queue)
-- b) unregister the caller for event notification
--
-- If the caller intends to "reuse" this association, it will have to bind
-- again first

sscpUnbind
 OPERATION
 RESULT  None
 ERRORS     {notBound,
    systemError}
 ::= 9112

None ::= NULL

------------------------------------------------------------
-- 9.1.2  Endpoint Management
------------------------------------------------------------

-- 9.1.2.1 List an endpoint's audiovisual capabilities

-- It is determined which AVTypes an endpoint can support.  Depending on
-- the EndpointType, the endpoint shall play or record an audiovisual stream
-- (LIVE or from/to the File or from/to an Application) according to AVMode.
-- The AVTypes determine  audiovisual encoding formats (e.g., G.711, G.722,
-- MPEG, H.261).
--
-- The returned AVTypeList is a variable length array,  which specifies
-- the types of alternatives the AVM could choose for the given combination  of
-- VMode, EndpointType and Filename. If the filename is None, live video
-- digitization  is assumed. The structs returned by the AVTypeList are
-- consisting of an  audio and a video type, each specifying the data types
-- by name and using two type-specific  subspecifications. These could be e.g.
-- sampling rate and sampling width in case of  PCM or the supported mode
-- in case of G.722.

sscpListEndpointAVTypes
 OPERATION
 ARGUMENT ListEndpointAVTypesArguments
 RESULT  AVTypeList
 ERRORS  {fileUnknown,
    notSupported,
    notBound,
    systemError}
 ::= 9121

ListEndpointAVTypesArguments ::=
 SEQUENCE {
  endpointType EndpointType DEFAULT sink,
  activity Activity,
  avMode  AVMode  DEFAULT audioOnly
 }

EndpointType ::=
 ENUMERATED {
```

```
  source (0),
  sink (1)
 }

-- If ActivityType is File, then the activityParam field will specify the
-- filename If ActivityType is AVApplication, then the activityParam field will
-- contain the ApplicationAVID
Activity ::=
 SEQUENCE {
  activityType  ActivityType,
  activityParam [0] ActivityParameter OPTIONAL
 }

ActivityParameter ::=
 CHOICE {
  liveParam [0] NULL,
  fileParam [1] IA5String, -- the file name
  applParam [2] ApplicationAVID
 }
ApplicationAVID ::= INTEGER

ActivityType ::=
 ENUMERATED {
  live  (0),
  file  (1),
  avApplication (2)
 }

AVTypeList ::= SEQUENCE OF AVType
AVType ::=
 SEQUENCE {
  audioCoding [0] AudioCoding OPTIONAL,
  videoCoding [1] VideoCoding OPTIONAL
 }

-- It is envisaged that for the audiovisual coding formats different
-- subspecifications will be of interest in the future. That's why we
-- use CHOICE constructs here.
AudioCoding ::=
 CHOICE {
  g711  [0]  NULL,
  g722  [1] G722,
  pcm  [2] PCM,
  mulaw  [3] MULAW,
  alaw  [4] ALAW,
  imaadpcm [5] IMAADPCM,
  gsm  [6] NULL,
  otherCoding [7] ANY
 }
VideoCoding ::=
 CHOICE {
  ccir601  [0] CCIR601,
  mpeg  [1] MPEG,
  jpeg            [2] JPEG,
  dvi  [3] DVI,
  smp             [4] SMP,
  cd-i            [5] CD-I,
  h261            [6] H261,
  otherCoding     [7] ANY
 }
```

```
-- the different encodings are defined at the end
fileUnknown  ERROR ::= 9005
notSupported  ERROR ::= 9006

-- 9.1.2.2 Open a source
-- The Endpoint is opened as a source. It plays data (LIVE or from the
-- File) according to the AVType. AVTypeSpecifics determines the ren-
-- dering properties of the stream (e.g.. resolution, frame rate).
-- Neither AVType nor its AVTypeSpecifics can be changed while an end-
-- point exists. Changes require to open new endpoints and new connec-
-- tions.

sscpOpenSource
 OPERATION
 ARGUMENT OpenSourceArguments
 RESULT  OpenSourceResult
 ERRORS  {fileUnknown,
    notSupported,
    notBound,
    systemError}
 ::= 9122

OpenSourceArguments ::=
 SEQUENCE {
  activity Activity,
  avType  AVType
 }

OpenSourceResult ::=
 SEQUENCE {
  source    Endpoint,
  avTypeSpecifics [0] AVType
 }

Endpoint  ::=
 SEQUENCE {
  endpointID  EndpointID, -- [0..65535] !!!
  connectionAddress IA5String,
  audioSAP  INTEGER, -- audio service access pt
  videoSAP  INTEGER  -- video service access pt
 }

EndpointID  ::= INTEGER

-- 9.1.2.3 Open a sink
-- The Endpoint is opened as a sink. It outputs data (LIVE or to the File)
-- according to the AVType.

sscpOpenSink
 OPERATION
 ARGUMENT OpenSinkArguments
 RESULT  Sink
 ERRORS  {fileUnknown,
    notSupported,
    notBound,
    systemError}
 ::= 9123

OpenSinkArguments ::=
 SEQUENCE {
```

```
  activity Activity,
  avType  AVType
 }

Sink ::= Endpoint


-- 9.1.2.4 Close an endpoint

sscpCloseEndpoint
 OPERATION
 ARGUMENT Endpoint
 RESULT  None
 ERRORS  {endpointUnknown,
    notBound,
    systemError}
 ::= 9124

endpointUnknown  ERROR ::= 9007


-----------------------------------------------------------
-- 9.1.3 Stream Management
-----------------------------------------------------------

-- 9.1.3.1 Connect sinks to a source
-- This function is executed on the source AVC.

sscpAddSinks
 OPERATION
 ARGUMENT ControlSinksArguments
 RESULT  None
 ERRORS  {endpointUnknown,
    endpointAlreadyConnected,
    notSupported,
    notBound,
    systemError}
 ::= 9131

SinkEndpointList ::= SEQUENCE OF Sink

ControlSinksArguments ::=
 SEQUENCE {
  sourceEndpoint  Endpoint,
  sinkEndpointList SinkEndpointList
 }

endpointAlreadyConnected ERROR ::= 9008

-- 9.1.3.2 Remove sinks from a source

sscpRemoveSinks
 OPERATION
 ARGUMENT ControlSinksArguments
 RESULT  None
 ERRORS  {endpointUnknown,
    notBound,
    systemError}
 ::= 9132
```

```
-------------------------------------------------------------
-- 9.1.4  Data Flow Management
-------------------------------------------------------------

-- 9.1.4 Transmit a stream

sscpSetTransmission
 OPERATION
 ARGUMENT SetTransmissionArguments
 RESULT  None
 ERRORS  {endpointUnknown,
    notBound,
    systemError}
 ::= 9141

SetTransmissionArguments ::=
 SEQUENCE {
  endpoint  Endpoint,
  transmissionMode TransmissionMode
 }

TransmissionMode ::=
 ENUMERATED {
  audioOnly (0),
  videoOnly (1),
  av  (2),
  off  (3)
 }

-------------------------------------------------------------
-- 9.2  Events
-------------------------------------------------------------

-- 9.2.1 An endpoint was closed

sscpEventEndpointClosed
 OPERATION
 ARGUMENT EndpointClosedArguments
 ::= 921

EndpointClosedArguments ::=
 SEQUENCE {
  endpoint Endpoint,
  reason  Reason
 }

Reason ::=
 ENUMERATED {
  unspecified (0)
 }

-- 9.2.2 A sink was dropped

sscpSinkDropped
 OPERATION
 ARGUMENT SinkDroppedArguments
 ::= 922

SinkDroppedArguments ::=
 SEQUENCE {
```

```
  sourceEndpoint Endpoint,
  sinkEndpoint Endpoint,
  reason  Reason
 }

------------------------------------------------------------
-- Audio Codings
------------------------------------------------------------

-- G711 is defined without parameters. It is interpreted as 8khz Mu-law
-- companded 16 bit PCM

G722  ::=
 SEQUENCE {
  samplingRate [0] INTEGER OPTIONAL,
  samplingWidth [1] INTEGER OPTIONAL
 }

PCM  ::=
 SEQUENCE {
  samplingRate [0] INTEGER OPTIONAL,
  samplingWidth [1] INTEGER OPTIONAL
 }

MULAW  ::=  INTEGER   -- sampling rate
ALAW   ::=  INTEGER   -- sampling rate

-- IMAADPCM is interpreted according to the IMA Compatability Project
-- proceedings, Vol 2, Number 2; May 1992.

IMAADPCM  ::= INTEGER      -- sampling rate

-- GSM is defined without parameters. It is interpreted according
-- to the European GSM 06.10 provisional standard for full-rate speech
-- transcoding, prI-ETS 300 036.

------------------------------------------------------------
-- Video Codings
------------------------------------------------------------

CCIR601 ::=
 SEQUENCE {
  frameWidth [0] INTEGER OPTIONAL,
  frameHeight [1] INTEGER OPTIONAL,
  frameDepth [2] INTEGER OPTIONAL,
  frameRate [3] INTEGER OPTIONAL,
  frameDelay [4] INTEGER OPTIONAL,
  frameJitter [5] INTEGER OPTIONAL,
  vCFactor [6] INTEGER OPTIONAL,
  videoBitRate [7] INTEGER OPTIONAL,
  anythingElse [8] ANY OPTIONAL
 }

MPEG ::=
 SEQUENCE {
  frameWidth [0] INTEGER OPTIONAL,
  frameHeight [1] INTEGER OPTIONAL,
  frameDepth [2] INTEGER OPTIONAL,
  frameRate [3] INTEGER OPTIONAL,
  frameDelay [4] INTEGER OPTIONAL,
```

```
   frameJitter [5] INTEGER OPTIONAL,
   vCFactor [6] INTEGER OPTIONAL,
   videoBitRate [7] INTEGER OPTIONAL,
   anythingElse [8] ANY OPTIONAL
  }

------------------------------------------------------------
-- ASSUMPTIONS for JPEG:
------------------------------------------------------------
--
-- JPEG Baseline sequential DCT coding (ISO DIS 10918-1, Annex F)
-- implying 8 Bits per sample per component for the defined color space.
-- We use default Huffmann Tables.
-- In case one of the OPTIONAL parameters is not set, it means that
-- all values for that parameter are supported, e.g., if colorSpace is
-- not set it indicates that monochrome as well as color JPEG is
-- supported.

JPEG ::=
 SEQUENCE {
  frameWidth [0] INTEGER  OPTIONAL,
  frameHeight [1] INTEGER  OPTIONAL,
  dataFormat [2] DataFormat,
  colorSpace [3] ColorSpace OPTIONAL,
  ordering [4] Ordering OPTIONAL,
  hSubSampling [5] SubSampling,
  vSubSampling [6] SubSampling
 }

DataFormat ::=
 ENUMERATED {
  withMarker (0),
  withoutMarker (1)
 }

ColorSpace ::=
 ENUMERATED {
  monochrome (0),
  color  (1) -- color means YCbCr as defined by CCIR 601
 }

Ordering ::=
 ENUMERATED {
  interleaved (0),
  noninterleaved (1)
 }

-- Subsampling is defined as INTEGER and is supposed to hold the values
-- mentioned in SubSamplingValue.  These values can be combined with a logical
-- OR to indicate the support of more than one subsampling possibility.

SubSampling ::= INTEGER

SubSamplingValue ::=
 ENUMERATED {
  noSubsampling (1),
  every2  (2),
  every4  (4)
 }
```

```
DVI  ::=
 SEQUENCE {
  frameWidth [0] INTEGER OPTIONAL,
  frameHeight [1] INTEGER OPTIONAL,
  frameDepth [2] INTEGER OPTIONAL,
  frameRate [3] INTEGER OPTIONAL,
  frameDelay [4] INTEGER OPTIONAL,
  frameJitter [5] INTEGER OPTIONAL,
  vCFactor [6] INTEGER OPTIONAL,
  videoBitRate [7] INTEGER OPTIONAL,
  anythingElse [8] ANY OPTIONAL
 }

SMP  ::=
 SEQUENCE {
  frameWidth [0] INTEGER,
  frameHeight [1] INTEGER,
  frameRate [2] INTEGER,
  frameSize [3] INTEGER OPTIONAL,
  frameStride [4] INTEGER OPTIONAL
 }

CD-I  ::=
 SEQUENCE {
  frameWidth [0] INTEGER OPTIONAL,
  frameHeight [1] INTEGER OPTIONAL,
  frameDepth [2] INTEGER OPTIONAL,
  frameRate [3] INTEGER OPTIONAL,
  frameDelay [4] INTEGER OPTIONAL,
  frameJitter [5] INTEGER OPTIONAL,
  vCFactor [6] INTEGER OPTIONAL,
  videoBitRate [7] INTEGER OPTIONAL,
  anythingElse [8] ANY OPTIONAL
 }
H261  ::=
 SEQUENCE {
  frameWidth [0] INTEGER OPTIONAL,
  frameHeight [1] INTEGER OPTIONAL,
  frameDepth [2] INTEGER OPTIONAL,
  frameRate [3] INTEGER OPTIONAL,
  frameDelay [4] INTEGER OPTIONAL,
  frameJitter [5] INTEGER OPTIONAL,
  vCFactor [6] INTEGER OPTIONAL,
  videoBitRate [7] INTEGER OPTIONAL,
  anythingElse [8] ANY OPTIONAL
 }


END
```

Abkürzungen

ACME	Abstractions for Continuous Media
ACPA	Audio Capture and Playback Adapter
AE	Adaptionseinheit
AIX	Advanced Interactive Unix
ASC	Application Sharing Component
ASCP	Application Sharing Control Protocol
ATM	Asynchronous Transfer Mode
AV	Audio-Video
AVC	Audiovisual Component
AVCP	Audiovisual Control Protocol
AVM	Audiovisual Manager
AVXP	Audio-Video Exchange Protocol
BERKOM	Berliner Kommunikationssystem
BM	Betriebsmittelmonitor
BMS	Buffer Management System
CD	Conference Directory
CDAP	Conference Directory Access Protocol
CIA	Conference Interface Agent
CINEMA	Configurable Integrated Multimedia Architecture
CM	Conference Manager
CMAP	Conference Manager Access Protocol
CORBA	Common Object Request Broker Architecture
CPU	Central Processing Unit
DCE	Distributed Computing Environment
DLL	Dynamic Link Library
DMO-Services	Distributed Multimedia Object Services
DMOS	Distributed Multimedia Object Services
DOS	Disk Operating System
DSOM	Distributed System Object Model
DVI	Digital Video Interactive
ENC	European Networking Center
FDDI	Fiber Distributed Data Interface
FEC	Forward Error Correction
FTP	File Tranfer Protocol
GSM	Global Systems for Mobile Communications

HeiTP	Heidelberg Transport Protocol
HTTP	Hypertext Tranport Protocol
IB	Invitation Broker
IBAP	Invitation Broker Access Protocol
IBM	International Business Machines Corporation
IDL	Interface Definition Language
IMA	Interactive Multimedia Association
IP	Internet Protocol
JPEG	Joint Photographic Expert Group
KB	Kilobyte
LBAP	Linear Bounded Arrival Process
MCP	Movie Control Protocol
MHEG	Multimedia Hypermedia Expert Group
MM	Multimedia
MMC	Multimedia Collaboration
MMM	Multimedia Mail
MMPM/2	Multimedia Presentation Manager/2
MMT	Multimedia Transport
MPEG	Motion Pictures Expert Group
MSP	Movie Stream Protocol
NCD	Network Computing Devices
NRTE	Non-Realtime Environment
NTP	Network Time Protocol
NTSC	National Television System Committee
ODA	Open Document Architecture
ODP	Open Distributed Processing
OLE	Object Linking and Embedding
OMG	Object Management Group
ORB	Object Request Broker
OS/2	Operating System/2
OSI	Open Systems Interconnection
PAL	Phase Alternating Line
PDU	Protocol Data Unit
QoS	Quality of Service
RISC	Reduced Instruction Set Computing
RM	ResourceManager
RMS	Resource Management System
RPA	ResourcePolicyAgent
RPC	Remote Procedure Call
RTCP	Real Time Transport Control Protocol

RTE	Real-Time-Environment
RTP	Real Time Transport Protocol
SCP	Streamhandler Control Protocol
SDP	Streamhandler Data Protocol
SE	Synchronisationseinheit
SGML	Standard Generalized Markup Language
SH	Stream Hander
SMP	Software Motion Picture
SOM	System Object Model
SSCP	Source/Sink Control Protocol
ST-II	Stream Protocol II
TCP	Transport Control Protocol
TP0	Transport Protocol 0
TSAP	Transport Service Access Point
TSDU	Transport Service Data Unit
UDP	User Datagram Protocol
UM	Ultimotion
VBR	Variable bit rate
WE	Wiedergabeeinheit
WWW	World-Wide-Web
XTPLite	Express Transfer Protocol Lite

Literaturverzeichnis

APM 89	APM, "The Advanced Networked Systems Architecture", Reference Manual Release 01.00, Architecture Projects Management Cambridge Ltd., Poseidon House, Castle Park, Cambridge CB3 0RD, UK, März 1989.
Accetta 86	M. Accetta, R. Baron, W. Bolosky, D. Golub, R. Rashid, A. Tevanian und M. Young, "Mach: A New Kernel Foundation for UNIX Development", Proceedings 1986 USENIX Technical Conference, pp. 93-112, Atlanta, Georgia, USA, 9-13 Juni 1986.
Altenhofen 93a	M. Altenhofen, J. Dittrich, R. Hammerschmidt, T. Käppner, C. Kruschel, A. Kückes und T. Steinig, "The BERKOM Multimedia Collaboration Service", Proceedings of the First ACM Multimedia Conference, pp. 457-463, Los Angeles, Kalifornien, USA, August 1993.
Altenhofen 93b	M. Altenhofen, J. Dittrich, R. Hammerschmidt, R. G. Herrtwich, T. Käppner, C. Kruschel, A. Kückes, F. Spanachi, T. Steinig, K. Werner und J. Winckler, "Implementing the BERKOM Multimedia Collaboration Service", Technical Report No. 43.9318 , IBM European Networking Center, Heidelberg, Oktober 1993.
Altenhofen 95	M. Altenhofen, J. Dittrich, G. Gahse, F. Henkel, R. G. Herrtwich, T. Käppner, C. Kruschel, A. Kückes, W. Reinhard, T. Steinig, K. Werner und J. Winckler et al., "The BERKOM Multimedia Teleservices, Volume 2, Multimedia Collaboration", DeTeBerkom, Technical Report, Mai 1995.
Alvarez-Cuevas 93	F. Alvarez-Cuevas, M. Bertran, F. Oller und J. Selga, "Voice Synchronization in Packet Switching Networks", IEEE Networks Magazine, vol. 7, no. 5, pp. 20-25, September 1993.

Anderson 90a — D. P. Anderson, R. G. Herrtwich und C. Schaefer, "SRP: A Resource Reservation Protocol for Guaranteed-Performance Communication in the Internet", Technical Report TR-90-006, International Computer Science Institute, Berkeley, Kalifornien, USA, Februar 1990.

Anderson 90b — D. P. Anderson, S. Tzou, R. Wahbe, R. Govindan und M. Andrews, "Support for Continuous Media in the DASH System", Proceedings of the 10th International Conference on Distributed Computing Systems, pp. 54-61, Paris, Frankreich, Mai 1990.

Anderson 91a — D. Anderson und P. Chan, "Toolkit Support for Multiuser Audio/Video Applications", Proceedings of the Second International Workshop on Network and Operating System Support for Digital Audio and Video, Heidelberg, 18-19 November 1991.

Anderson 91b — D. P. Anderson, R. Govindan und G. Homsy, "Abstractions for Continuous Media in a Network Window System", Proceedings of International Conference on Multimedia Information Systems, pp. 273-298, Singapur, 1991.

Anderson 93 — D. P. Anderson, "Metascheduling for Continuous Media", ACM Transactions on Computer Systems, vol. 11, no. 3, pp. 226-252, August 1993.

Angebranndt 91 — S. Angebranndt, R. Hyde, D. H. Luong , N. Siravara und C. Schmandt, "Integrating Audio and Telephony in a Distributed Workstation Environment", Proceedings 1991 Summer Usenix Conference, pp. 59-74, Nashville, Tennesse, USA.

Arango 92a — M. Arango, P. C. Bates, R. Fish, G. Gopal, N. Griffeth, G. Herman, T. Hickey, W. Leland, C. Lowery, V. Mak, J. Patterson, L. Ruston, M. E. Segal, M. Vecchi, A. Weinrib und S.-Y. Wuu, "Touring Machine: A Software Platform for Distributed Multimedia Applications", Proceedings of Multimedia '92: Fourth IEEE COMSOC International Workshop, Monterey, Kalifornien, USA, 1-4 April 1992.

Arango 92b M. Arango, M. Kramer, S. L. Rohall, L. Ruston und A. Weinrib, "Enhancing the Touring Machine API to Support Integrated Digital Transport", Proceedings of the Third International Workshop on Network and Operating System Support for Digital Audio and Video, pp. 176-182, San Diego, Kalifornien, USA, November 1992.

Arango 93 M. Arango, L. Bahler, P. C. Bates, M. Cochinwala, D. Cohrs, R. Fish, G. Gopal, N. Griffeth, G. E. Herman, T. Hickey, K. C. Lee, W. E. Leland, C. Lowery, V. Mak, J. Patterson, L. Ruston, M. Segal, R. C. Sekar, M. P. Vecchi, A. Weinrib und S.-Y. Wuu, "The Touring Machine System", Communication of the ACM, vol. 36, no. 1, pp. 68-77, Januar 1993.

Arman 93 F. Arman, A. Hsu und M-Y. Chiu, "Image Processing on Compressed Data for Large Video Databases", Proceedings of First ACM International Conference on Multimedia, pp. 267-272, Anaheim, Kalifornien, USA, August 1993.

Arons 89a B. Arons, C. Binding, K. Lantz und C. Schmandt, "A Voice and Audio Server for Multimedia Workstations", Proceedings of Speech Tech '89, Mai 1989.

Arons 89b B. Arons, C. Binding, K. Lantz und C. Schmandt, "The VOX Audio Server", Second IEEE International Workshop on Multimedia Communications, Ottawa, Ontario, August, 1989.

Baker 92 R. Baker, A. Downing, K. Finn, E. Rennison, D. D. Kim und Y. H. Lim, "Multimedia Processing Model for a Distributed Multimedia I/O System", Proceedings of the Third International Workshop on Network and Operating System Support for Digital Audio and Video, pp. 164-175, San Diego, Kalifornien, USA, November 1992.

Barth 95 I. Barth, T. Helbig und K. Rothermel, "Implementierung multimedialer Systemdienste in CINEMA ", in *Kommunikation in Verteilten Systemen 1995, Neue Länder - Neue Netze - Neue Dienste*, ed. K. Franke, U. Hübner, W. Kalfa, pp. 173-187, Springer Verlag, Heidelberg, 1995.

Bates 90 P. C. Bates und M. E. Segal, "Touring Machine: A Video Telecommunications Software Testbed", Proceedings of the 1st International Workshop on Network and Operating System Support for Digital Audio and Video, Berkeley, Kalifornien, USA, 1990.

Bates 95 J. Bates und J. Beacon, "Supporting Interactive Presentation for Distributed Multimedia Application", Multimedia Tools and Applications, vol. 1, no. 1, Kluwer Academic Publishers, März 1995.

Blair 92 G. S. Blair, F. Garcia, D. Hutchinson, G. Coulson und W. D. Shepherd, "Towards New Transport Services to Support Distributed Multimedia Applications", Proceedings of Multimedia '92: Fourth IEEE COMSOC International Workshop, Monterey, Kalifornien, USA, 1-4 April 1992.

Blair 93 G. S. Blair, A. Campbell, G. Coulson, F. Garcia, D. Hutchinson, A. Scott und W. D. Shepherd, "A Network Interface Unit to Support Continuous Media", IEEE Journal of Selected Areas in Communication (JSAC), vol. 11, no. 3, Februar 1993.

Boecking 95 S. Boecking, G. Hoelzing, J. Sandvoss und B. Weise, "The BERKOM MultiMedia Transport System ", High-Speed Networking and Multimedia Computing - IS&T/SPIE 1994 International Symposium on Electronic Imaging, San Jose, Kalifornien, USA, 6-10 Februar .

Bolot 93 J. C. Bolot, "End-to-End Packet Delay and Loss Behavior in the Internet", Proceedings of the 1993 SIGCOMM Conference, pp. 289-298, San Francisco, Kalifornien, USA.

Bolot 94a J.-C. Bolot, T. Turletti und I. Wakeman, "Scalable Feedback Control for Multicast Video Distribution in the Internet", Proceedings, 1994 SIGCOMM Conference, pp. 58-67, London, UK, September 1994.

Bolot 94b J.-C. Bolot und T. Turletti, "A Rate Control Mechanism for Packet Video in the Internet", Proceedings of the Conference on Computer Communications (IEEE Infocom), Toronto, Kanada, Juni 1994.

Booch 91 — G. Booch, "Object Oriented Design With Applications", ISBN 0-8053-0091-0, Benjamin/Cummings Publisher Company, Inc., 1991.

Burke 92 — W. Burke, "Entwurf und Implementierung eines Pseudo-Echtzeit-Schedulers für AIX", Diplomarbeit, Friedrich-Alexander-Universittät Erlangen-Nürnberg, Februar 1992.

Campbell 92a — A. Campbell, G. Coulson, F. Garcia und D. Hutchinson, "A Continuous Media Transport and Orchestration Service", Proceedings of ACM SIGCOMM '92, Baltimore, Maryland, August 1992.

Campbell 92b — A. Campbell, G. Coulson, F. Garcia und D. Hutchinson, "Orchestration Services for Distributed Multimedia Synchronisation", Proceedings of the Fourth IFIP Conference of High Performance Networking, Liege, Belgium, Dezember 1992.

Campbell 94a — A. Campbell, G. Coulson und D. Hutchison, "A Quality of Service Architecture", ACM SIGCOMM Computer Communications Review, vol. 24, no. 2, pp. 6-27, Association for Computing Machinery, New York, April 1994.

Campbell 94b — A. Campbell, G. Coulson, F. Garcia und D. Hutchison, "Integrated Quality of Service for Multimedia Communications", in *The OSI95 Transport Service with Multimedia Support*, ed. A. Danthine, pp. 101-122, Springer-Verlag, Heidelberg, 1994.

Casner 95 — S. Casner, "Personal Communication", Mail to Working Group List: Message-Id: <796467806.0.CASNER@XFR.ISI.EDU>, März 1995.

Cheng 88 — S. C. Cheng, J. A. Stankovic und K. Ramamritham, "Scheduling Algorithms for Hard Real-Time Systems - A Brief Survey", Tutorial Hard Real-Time Systems, IEEE No. EH0276-6/88, 1988.

Cheriton 89 — D. R. Cheriton und C. L. Williamson, "VMTP as the Transport Layer for High-Performance Distributed Systems", IEEE Communication Magazine, vol. 27, no. 6, pp. 37-44, Stowe, Vermont, USA, 1989.

Chou 92 S. T.-C. Chou und H. Tokuda, "System Support for Dynamic QOS Control of Continuous Media Communication", Proceedings of the Third International Workshop on Network and Operating System Support for Digital Audio and Video, San Diego, Kalifornien, USA, November 1992.

Clark 92 D. Clark, S. Shenker und L. Zhang, "Supporting Real-Time Applications in an Integrated Packet Services Network: Architecture and Mechanisms", Proceedings of SIGCOMM 1992, pp. 14-26, Baltimore, Maryland, USA, August 1992.

Cohen 77a D. Cohen, "Issues in Transnet Packetized Voice Communication", Proceedings of Fifth Data Communications Symposium, September 1977.

Cohen 77b D. Cohen, "Specifications for the Network Voice Protocol (NVP)", Request for Comments (RFC) 741, Internet Engineering Task Force, November 1977.

Cohen 81 D. Cohen, "A Network Voice Protocol: NVP-II", Technical Report , University of Southern California/International Science Institute, Marina del Ray, Kalifornien, USA, April 1981.

Cole 81 R. Cole, "PVP - A Packet Video Protocol", Technical Report, University of Southern California/International Science Institute, Marina del Ray, Kalifornien, USA, August 1981.

Cole 82 R. Cole, "Packet Voice: When it Makes sense", Speech Technology, September 1982.

Conner 91 M. Conner und S. Elliot, "A Brief Introduction to SOM: The System Object Model", OMG Document Number 91-5-13, Object Management Group: IBM's response to the Object Model Request for Information, 1991.

Coulson 92 G. Coulson, G. S. Blair, N. Davies und N. Williams, "Extensions to ANSA for Multimedia Computing", Computer Networks and ISDN Systems, vol. 25, pp. 305-323, 1992.

Coulson 93 — G. Coulson, "Multimedia Application Support in Open Distributed Systems", PhD Dissertation, Computing Department, Lancaster University, April 1993.

Coulson 94 — G. Coulson, G. S. Blair und P. Robin, "Micro-kernel Support for Continuous Media in Distributed Systems", Computer Networks and ISDN Systems, vol. 26, pp. 1323-1341, 1994.

Coviello 93 — P. Coviello, "Comparative Discussion of Circuit- vs. Packet-Switched Voice", IEEE Transactions on Communication, vol. 27, no. 8, pp. 153-1159, Dezember 1979.

Cruz 91 — R. L. Cruz, "A Calculus for Network Delay, PART I: Network Elements in Isolation", IEEE Transactions on Information Theory, vol. 37, no. 1, pp. 114-131, Januar 1991.

Dannenberg 94 — R. B. Dannenberg, T. Neuendorffer, J. M. Newcomer, D. Rubine und D. P. Anderson, "Tactus: Toolkit-level Support for Synchronized Interactive Multimedia", Multimedia Systems, vol. 1, no. 2, pp. 77-86, April 1994.

Danthine 94 — A. Danthine, O. Bonaventure und G. Leduc, "The QoS Enhancements in OSI95", in *The OSI95 Transport Service with Multimedia Support*, ed. A. Danthine, pp. 124-149, Springer-Verlag, Heidelberg, 1994.

DePrycker 93 — M. DePrycker, *Asynchronous Transfer Mode: Solution for Broadband ISDN*, Ellis Horwood, Chicester, England, 1993.

DeTeBerkom 95 — DeTeBerkom, "The BERKOM Multimedia Teleservices", DeTeBerkom, Technical Report, Mai 1995.

Delgrossi 92 — L. Delgrossi, C. Halstrick, R. G. Herrtwich und H. Stuettgen, "HeiTP: A Transport Protocol for ST-II", Proceedings of GLOBECOM' 92, Orlando, Florida, USA, Dezember 1992.

Delgrossi 93 — L. Delgrossi, C. Halstrick, D. Hehmann, R. G. Herrtwich, O. Krone, J. Sandvoss und C. Vogt, "Media Scaling with HeiTS", Proceedings of the First ACM Multimedia Conference, Los Angeles, Kalifornien, USA, 1993.

Delgrossi 94 L. Delgrossi, C. Halstrick, D. Hehmann, R. G. Herrtwich, O. Krone, J. Sandvoss und C. Vogt, "Media Scaling in a Multimedia Communication System", ACM Multimedia Systems, vol. 2, no. 4, pp. 172-180, 1994.

Digital 92 Digital, "XMedia V1.1 ", Part Number 9300237, Digital Equipment Corporation, April 1992.

Dromard 94 D. Dromard, D. Seret und J. I. Jung, "User's vs. Provider's Views of Quality of Service in B-ISDN", in *Information Networks and Data Communication*, ed. P. Veiga, D. Khakhar, pp. 231-245, Elsevier Science B. V., Amsterdam, Niederlande, 1994.

Druschel 92 P. Druschel, M. B. Abott, M. Pagels und L. L. Peterson, "Analysis of I/O Subsystem Design for Multimedia Workstations", Proceedings of the Third International Workshop on Network and Operating System Support for Digital Audio and Video, pp. 251-263, San Diego, Kalifornien, USA, November 1992.

Escobar 92 J. Escobar, D. Deutsch und C. Partridge, "A Flow Synchronization Protocol", Proceedings of IEEE Global Communications Conference, pp. 1381-1387, Dezember 1992.

Ferrari 90 D. Ferrari und D. C. Verma, "A Scheme for Real-Time Channel Establishment in Wide-Area Networks", IEEE Journal on Selected Areas in Communication (JSAC), vol. 8, no. 3 , pp. 368-379, April 1990.

Ferrari 92 D. Ferrari, A. Banerjea und H. Zhang, "Network Support for Multimedia: A Discussion of the Tenet Approach", TR-92-072, International Computer Science Institute, Berkeley, Kalifornien, USA, Oktober 1992.

Fritzsche 92 J. C. Fritzsche, M. Boerger und H. Braun, "An Abstract View on Multimedia Devices in Distributed Systems", Proceedings of Computer Networks, Architecture and Applications (IFIP), pp. 27-39, Trivandrum, India, Oktober 1992.

Gibbs 91a	S. Gibbs, "Composite Multimedia and Active Objects", Proceedings of Object Oriented Programming Systems Languages and Applications, pp. 97-112, Phoenix, Arizona, USA, Oktober 1991.
Gibbs 91b	S. Gibbs, C. Breiteneder, L. Dami, V. de Mey und D. Tsichritzis, "A Programming Environment for Multimedia Applications", Proceedings of the Second International Workshop on Network and Operating System Support for Digital Audio and Video, Heidelberg , 18-19 November 1991.
Gibbs 92	S. Gibbs, "Application Construction and Component Design in an Object-Oriented Multimedia Framework", Proceedings of the Third International Workshop on Network and Operating System Support for Digital Audio and Video, pp. 394-398, San Diego, Kalifornien, USA, November 1992.
Goldfarb 91a	C. F. Goldfarb, "HyTime: A Standard for Structured Hypermedia Exchange", IEEE Computer, vol. 24, no. 8, pp. 81-84, August 1991.
Goldfarb 91b	C. F. Goldfarb, *The SGML Handbook*, Claredadon Press, Oxford, England, 1991.
Govindan 91	R. Govindan und D. P. Anderson, "Scheduling and IPC Mechanisms for Continuous Media", Special Issue of Operating Systems Review - Proceedings of the 13th Symposium on Operating System Principles SOSP, 1991.
Herrtwich 90	R. G. Herrtwich, "The DASH Resource Model Revisited or Pessimism Considered Harmful", Proceedings of the First International Workshop on Network and Operating System Support for Digital Audio and Video, Berkeley, Kalifornien, USA, November 1990.
Herrtwich 92	R. G. Herrtwich und L. Wolf, "A System Software Structure for Distributed Multimedia Systems", Proceedings of the Fifth ACM SIGOPS European Workshop, Le Mont Saint-Michel, Frankreich, September 21-23, 1992.

Herrtwich 94 R. G. Herrtwich, “Zusammenfassung der Ergebnisse des Dagstuhl Seminars 9427: Fundamentals and Perspectives of Multimedia Systems”, Vortrag in der letzten Sitzung, Dagstuhl, Juli 1994.

Hoffert 92 E. Hoffert, M. Krueger, L. Mighdoll, M. Mills, J. Cohen, D. Camplejohn, B. Leak, J. Batson, D. van Brink, D. Blackketter, M. Arent, R. Williams, C. Thorman, M. Yawitz, K. Doyle und S. Callahan, “QuickTime: An Extensible Standard for Digital Multimedia”, Proceedings of the Thirty-Seventh IEEE Computer Society International Conference COMPCOM, pp. 15-20, San Francisco, Kalifornien, USA, 24-28 Februar, 1992.

Hoffman 93 D. Hoffman, M. Speer und G. Fernando, “Network Support for Dynamically Scaled Multimedia Data Streams”, Proceedings of the Fourth International Workshop on Network and Operating System Support for Digital Audio and Video, Lancaster University, England, 3-5 November 1993.

Hornschuh 94 T. Hornschuh, “Legoland - Wie Windows objektorientiert wird”, c't - Magazin für Computertechnik, no. 4, April 1994.

Hutchinson 91 D. Hutchinson und J. Walpole, “Distributed Systems and Objects”, Object-Oriented Languages, Systems, and Applications, pp. 223-243, Pitman Publishing, 1991.

IBM 93a IBM, Hewlett Packard und SunSoft, “Multimedia System Services”, Response to Request for Technology: Working Document, Interactive Multimedia Association, Annapolis, Maryland, USA, Juli 1993.

IBM 93b IBM, “SOMObject Developer Toolkit Version 2.0”, Document Number S59G-5464-00, International Business Machines Corporation, Juni 1993.

IBM 93c IBM, “Experiences with SOMObjects: Distributed System Object Model (DSOM)”, Document Number GG24-4165-00, International Business Machines Corporation, International Technical Support Organization, November 1993.

ISO 86a — ISO, "Information Technology - Transport Service Definition for Open Systems Interconnection", International Standard 7734, International Standards Organization, ISO/IEC JTC 1 SC 6, 1986.

ISO 86b — ISO, "Information Processing Systems - Standard Generalized Markup Language", International Standard 8879, International Standards Organization, Genf, Schweiz, 1986.

ISO 89a — ISO, "Information Technology - Text and Office Systems - Office Document Architecture (ODA) and Interchange Format", International Standard 8613-1, International Standards Organization, Genf, Schweiz, 1989.

ISO 89b — ISO, "Information Processing Systems - Text Communication - Remote Operations", International Standard 9572, International Standards Organization, ISO/IEC JTC 1, Genf, Schweiz, 1989.

ISO 89c — ISO, "Information Processing Systems - Open Systems Interconnection - The Directory", International Standard 9594 , International Standards Organization ISO/IEC JTC 1 SC 21, Genf, Schweiz, 1989.

ISO 92 — ISO, "Information Technology: Digital Compression and Coding of Continuous-Tone still Images", International Standard 10918, International Standards Organization, Joint Photographic Experts Group (JPEG), Genf, Schweiz, 1992.

ISO 93 — ISO, "Information Technology: Coded Representation of Multimedia and Hypermedia Information Objects (MHEG)", MHEG-1 Draft International Standard, DIS 13522-1, International Standards Organization IEC JTC 1, Genf, Schweiz, 1993.

ISO 94 — ISO, "Generic Coding of Moving Pictures and Associated Audio (MPEG-2)", International Standard 13818, International Standards Organization ISO/IEC JTC1/SC29/WG11, Genf, Schweiz, November 1994.

ITU 89 — ITU, "General Aspects of Quality of Service and Network Performance in Digital Networks", Recommendation I.350, International Telecommunication Union, Genf, Schweiz, 1989.

ITU 90 — ITU, "B-ISDN Service Aspects", Draft Recommendation I.211, International Telecommunication Union Study Group XVIII, Genf, Schweiz, Mai 1990.

ITU 95a — ITU, "Basic Reference Model of Open Distributed Processing: Part 2: Foundations (IS)", International Telecommunication Union/T X.902-ISO 107046-2, Februar 1995.

ITU 95b — ITU, "Basic Reference Model of Open Distributed Processing: Part 3: Architecture (IS)", International Telecommunication Union/T X.902-ISO 107046-3, Februar 1995.

Jacobson 88 — V. Jacobson, "Congestion Avoidance and Control", ACM Computer Communication Review Proceedings of the SIGCOMM' 88 Symposium, vol. 18, pp. 314-329, August 1988 .

Jayant 80 — N. Jayant, "Effects of Packet Loss on Waveform Coded Speech", Proceedings Fifth International Conference on Computer Communications, pp. 275-280, Atlanta, Georgia, USA, Oktober 1980.

Jones 93 — A. Jones und A. Hopper, "Handling Audio and Video Streams in a Distributed Environment", ACM Operating Systems Review, vol. 27, pp. 231-243.

Käppner 91 — T. Käppner, "Network File System: Storage Techniques and Access Protocols", Diploma Thesis, University of California at San Diego, Dezember 1991.

Käppner 92 — T. Käppner, D. Hehmann und R. Steinmetz, "An Introduction to HeiMAT: The Heidelberg Multimedia Application Toolkit", Proceedings of the Third International Workshop on Network and Operating System Support for Digital Audio and Video, pp. 362-373, San Diego, Kalifornien, USA, 12-13 November 1992.

Käppner 94a — T. Käppner und L. C. Wolf, "Media Scaling in Distributed Multimedia Object Services", Proceedings of the Second International Workshop on Advanced Teleservices and High-Speed Communication Architectures, Heidelberg, 26-28 September 1994.

Käppner 94b — T. Käppner, F. Henkel, M. Müller und A. Schröer, "Synchronisation in einer verteilten Entwicklungs- und Laufzeitumgebung für multimediale Anwendungen", in *Innovationen bei Rechen- und Kommunikationssystemen*, ed. B. Wolfinger, Springer Verlag, Heidelberg, 1994.

Käppner 95a — T. Käppner, F. Henkel, A. Schröer und M. Müller, "Eine verteilte Entwicklungs- und Laufzeitumgebung für multimediale Anwendungen", in *Kommunikation in Verteilten Systemen 1995, Neue Länder - Neue Netze - Neue Dienste*, ed. K. Franke, U. Hübner, W. Kalfa, pp. 76-86, Springer Verlag, Heidelberg, 1995.

Käppner 95b — T. Käppner und R. Steinmetz, "Computational Models for Distributed Multimedia Applications", in *Special Issue: Lecture Notes in Computer Science*, vol. 1000, 1995.

Köhler 94 — D. Köhler und H. Müller, "Multimedia Playout Synchronization Using Buffer Level Control", Proceedings of 2nd International Workshop on Advanced Teleservices and High-Speed Communication Architectures, Heidelberg, 26-28 September, 1994.

Kaleida 95 — Kaleida, "SkriptX Version 1.0", Program Documentation, P/N: Kal V1-114, Kaleida Labs, 1055-B Joaquin Road, Mountain View, Kalifornien, USA, 1995.

Keller 95 — R. Keller, "Architektur und Implementierung eines Anwendungsprotokolls für digitale Filme", in *Kommunikation in Verteilten Systemen 1995, Neue Länder - Neue Netze - Neue Dienste*, ed. K. Franke, U. Hübner, W. Kalfa, pp. 156-172, Springer Verlag, Heidelberg, 1995.

Kim 94 B. G. Kim, "Characterization of Arrival Statistics of Multiplexed Voice Packets", IEEE Selected Areas on Communication (JSAC), vol. 1, no. 6, pp. 1133-1139, Dezember 1983.

Klemmer 67 E. T. Klemmer, "Subjective Evaluation of Transmission Delay in Telephone Conversations", Bell Systems Technical Journal, vol. 46, pp. 1141-1147, Juli 1967.

Krishnamurthy 94 A. Krishnamurthy und T. D. C. Little , "Connection-Oriented Service Renegotiation for Scalable Video Delivery", Proceedings of Multimedia Computing and Systems , pp. 502-507, IEEE Computer Society Press, Los Alamitos, Kalifornien, 1994.

Krone 93 O. Krone, B. McKellar, K. Reinhardt, W. Schulz und L. Wolf, "The Heidelberg Buffer Management System, Version 3.2", Technical Manual of the HeiProjects, IBM European Networking Center, Heidelberg, Juli 1993.

LeGall 91 D. LeGall, "MPEG: A Video Compression Standard for Multimedia Applications", Communications of the ACM, vol. 34, no. 4, pp. 46-58, April 1991.

Leffler 89 S. J. Leffler, M. K. McKusick, M. J. Karels und J. S. Quarterman, *The Design and Implementation of the 4.3 BSD UNIX Operatings System*, Addison-Wesley, 1989.

Levergood 93 T. M. Levergood, A. C. Payne, J. Gettys, G. W. Treese und L. C. Stewart, "AudioFile: A Network-Transparent System for Distributed Audio Appplications", Proceedings 1993 Summer USENIX Conference, August 1993.

Linnel 93 D. Linnel, "Windows NT", Data Communications, pp. 68-77, April 1993.

Little 90 T. C. Little und A. Ghafoor, "Synchronization and Storage Models for Multimedia Objects ", IEEE Journal on Selected Areas in Communications, vol. 8, no. 3, pp. 413-427, April 1990.

Liu 73 C. L. Liu und J. W. Layland, "Scheduling Algorithms for Multiprogramming in a Hard-Realtime Environment", Journal of the ACM, vol. 20, no. 1, pp. 47-61, 1973.

Ludwig 90	L. F. Ludwig, N. Pincever und M. Cohen, "Extending the Notion of a Window System to Audio", IEEE Computer, vol. 23, no. 8, pp. 66-72, August 1990.
Müller 94	M. Müller, "Entwurf, Bewertung und Implementierung von Protokollelementen für Audio- und Videodaten", Diplomarbeit, Fakultät für Informatik, Technische Universität Chemnitz-Zwickau , 1994.
Mauthe 92	A. Mauthe, W. Schulz und R. Steinmetz, "Inside the Heidelberg Multimedia Operating System Support: Real-Time Processing of Continuous Media in OS/2", Technical Report 43.9214, IBM European Networking Center, Heidelberg, 1992.
McKellar 93	B. McKellar und J. Roos, "Buffer Management in Communication Systems", Technical Report 43.9312, IBM European Networking Center, Heidelberg, 1993.
Meyer 93	T. Meyer, W. Effelsberg und R. Steinmetz, "A Taxonomy on Multimedia Synchronization", Proceedings of the Fourth IEEE International Workshop on Future Trends on Distributed Computing Systems, pp. 97-103, Lissabon, Portugal, September 1993.
Meyers 75	Meyers, in *Meyers Enzyklopädisches Lexikon*, vol. 15, Brockhaus Verlag, Mannheim, 1975.
Microsoft 91	Microsoft und Microsoft Corporation, "Microsoft Windows: Multimedia Programmer's Reference", Microsoft Press, 1991.
Miller 92	S. M. Miller, S. K. Singhal, R. A. Smith und B. Q. Nguyen, "OS/2 Multimedia: MMPM/2 Programming Support", TR 29.1560, IBM Programming Systems, Cary, North Carolina, USA, Dezember 1992.
Mills 91	D. L. Mills, "On the Accuracy and Stability of Clocks Synchronized by the Network Time Protocol in the Internet System", ACM Computer Communication Review, vol. 21, no. 1, pp. 65-75, January 1991.
Mills 92a	D. L. Mills, "Internet Time Synchronization: The Network Time Protocol", IEEE Transactions on Communication, vol. COM-39, no. 10, pp. 1482-1493, Oktober 1992.

Mills 92b	D. L. Mills, *Request for Comments RFC 1305*, Internet Engineering Task Force, Network Working Group, März 1992.
Montgomery 83	W. Montgomery, "Techniques for Packet Voice Synchronization", IEEE Journal on Selected Areas in Communications, vol. SAC-1, no. 6, Dezember 1983.
Moran 92a	M. Moran und R. Gusella, "System Support for Efficient Dynamically-Configurable Multi-Party Interactive Multimedia Applications", Proceedings of the Third International Workshop on Network and Operating System Support for Digital Audio and Video, pp. 143-156, San Diego, Kalifornien, USA, November 1992.
Moran 92b	M. Moran und B. Wolfinger, "Design of a Continuous Media Data Transport Service and Protocol", Technical Report TR-92-019, International Computer Science Institute, Berkeley, Kalifornien, USA, April 1992.
NCD 93	NCD, "NCDaudio, V2.0 Overview and Programming Guide", Part Number 9300237, Network Computing Devices, April 1993.
Nahrstedt 94a	K. Nahrstedt und J. M. Smith, "A Service Kernel for Multimedia Endstations", Proceedings of the Second International Workshop on Advanced Teleservices and High-Speed Communication Architectures, Heidelberg, 26-28 September 1994.
Nahrstedt 94b	K. Nahrstedt und J. M. Smith, "The QoS-Broker", IEEE Multimedia, vol. 2, no. 1, pp. 53-67.
Naylor 82	W. E. Naylor und L. Kleinrock, "Stream Traffic Communication in Packet-Switched Networks: Destination Buffering Considerations", IEEE Transactions on Communications, vol. COM-30, no. 12, pp. 2527-2534, Dezember 1982.
OMG 91	OMG , "The Common Object Request Broker: Architecture and Specification", Document Number 91.12.1, Revision 1.1, Object Management Group, Framingham, Massachussets, USA, Dezember 1991.

Pasquale 92a — J. Pasquale, "The Multicast Channel", Proceedings of the Third International Workshop on Network and Operating System Support for Digital Audio and Video, San Diego, Kalifornien, USA, November 1992.

Pasquale 92b — J. Pasquale, "I/O System Design for Intensive Multimedia I/O", Proceedings of Third Workshop on Workstation Operating Systems, pp. 29-33, Key Biscayne, Florida, USA, 23-24 April, 1992.

Pasquale 93 — J. Pasquale, "Filter Propagation in Dissemination Trees: Trading off Bandwidth for Processing in Continuous Media Networks", Proceedings of the Fourth International Workshop on Network and Operating System Support for Digital Audio and Video, Lancaster, England, 3-5 November, 1993.

Patterson 90 — J. F. Patterson, R. D. Hill, A. L. Rohall und W. S. Meeks, "Rendezvous; An Architecture for Synchronous Multiuser Applications", Proceedings of the Conference on Computer Supported Cooperative Work '90, pp. 317-328, Los Angeles, Kalifornien, USA, Oktober 1990.

Pflugl 90 — M. J. Pflugl und D. M. Blough, "A General Probabilistic Clock Synchronization Model and a "Sliding Window" Convergence Function", UCI Technical Report No. UCI/ICI 90/21, University of California at Irvine, Irvine, Kalifornien, USA, Oktober 1990.

Popescu-Zeletin 88 — R. Popescu-Zeletin, "A Global Architecture for Broadband Communication Systems: The BERKOM Approach", Proceedings of Future Trends in Distributed Computing in the 90's, IEEE Computer Society, Hong Kong, 1988.

Postel 80 — J. B. Postel, "User Datagram Protocol", Request for Comments (RFC) 768, Network Information Center, SRI International, Menlo Park, Kalifornien, USA, August 1980.

Postel 81a — J. B. Postel, "Internet Protocol", Request for Comments (RFC) 791, Network Information Center, SRI International, Menlo Park, Kalifornien, USA, September 1981.

Postel 81b — J. B. Postel, "Transmission Control Protocol", Request for Comments (RFC) 793, Network Information Center, SRI International, Menlo Park, Kalifornien, USA, September 1981.

Ramjee 94 — R. Ramjee, J. Kurose, D. Towsley und H. Schulzrinne, "Adaptive playout mechanisms for packetized audio applications in wide-area networks", Proceedings of the Conference on Computer Communications (IEEE Infocom), Toronto, Kanada, Juni 1994.

Rangan 93 — P. V. Rangan, S. Ramanathan, H. M. Vin und T. Käppner, "Techniques for Multimedia Synchronization in Network File Systems", Computer Communications, vol. 16, no. 3, pp. 168-176, März 1993.

Rangan 95 — P. V. Rangan, S. Ramanathan und T. Käppner, "Performance of Inter-Media Synchronization in Distributed and Heterogeneous Multimedia Systems", Computer Networks and ISDN Systems, vol. 27, no. 4, pp. 549-566, 1995.

Renkawitz 94 — P. Renkawitz, "Skalierung und Filterung multimedialer Datenströme in der Vermittlungsschicht", Studienarbeit am Lehrstuhl für Praktische Informatik IV, Universität Mannheim, 1994.

Ricke 91 — H. Ricke und J. Kanzow, *BERKOM - Breitbandkommunikation im Glasfasernetz - Übersicht und Zusammenfassung 1986 - 91*, R. v. Decker's Verlag, Heidelberg, 1991.

Root 88 — R. W. Root, "Design of a Multi-Media System for Social Browsing", Proceedings of the Conference on Computer Supported Cooperative Work '88, pp. 25-38, Portland, Oregon, USA, September 1988.

Rose 91 — M. T. Rose, J. Onions und C. Robbins, "The ISO Development Environment: User Manual", Volume 1 - 5, X-Tel Services, 1991.

Rose 93 — O. Rose, "Lastkontrolle in Hochgeschwindigkeitsnetzen", Dissertation an der Universität Karlsruhe, Fakultät für Informatik, Verlag Shaker, Aachen, 1993.

Ross 86 — F.E. Ross , "FDDI - A Tutorial", IEEE Communications Magazine, vol. 24, no. 5, pp. 10-17, Mai 1986.

Rothermel 94 — K. Rothermel, I. Barth und T. Helbig, "CINEMA - An Architecture for Configurable Distributed Multimedia Applications", in *Architecture and Protocols for High-Speed Networks*, ed. O. Spaniol, A. Danthine, and W. Effelsberg, pp. 253-271, Kluwer Academic Publishers, 1994.

Rothermel 95 — K. Rothermel und T. Helbig, "An Adaptive Stream Synchronization Protocol", Proceedings of the Fifth International Workshop on Network and Operating System Support for Digital Audio and Video, pp. 189-202, Durham, New Hampshire, USA, April 1995.

Scheffler 86 — R. W. Scheffler und J. Gettys, "The X Window System", ACM Transactions on Graphics, vol. 5, no. 2, pp. 79-109, April 1986.

Schill 92 — A. Schill, "Remote Procedure Call: Fortgeschrittene Systeme und Konzepte - ein Überblick", Informatik Spektrum, no. 15, pp. 79-87 (Teil 1) und 145-155 (Teil 2), 1992.

Schulzrinne 95 — H. Schulzrinne, S. Casner, R. Frederick und V. Jacobson, "Internet Draft: RTP: A Transport Protocol for Real-Time Applications", Work in Progress, Internet Engineering Task Force, März 1995.

Schwabl 89 — W. Schwabl, "Der Einfluß zufälliger und systematischer Fehler auf die Uhrensynchronisation in verteilten Echtzeitsystemen", Doktorarbeit, Technische Universität Wien, Wien, Österreich, Oktober 1989.

Siering 94 — P. Siering, "Big & Chic - Die Technik von NextStep, OS/2 2.1 und Windows NT", c't - Magazin für Computertechnik, no. 4, April 1994.

Steinmetz 90 — R. Steinmetz, J. Rückert und W. Racke, "aktuelles Schlagwort: Multimedia-Systeme", Informatik Spektrum, vol. 13, no. 5, pp. 280-282, Oktober 1990.

Steinmetz 91 — R. Steinmetz und R. G. Herrtwich, "Integrierte verteilte Multimedia-Systeme", Informatik Spektrum, no. 14, Springer Verlag, 1991.

Steinmetz 92a — R. Steinmetz und J. C. Fritzsche, "Abstractions for Continuous-Media Programming", Computer Communications, vol. 15, no. 6, Juli 1992.

Steinmetz 92b — R. Steinmetz und T. Meyer, "Modelling Distributed Multimedia Applications", International Workshop on Advanced Communication and Applications for High-Speed Networks, München, 16-19 März 1992.

Steinmetz 93 — R. Steinmetz, *Multimedia-Technologie - Einführung und Grundlagen*, Springer-Verlag, Heidelberg, 1993.

Steinmetz 96 — R. Steinmetz, "Human Perception of Jitter and Media Synchronization", IEEE Journal on Selected Areas in Communication, vol. 14, no. 2, Februar 1996.

Stone 80 — D. Stone und K. Jeffay, "An Empirical Study of Delay Jitter Management Policies", Multimedia Systems, vol. 2, no. 1, Januar 1995.

Stroustrup 92 — B. Stroustrup, *Die C++ Programmiersprache*, Addison Wesley Publishing, 1992.

Suckow 94 — R. Suckow, "Objekte im Austausch ", c't - Magazin für Computertechnik, April 1994.

Tawbi 93 — W. Tawbi, "Quality of Service in A Multimedia Communication Systems: A Study of a Framework and Specification for a Negotiation Protocol between Applications", PhD. Thesis , Universität Pierre et Marie Curie, Laboratoire MASI, , Paris, Frankreich, 1993.

Thomys 94 — R. R. Thomys und L. Bräuer, "Messungen für Videoverkehr als Basis für Lastmodelle", in *Innovationen bei Rechen- und Kommunikationssystemen*, ed. B. Wolfinger, Springer Verlag, Heidelberg, 1994.

Tobagi 93 — F. A. Tobagi und J. Pang, "StarWorks - A Video Applications Server", Proceedings COMPCON Spring '93, pp. 4-11, 1993.

Tokuda 92 — H. Tokuda, Y. Tobe, S. T.-C. Chou und J. M. F. Moura, "Continuous Media Communication with Dynamic QOS Control Using ARTS with an FDDI Network", Proceedings of ACM SIGCOMM 92, Baltimore, 1992.

Topolcic 90 — C. Topolcic, S. Casner, C. Lynn, P. Park und K. Schroder, "Experimental Internet Stream Protocol, Version 2 (ST-II)", Request for Comments (RFC) 1190, Internet Engineering Task Force, Oktober 1990.

Uppaluru 92 — P. Uppaluru, "Networking Digital Video", Proceedings of the Thirty-Seventh IEEE Computer Society International Conference COMPCOM, pp. 76-83, San Francisco, Kalifornien, USA, Februar 24-28, 1992.

Weaver 94 — A. C. Weaver, "The Xpress Transfer Protocol", Computer Communications, vol. 17, no. 1, Januar 1994.

Werner 94 — J. Werner, "Untersuchung des Einflusses von Scheduling-Mechanismen zur Verringerung von Konfliktsituationen auf das Systemverhalten", Diplomarbeit, Fakultät für Informatik, Technische Universität Chemnitz-Zwickau , Juni 1994.

Williams 92 — N. Williams, G. S. Blair, G. Coulson und N. Davies, "A Support Platform for Distributed Multimedia Applications", Intelligent Tutoring Media, vol. 3, no. 4, pp. 117-126, November 1992.

Wittig 94a — H. Wittig, J. Winckler und J. Sandvoss, "Network Layer Scaling: Congestion Control in Multimedia Communication with Heterogeneous Networks and Receivers", Proceedings of International Workshop on Multimedia Transport and Teleservices, Wien, Österreich, November 1994.

Wittig 94b — H. Wittig, L. Wolf und C. Vogt, "CPU Utilization of Multimedia Processes: HeiPOET - The Heidelberg Predictor of Execution Times Measurements Tool", Proceedings of the Second International Workshop on Advanced Teleservices and High-Speed Communication Architectures, Heidelberg, 26-28 September 1994.

Wolf 95a — L. C. Wolf, "Resource Management for Distributed Multimedia Systems", vorgelegt als Doktorarbeit , Fakultät für Informatik, Technische Universität Chemnitz-Zwickau, 1995.

Wolf 95b L. C. Wolf, R. G. Herrtwich und L. Delgrossi, "Filtering Multimedia Data in Reservation-Based Internetworks", in *Kommunikation in Verteilten Systemen 1995, Neue Länder - Neue Netze - Neue Dienste*, ed. K. Franke, U. Hübner, W. Kalfa, pp. 101-112, Springer Verlag, Heidelberg, 1995.

Wright 90 D. J. Wright und M. To, "Telecommunication Applications of the 90's and their Transport Requirements", IEEE Network Magazine, vol. 4, no. 2, pp. 34-40, März 1990.

Zhang 93 L. Zhang, S. Deering, D. Estrin, S. Shenker und D. Zappala, "RSVP: A New Resource ReSerVation Protocol", IEEE Network, vol. 7, no. 5, pp. 8-18, September 1993.

Zhang 95 H. J. Zhang, A. Kankanhalli und S. W. Smoliar, "Automatic Parsing of Video", Multimedia Systems, vol. 1, no. 1, pp. 10-28.